U0148591

21世纪高职高专规划教材

软件专业系列

Web应用程序设计技术

ASP.NET (C#)

秦学礼 李向东 金明霞 编著

清华大学出版社

北京

内 容 简 介

本书从 Web 应用系统开发的角度介绍 ASP. NET 2.0＋C＃开发技术，使读者学会使用 ASP. NET 2.0＋C＃技术开发 Web 应用程序。

本书内容丰富，结构清晰，叙述深入浅出，每单元配有较多的应用实例，便于自学。所有实例的源代码文件与应用系统集成在一起，只要在自己的计算机上安装 Web 服务器(IIS)和 ASP. NET 的应用环境，发布后就可以运行了。读者可以将这个小系统作为基础进行二次开发，修改添加功能，成为自己的一个应用系统，这对初学者进行 Web 应用系统开发、设计的入门和快速提高都有帮助，还可以提高读者的学习兴趣和开发设计的成就感。

本书可作为大专院校计算机及相关专业 Web 应用系统开发的教材和 Web 应用系统开发程序设计者的学习参考书，以提高读者对 ASP. NET 技术的综合设计与应用能力。

图书在版编目（CIP）数据

Web 应用程序设计技术——ASP. NET(C＃)/秦学礼，李向东，金明霞编著．--北京：清华大学出版社，2010.3
(21 世纪高职高专规划教材. 软件专业系列)
ISBN 978-7-302-21875-3

Ⅰ. ①W…　Ⅱ. ①秦…　②李…　③金…　Ⅲ. ①主页制作－程序设计－高等学校：技术学校－教材　②C 语言－程序设计－高等学校：技术学校－教材　Ⅳ. ①TP393.092　②TP312

中国版本图书馆 CIP 数据核字(2010)第 012375 号

责任编辑：孟毅新
责任校对：袁　芳
责任印制：杨　艳

出版发行：清华大学出版社　　**地　　址**：北京清华大学学研大厦 A 座
http://www.tup.com.cn　　**邮　　编**：100084
社　总　机：010-62770175　　**邮　　购**：010-62786544
投稿与读者服务：010-62776969，c-service@tup.tsinghua.edu.cn
质　量　反　馈：010-62772015，zhiliang@tup.tsinghua.edu.cn
印 装 者：北京市清华园胶印厂
经　　销：全国新华书店
开　　本：185×260　　**印　　张**：19　　**字　　数**：435 千字
版　　次：2010 年 3 月第 1 版　　**印　　次**：2010 年 3 月第 1 次印刷
印　　数：1～4000
定　　价：29.00 元

本书如存在文字不清、漏印、缺页、倒页、脱页等印装质量问题，请与清华大学出版社出版部联系调换。联系电话：010-62770177 转 3103　　产品编号：026778-01

前　言

ASP. NET 技术是 Microsoft 公司推出的基于 Microsoft. NET 框架的新一代网络程序设计和 Web 应用开发工具，是 Web 应用开发的主流技术之一。在. NET 框架中，使用 ASP. NET 技术建立和开发应用系统已成为网络程序设计人员的首选。

为了能够满足教学和初学者对 ASP. NET 网络程序设计学习和参考的需求，作者根据这几年从事 ASP. NET 网络程序设计课程教学和 Web 应用开发的经验体会，编写了本书。

本书讲解 ASP. NET 2.0 技术，编程语言是 C#。ASP. NET 2.0 将常用的 Web 任务封装到应用程序和控件中，能够显著减少生成 Web 应用所需的代码量。此外，还引入了许多新的服务器控件，为数据访问、登录安全、向导导航、菜单、树视图、门户等提供声明性支持。这些控件都利用了 ASP. NET 的核心应用程序，用于数据访问、成员资格与角色，以及个性化设置等方案。ASP. NET 2.0 通过改进，使得在页面之间传递信息变得简单，使开发人员工作效率得到了提高，还提供了新的事件以支持包括母版页、个性化和集成的移动设备等新功能。

开发工具使用 Microsoft Visual Studio 2005，它可以将控件拖放到 ASPX 页面中。在设计期间，链接将由 Visual Studio 2005 来维护，事件语法可通过 Visual Studio 2005 生成。

Web 应用系统的开发和网络程序设计绝不是一个 ASP. NET 技术的简单应用，而是图形图像处理、超文本标记(HTML)的应用、页面制作技术、数据库应用技术、ASP. NET 的内置对象及控件的应用、高级语言(C#)编程技术和网络环境下的信息传递等技术的综合应用。

如何把这些知识和技术较好地融合在一起，这也许就是 Web 应用系统开发和网络程序设计的难点所在。

本书从应用开发的角度介绍 ASP. NET 网络程序设计技术，使读者学会使用 ASP . NET 技术开发 Web 应用程序。本书可作为大专院校计算机及相关专业的教材和网络程序设计者的学习参考书，以提高读者对 ASP. NET 网络程序设计技术的综合设计与应用能力。

本书的编写遵循由浅入深、循序渐进的原则，着眼于弱化 ASP. NET 程序设计的难点，强调学生动手能力和开发技术的培养。本书的编写思路是首先让学生掌握基本的开发环境和基础知识，然后通过若干个典型有趣的程序实例培养学生的 Web 应用的开发能力,以案例教学和引导为主题的循序渐进的方式,使教学和自学达到理想的效果。

本书的特点如下。

(1) 针对学生和初学者的特点,遵从网络程序设计教学的规律,精选示例,强化上机试验和实际动手制作,每单元按知识点出有基础概念的习题和上机实训指导、制作要求,以提高 Web 应用的开发能力为主线贯穿本书的始终。

(2) 通过精心编排,力求让读者快乐地进入网络程序设计世界,快乐地享受自己的成果,快乐地领会 Web 应用和网络程序设计的本质。

(3) 重视实战训练和注重学生动手编程能力的培养。本课程结束可以完成一个具有实际意义的小型 Web 应用系统。

(4) 本书作者长期工作在网络程序设计和教学的第一线,具有丰富的网络程序设计和教学的经验。

本书是秦学礼教授主持的浙江省精品课程——ASP.NET 程序设计的配套教材,2009 年获得浙江省重点建设教材的支持,几年来的教学和实践得到浙江育英职业技术学院信息技术与应用系的多位教师的支持和帮助。

全书共 10 章,第 1 章为 Web 应用程序和 ASP.NET 运行环境;第 2 章为 ASP.NET 应用程序基础;第 3 章为 C#程序设计基础;第 4 章为 ASP.NET 的内置对象;第 5 章为页面布局;第 6 章为 ASP.NET 2.0 常用控件;第 7 章为数据验证控件;第 8 章为 ADO.NET 数据库操作;第 9 章为数据绑定技术及应用;第 10 章为 ASP.NET 应用程序的环境配置等。

第 1～5 章和第 10 章由秦学礼编写,第 6、7 章由金明霞编写,第 8、9 章由李向东编写。

本书参考了许多作者的书籍和资料,在此表示深深的谢意。

由于作者水平有限,书中可能会有不足之处,希望能与读者共同交流和提高,欢迎批评指正。需要教学资源的读者可以到清华大学出版社的网站下载,也可以和作者联系索取。联系邮件:Qinxueli@126.com 或 xueli_qin@hotmail.com。

作 者

2009 年 9 月于杭州

目　录

第 1 章

Web 应用程序和 ASP.NET 运行环境

1.1 Web 应用程序的发展

迅速发展和普及的 Internet/Intranet 正在改变着人们的生活方式。全球的商家们也拥有了一个比传统方式更为灵活和快捷的媒体，通过它商家可以与自己的员工、潜在的客户乃至世界上任何一个人沟通，电子商务的概念也随之而来。借助于 WWW，通过动态的交互式信息发布，诸如网上购物、网上银行、网上书店等一系列在线 Web 应用、Web 服务系统迅速地普及和发展。

在 Internet/Intranet 环境下构建分布式动态 Web 应用系统是一件极其吸引人的工作，分布式动态 Web 应用系统开发技术也自然而然地成为一项热门技术。

Web 技术的出现与发展，为在全球范围内的信息资源共享提供了基础架构，而 Web 应用则是这种基础架构的体现。这里的"资源"包含了计算机硬件、数据、信息、知识、计算、软件、文档资源等。

1.1.1 Web 应用的原理和 B/S 结构

Web 应用是从 Web 站点或 Web 系统演化而来的。第一批 Web 站点是在 CERN (the European Laboratory for Particle Physics，欧洲粒子物理实验室)建立的，形成了一个分布式的超媒体系统，使得研究者们能够使用浏览器直接从同事们的计算机上访问他们公布的文档和信息。

浏览器是运行在客户计算机上的应用程序。为了浏览一个文档，用户须启动浏览器，输入文档名和文档所在的主机名。用户能通过浏览器向网络上的另一台计算机(服务器)发出服务请求，当请求满足一定的条件时，被服务器的应用程序处理，把需要的信息文档传送到用户的浏览器上，如图 1-1 所示。

Web 技术的发展使得 Client/Server(C/S)结构的应用向着 Browser/Server(B/S)结构的应用转变，应用与平台无关。

Browser/Server 结构具有以下特点。

(1) 易用性好。用户使用单一的 Browser(浏览器)软件，通过鼠标单击可访问文本、图像、声音、视频及数据库等信息，特别适合非计算机人员使用。

(2) 易于维护。由于用户端使用了浏览器，无须在客户端安装其他的专用软件，系统

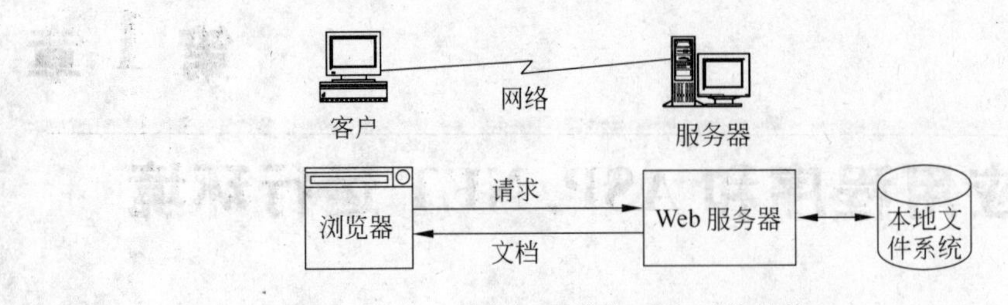

图 1-1 基本 Web 系统结构

的维护工作简单。对于大型的管理信息系统，B/S结构所具有的框架结构可以大大节省软件开发、维护与升级的费用；同时，B/S结构对前台客户机的要求并不高，可以避免盲目进行硬件升级造成的巨大浪费。

(3) 扩展性好。B/S结构使用标准的TCP/IP、HTTP协议，能够直接接入Internet，具有良好的扩展性。由于Web应用的平台无关性，B/S结构可以任意扩展，可以从一台服务器、几个用户的工作组级扩展成为拥有成千上万用户的大型系统。

(4) 安全性好。通过配备防火墙等安全技术，将保证现代企业网络的安全性。

(5) 广域网支持。无论是PSTN、DDN、帧中继、X25、ISDN，还是新出现的CATV、ADSL，B/S结构均能与其较好地融合。

(6) 保护企业投资。B/S结构由于采用标准的TCP/IP、HTTP协议，它可以与企业现有网络很好地结合。

1.1.2 Web应用的开发技术

Web应用程序开发技术和相应的开发工具主要有以下几种。

1. HTML

万维网(World Wide Web，WWW)起源于设在瑞士的CERN实验室。Tim Berners-Lee及其开发小组，研究建立了一种以一定格式传输信息的方法。HTML(Hyper Text Markup Language)是Web文档的描述语言，它是整个Web的基础。严格地讲，HTML不是编程语言，因为它没有自己的数据类型，也没有分支、循环等控制结构。

HTML由一系列标记构成，HTML语言也被称作置标语言。HTML的标记放在<>之内。每个标记可以具有一个或几个控制属性。由HTML编写的文档被称作HTML文档。Web浏览器解释执行HTML语句，执行结果显示在浏览器上。

2. PHP

PHP(Personal Home Page Tools)也是一种新的Web开发技术。PHP是由Rasmus Lerdorf创建的，它只是一个由Perl语言编写的小程序，用于计算页面访问量。后来又用C语言重新编写，并扩展了数据库功能，越来越多的用户开始使用这个程序。随着PHP使用范围的不断扩大，在1995年，Rasmus Lerdorf以Personal Home Page Tools (PHP工具) 开始对外发表第一个版本。

跨平台特性和强大的数据库支持能力是PHP的优势所在，PHP是开放源代码，所以得到了许多Web开发者的支持。PHP对MySQL数据库的支持最全面，因此有人曾把

“Apache＋PHP＋MySQL”组合称作 Web 开发中的“黄金搭档”。MySQL 只能算是一个中型数据库，当数据访问量较大时很容易崩溃。

PHP 的编程风格与 Perl 比较相似，但是函数支持比 Perl 广泛。目前，PHP 是 Linux 平台下最主要的 Web 开发技术。

PHP 的特点如下。

(1) PHP 是一种跨平台的服务器端的嵌入式脚本语言。它大量地借用 C、Java、Perl 语言的语法，并耦合 PHP 自己的特性，使 Web 开发者能够快速地写出动态生成页面的脚本。

(2) PHP 解释由服务器完成，把生成的页面发送到浏览器。

(3) PHP 最大的特点就是它是免费的，所有的 PHP 源程序、文档都可以免费地复制、编译、传递。当使用 PHP 编写程序时，无须向任何公司支付版权费用，用户编写的所有程序代码都属于自己。用户可以把它发布、转让。

3. JSP

JSP(Java Server Pages)是一种简单易用的、在服务器端编译执行的 Web 设计技术，Sun 公司于 1999 年 6 月推出。在传统的页面 HTML 文件(.htm 或.html)中加入 Java 代码片段(Scriptlet)和 JSP 标记(tag)，从而构成了 JSP 页面(.jsp)。

Web 服务器在访问 JSP 页面的请求时，首先执行其中的程序片段，然后将执行结果以 HTML 格式返回给客户端。所有程序操作都在服务器端执行，网络上传送给客户端的仅是得到的结果。

JSP 的特点如下。

(1) JSP 技术可以使 Web 开发设计人员迅速地开发和维护动态的 Web 页面。

(2) JSP 技术是完全与平台无关的设计，包括它的动态页面与底层的 Server 元件设计。可以在 Windows 环境下调试程序，成功后把程序上载到 UNIX/Linux 服务器。可以建立先进、安全和跨平台的动态 Web 应用。

(3) 在 JSP 环境下，编程语言是 Java。程序代码则用来描述处理逻辑，HTML 代码主要负责描述信息的显示样式。

4. ASP 技术

ASP(Active Server Page)技术是微软公司 1996 年推出的，应用 ASP 技术，Web 开发者们只需调用一个简单的对象方法就可以实现十几行甚至几十行 Perl 程序才能实现的功能，加快了应用程序的开发速度。目前，ASP 仍然是最流行的 Web 开发手段之一。

特别要提醒注意的是，ASP 不是一种语言而是一种技术。这需要从概念上加以理解，其源程序是未经编译的开放的应用软件，用户能够利用 HTML 和 ActiveX 强有力的功能创建强健的、功能强大的、与平台无关的 Web 应用系统。通过 ASP 可以结合 HTML 页面、ASP 指令和 ActiveX 控件，建立动态、交互、高效的服务器应用程序。ASP 的所有程序都将在服务器端执行。当程序执行完毕后，服务器仅将执行的结果返回给客户浏览器，这样也就减轻了客户端浏览器的负担。

5. ASP.NET技术

ASP.NET是微软发展的新的体系结构.NET的一部分,其中全新的技术架构会让每个人的编程变得更简单。ASP.NET是一种建立在通用语言上的程序架构,能用一台Web服务器来建立强大的Web应用程序。ASP.NET不是ASP的简单升级,也不仅仅是有了一个新界面并且修复了一些缺陷的ASP 3.0的升级版本。ASP.NET吸收了ASP以前版本的最大优点,并参照Java、VB语言的开发优势加入了许多新的特色,修正了以前的ASP版本的运行错误。

ASP.NET已从ASP.NET 1.0发展到了ASP.NET 2.0。它是微软推出的“新一代Web服务,Next Generation Web Services(NGWS)” Microsoft.NET的一个组成部分。

1.2 ASP.NET 2.0的新特性

1.2.1 Microsoft.NET战略和.NET框架

微软新一代平台的正式名称为“新一代Web服务,Next Generation Web Services(NGWS)”,微软已经给这个平台注册了正式的商标——Microsoft.NET。

.NET Framework是微软的几个开发团队一起努力发展的成果,是一种新的计算平台,它简化了在高度分布式Internet环境中的应用程序开发。.NET Framework旨在实现下列目标。

(1) 提供一个一致的面向对象的编程环境,无论是在本地存储和执行对象代码,还是在本地执行在Internet上分布的对象代码,或者是在远程执行对象代码。

(2) 提供一个保证代码(包括由未知的或不完全受信任的第三方创建的代码)安全执行的代码执行环境。

(3) 按照工业标准生成所有通信,以确保基于.NET Framework的代码可与任何其他代码集成。

.NET Framework具有公共语言运行库和.NET Framework类库两个主要组件。其结构如图1-2所示。

1. 公共语言运行库

公共语言运行库(Common Language Runtime,CLR)是.NET框架的运行环境。公共语言运行库的设计目标是极大地简化应用程序开发任务,提供强健和安全的执行环境,支持多种编程语言并简化部署和管理。运行环境为基于.NET平台提供一个统一的受控的运行环境,CLR运行环境在.NET平台中充当一个类似于代理人的角色,例如内存垃圾回收机制、安全管理代码验证、编译及其他系统服务,CLR通过中间语言等机制实现基于.NET的编程语言的无关性等。

公共语言运行库具有强健和安全的特点,包括以下特性。

(1) 自动生命周期管理;

(2) 针对所有.NET对象的垃圾收集;

(3) 自配置,动态调节;

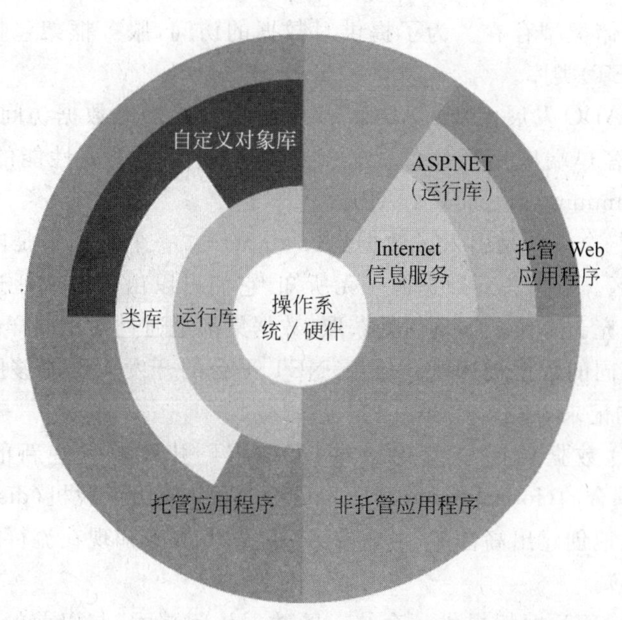

图 1-2　.NET Framework 结构

（4）异常处理；

（5）改进的错误报告；

（6）代码在安装期间或运行时采用的编译方式；

（7）代码纠错和类型安全。

可以用来编写.NET 应用程序的编程语言不下 20 种，如 C++、Visual Basic .NET、JScript 以及微软最新推出的开发语言 C#，还包括一些第三方的语言，比如 COBOL、Eiffel、Perl、Python、Smalltalk 等。

2. .NET 类库

.NET Framework 提供了一个包含许多高度可重用的接口、类的类库，该类库是一个完全面向对象的类库。

.NET 类库的组织是以命名空间（Name Space）为基础的，最顶层的命名空间是 System，查阅.NET 文档中的 Class Library Reference，可以找到层次分明的各层命名空间下包含的各个不同功能的类型定义和详细使用说明，这些命名空间是以其功能模块命名的，所以可以很快地找到所需要的类。

.NET 类库包含了许多用以简化编程的类，该类库不是.NET 程序员可以使用的唯一的类库，同样可以使用第三方厂商提供的类库，因为类库是以 Name Space 组织的，可以很容易地避免命名冲突。

统一的类库提供了调用平台函数的通用方法，使得不必再去学习并研究不同语言的 API 体系结构。

3. 数据访问服务

几乎所有的网络服务都需要查询和更新数据，不论是以简单文件，还是以相关数据库,或是以其他的存储类型存在。为了提供对数据的访问,服务框架包括 ActiveX Data Objects+(ADO.NET)类库。

ADO.NET 由 ADO 发展而来。ADO.NET 为指针风格的数据访问,同时也为更适合于把数据返回到客户端应用程序的无连接的数据模板提供高性能的应用程序接口(Application Programming Interfaces,APIs)。

ADO.NET 的一个创新是引入了数据集(DataSet)。一个数据集是内存中提供数据关系图的高速缓冲区。数据集对数据源一无所知,它们可以由程序或通过从数据仓库中调入数据而生成、填充。不论数据从何处获取,数据集都是通过使用同样的程序模板被操作的,并且它使用相同的数据缓冲区。使用.NET 平台的开发人员能够用数据集代替传统 ADO 中无连接的记录集。

与现有的 ADO 数据访问模型相比,ADO.NET 引入了一些新的特性——基于 XML,并且是松散耦合的(loosely-coupled)。ADO.NET 使用了脱机(disconnected)数据缓存,使用户能快速地创建出高性能、可靠的 XML Web 服务和现在流行的多层应用程序(N-tier applications)。

ADO.NET 为.NET 框架提供一套统一的数据访问技术,与以前的 ADO 各版本相比,ADO.NET 主要引入了以下几个新特性。

(1) 对 XML 的充分支持;

(2) 新数据对象的引入;

(3) 语言无关的数据访问;

(4) 使用和 CLR 一致的类型。

4. ASP.NET 和 Windows Forms

ASP.NET 建立在.NET Framework 类的基础上,并提供了由控件和基础部分组成的"Web 程序模板",大大简化了 Web 程序和 XML Web 服务的开发。在服务框架的最上面是两个应用程序模板:Windows 应用程序模板和网络应用程序模板(ASP.NET 和 Windows Forms),它们是.NET Framework 的主要界面技术。

ASP.NET 是一个建立服务器端 Web 应用程序的框架, ASP.NET 支持的界面包括 ASP Forms 和 ASP Web Service 两种形式。

Windows Forms 是一项基于 Windows 平台的应用程序设计的新技术,该技术的实质是一套基于.NET Framework 的所谓的 Rich Windows Client Library,使用这项新技术可以充分利用.NET Class Library 的面向对象特性和 CLR 提供的各种服务等.NET 平台的底层支持来开发基于 Windows 的应用程序。

Windows 窗体为.NET Framework 提供了美观的客户端图形用户界面,它包括了现在的 VB 组件库(Visual Basic Component Library)和 Windows 基础类库(Windows Foundation Classes),以及高效易用的底层 WIN32 API 的所有优点。

5. 公用语言规范

公用语言规范(Common Language Specification,CLS)可以保证 C#组件与其他语言组件间的互操作性。.NET Framework 将 CLS 定义为一组规则,所有.NET 语言都应该遵循此规则才能创建与其他语言可互操作的应用程序,但要注意的是为了使各语言可以互操作,只能使用CLS所列出的功能对象,这些功能统称为与CLS兼容的功能。而Common Language Runtime是.NET平台的公共运行库环境,是.NET的最基础部分。由于Common Language Runtime和Common Language Specification这样的设计使得不同的语言可以进行互操作。

1.2.2 ASP.NET 2.0的新功能

ASP.NET 2.0通过改进,在开发人员工作效率、管理、扩展性和性能等各方面都增加了新功能,主要有以下几个方面。

1. 提高开发人员工作效率

ASP.NET 2.0将常用的Web任务封装到应用程序服务和控件中,这些服务和控件可方便地在网站之间重用。使用ASP.NET 2.0,能够显著减少生成Web常用方案所需的代码量。

2. 引入新的服务器控件

ASP.NET 2.0引入了许多新的服务器控件,为数据访问、登录安全、向导导航、菜单、树视图、门户等提供功能强大的声明性支持。这些控件都利用了ASP.NET的核心应用程序服务,用于数据访问、成员资格与角色,以及个性化设置等方案。ASP.NET 2.0中的部分新的服务器控件如下。

(1) 数据控件

使用新的数据绑定控件和数据源控件,可以在ASP.NET 2.0中以声明方式(非代码)完全实现数据访问。提供了新的数据源控件可以连接不同数据后端(如SQL数据库、业务对象和XML);还提供了新的数据绑定控件(如gridview、detailsview和formview),可以实现显示数据的常用用户界面。

(2) 导航控件

导航控件(如treeview、menu和sitemappath)为在站点中的页之间导航提供常用用户界面。这些控件使用ASP.NET 2.0中的站点导航服务,检索为站点定义的自定义结构。

(3) 登录控件

新的登录控件提供生成块,向站点添加身份验证和基于授权的用户界面,如登录窗体、创建用户的窗体、密码检索,以及已登录的用户或角色的自定义用户界面。这些控件使用ASP.NET 2.0内置的成员资格服务和角色服务,与站点中定义的用户和角色信息交互。

(4) Web部件控件

使用它可以向站点添加丰富的个性化内容和布局,还能够直接从应用程序页对内容和布局进行编辑。

3. 母版页

利用此功能,可在“母版页”的公共位置为站点定义常用的结构和界面元素(如页眉、页脚或导航栏),这些结构和界面元素可由站点中的许多页共享。只需要在一个位置,即可对整个网站的外观及很多功能进行控制。这样可提高站点的可维护性。

4. 主题和外观

使用ASP.NET 2.0中的主题和外观功能,可以对站点的外观进行自定义,可以在“主题”的公共位置定义样式信息,并将该样式信息全局应用于站点中的页或控件。与母版页一样,这样可提高站点的可维护性。

5. 新管理功能

ASP.NET 2.0在设计时充分考虑了管理功能。引入了几个新功能,进一步增强了对ASP.NET服务器的部署、管理及操作。

6. 扩展性

ASP.NET 2.0是一个开放系统,无论是服务器控件、页处理程序、编译还是核心应用程序服务,都能根据需要进行自定义和替换。开发人员可以在页面的任何地方插入需要的自定义代码。

1.3 安装ASP.NET的运行环境

用ASP.NET技术开发的Web应用程序是一个由页面、控件、代码模块和服务组成的集合,所有这4个组成部分均在一个Web服务器软件(通常是IIS)应用程序目录下运行。

在应用ASP.NET开发网站、Web应用之前,要建立好ASP.NET的运行和开发环境。首先要安装Web服务器软件IIS(Internet Information Services)和.NET Framework。

在安装.NET Framework之前,必须确保该服务器上已经安装并运行了Internet信息服务器(IIS)。

1.3.1 IIS Web服务器的安装与配置

1. IIS

IIS(Internet Information Services)是Microsoft公司开发的因特网信息服务技术,它借助于Windows NT/2000/XP/Server 2003系统在PC界面的绝对优势,成为当今广泛使用的Web服务器软件之一。

2. IIS管理器的安装和配置

在Windows XP系统添加IIS的操作方法如下。

(1) 在“控制面板”中双击“添加/删除程序”,打开如图1-3所示的“添加或删除程序”窗口。

(2) 单击“添加/删除Windows组件”,弹出如图1-3所示的“Windows组件向导”对话框。

(3) 在“Windows组件向导”对话框中,选中“Internet信息服务”复选框,单击“详细信息”按钮进行设置。例如,通常可以选择FTP服务、SMTP服务、NNTP服务。

(4) 单击“下一步”按钮,从Windows XP安装光盘中复制所需文件。

图 1-3　Windows XP 中添加 IIS 的操作窗口

(5) 重新启动计算机，完成 IIS 安装。

3. IIS 管理器的应用

IIS 安装完成之后，就可以从“开始”菜单中启动 IIS 的操作界面了。

单击“开始”→“程序”→“管理工具”→“Internet 服务管理器”命令，打开如图 1-4 所示的 IIS 管理界面，称为 Internet 服务管理器，简写为 ISM。这是一个标准的微软管理控制台(MMC)界面，是微软专门为各种管理工具开发的一个统一的操作环境。MMC 界面都可以分为以下 3 个部分。

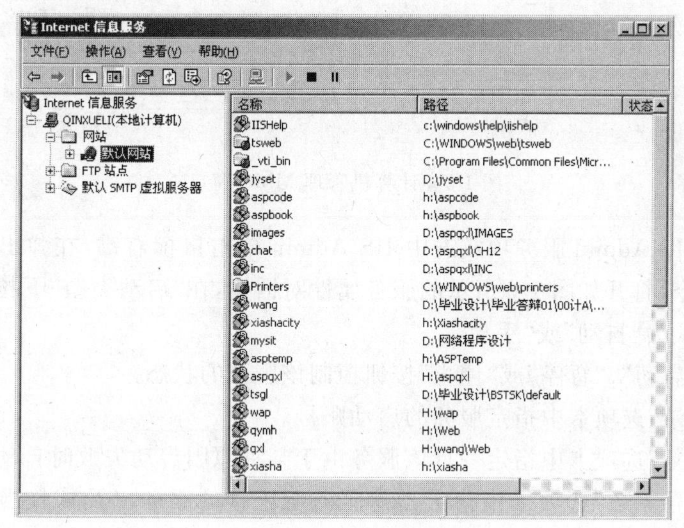

图 1-4　IIS 管理界面

(1) 上部菜单与工具条。

(2) 左侧范围部分,以树型结构表示计算机所包含的站点及其内容。

(3) 右侧内容部分,显示在左侧范围部分选中节点的具体内容。

4. IIS管理

IIS功能的实现依赖于Windows 2000/XP中的IIS相关服务,IIS安装成功之后,IIS管理服务、WWW服务、FTP服务以及SMTP服务等IIS相关服务被加入系统服务列表。IIS服务直接关系到IIS站点的运行,例如,停止WWW服务将导致所有的Web站点停止工作。因此,控制服务就等于控制了IIS服务器的全部功能。

上述系统服务默认情况下是自动配置的。更改服务的启动方式以及配置服务的操作方法如下。

(1) 右击"我的电脑",选择"管理工具"选项,打开计算机管理MMC窗口。

(2) 展开控制树中的"服务和应用程序"节点,选择"服务"选项,如图1-5所示,全部系统服务在右侧窗口中列出。IIS相关的WWW、IIS管理等服务也在表中列出。

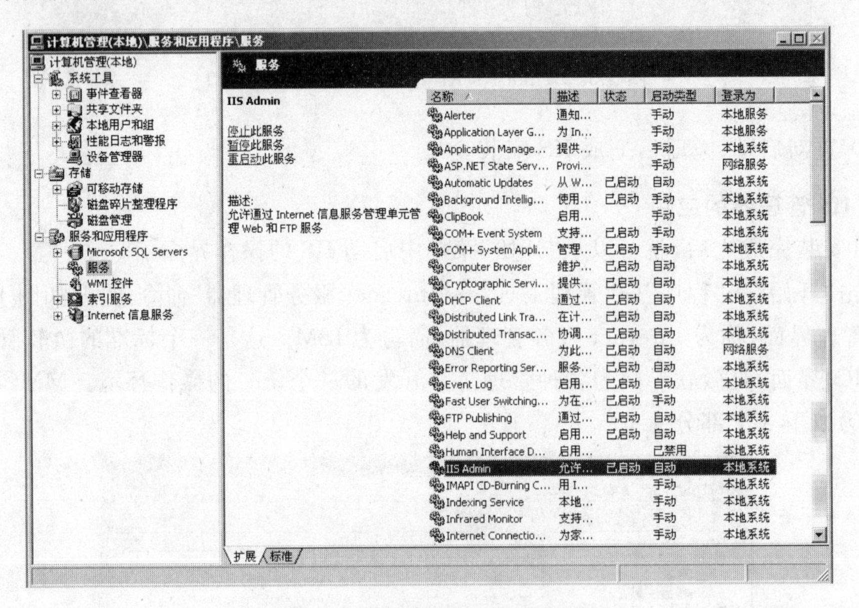

图1-5 计算机管理MMC窗口

(3) 双击IIS Admin服务项或选中IIS Admin单击鼠标右键,在弹出的快捷菜单中选择"属性"命令,打开如图1-6所示的服务属性对话框,在"启动类型"下拉列表中指定该服务的启动方式为"自动"或"手动"。

(4) 单击"启动"、"暂停"或"停止"按钮控制该服务的状态。

(5) 在"登录"选项卡中指定服务的启动账号。

(6) 在"恢复"选项卡中指定一旦该服务由于某种原因启动失败时自动进行的操作。

(7) 在"依存关系"选项卡中指定当前服务所依赖的服务以及依赖当前服务的其他服务。

(8) 单击"确定"按钮返回。

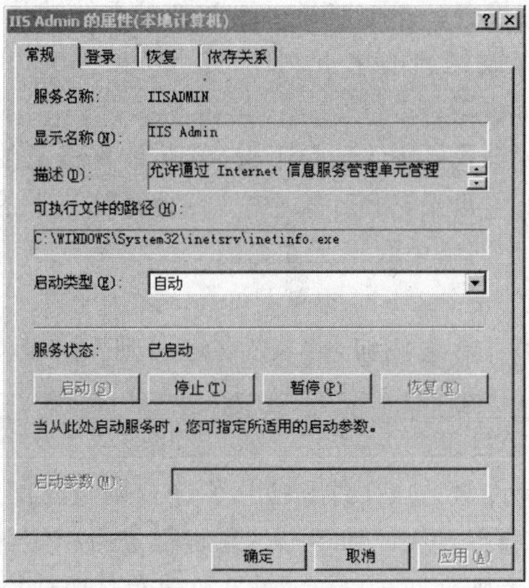

图 1-6　IIS 服务属性对话框

5. 默认 Web 网站的属性设置和管理

Windows 2000 NT/2000 Server/XP/Server 2003 系统安装时会在 C 盘安装一个默认 Web 网站的文件目录 c:\inetpub\wwwroot，安装操作系统时可以选择在其他的磁盘创建，也可以自己命名主目录，如 d:\inetpub\wwwroot 或 e:\inetpub 等。由于 C 盘是安装操作系统文件和常用的工具软件，站点的主目录建议改为 D、E 等数据盘，主目录包含站点文件、虚拟目录文件或服务器扩展站点的文件。安装了默认 Web 网站的文件目录，可以使用以下方法进行修改和管理。

在图 1-4 所示的 IIS 管理界面，选中默认 Web 网站，单击鼠标右键，在弹出的快捷菜单中选择"属性"命令，显示如图 1-7 所示的窗口，并在"主目录"选项卡中对站点主目录、

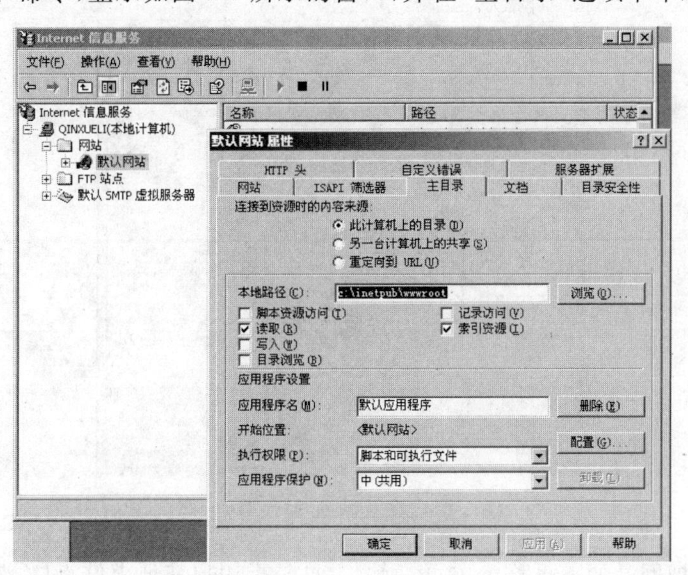

图 1-7　默认 Web 网站主目录属性

文件及应用程序权限进行设置。本地路径显示的就是系统默认安装的Web网站的主目录。在这个目录下可以存放网站的主页文件，如index.htm、index.aspx、default.htm、default.aspx、myhome.aspx等。

主目录的分配有3种方式：默认情况下选中“此计算机上的目录”单选按钮，输入或单击“浏览”按钮指定本地主目录路径。选中“另一台计算机上的共享”单选按钮，可以指定远程主目录，具体形式是网络中共享文件夹的UNC路径：\\服务器名\共享名。另一种是将主目录重新定向到一个URL，也就是Internet中的某个其他网站或其之下的目录。选中“重定向到URL”单选按钮，并在“重定向到”中输入URL地址，例如输入：http://www.myweb.com/m_asp就是将http://www.myweb.com网站中的/m_asp目录作为当前Web站点的主目录。

“主目录”选项卡还允许对站点文件和应用程序权限进行配置。对于文件，基本的权限有读取和写入，可分别选中“读取”和“写入”复选框进行指定。其中前者对于通常的静态网页站点是必需的，后者则允许客户对网站文件进行修改或添加。

如果网站中包含脚本文件，则还应指定“脚本资源访问”权限。此外，还有一种特殊的权限“目录浏览”，一旦指定目录浏览权限，则即使客户没有读取权限，也能够查看网站的组织结构，看到网站中究竟有哪些文件，分别在什么位置。所以，指定目录浏览权限往往会带来安全性上的隐患。

对于应用程序而言，权限有两种“纯脚本”以及“脚本和可执行程序”，它们是在“执行权限”下拉列表框中进行指定的。其中后一种权限包含前一种。所谓可执行程序与脚本程序的区别在于：可执行程序在服务器端执行，其通常的后缀为.exe、.bin、.dll、.com、.dat等；而脚本程序是先下载到客户机，然后再进行解释执行的，它们采用脚本语言JScript、Perl等编写。

选中默认Web网站选项，显示如图1-8所示的“默认网站 属性”对话框。

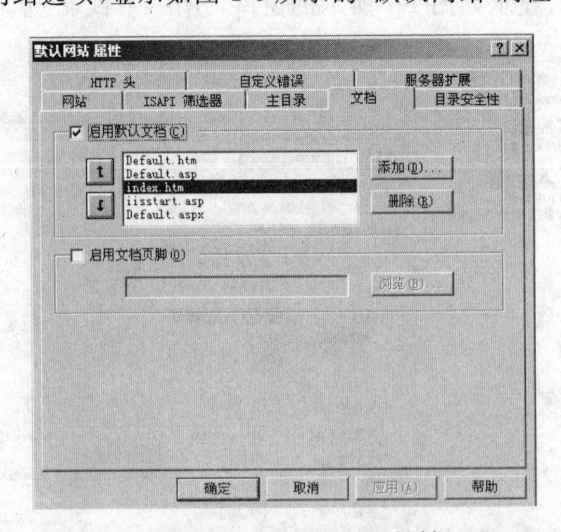

图1-8 “默认网站 属性”对话框

人们通常把网站的首页称为主页，所谓主页是指用户在请求站点(例如在浏览器地址栏中输入站点域名)之后，所收到的默认网页，例如在浏览新浪网站时，只要在地址栏输入

http://www.sina.com.cn 就可以看到网站的主页。为什么没有输入网站的任何文件名，就可以看到网站的主页呢？这是网站在服务器上发布时已设置好的默认的主页文件。

那么站点的默认主页如何设置呢？这就是要讨论的问题。在站点主页制作完成之后将其存储在某个目录中，默认主页一般是取 index.htm、index.html、default.htm、index.aspx 或 default.aspx 等文件名，当然也可自己定义，例如主页文件可以取 myweb.htm。可以按如下步骤添加主页文件。

（1）在默认 Web 网站属性界面中选择“文档”选项卡，如图 1-8 所示。

（2）单击“添加”按钮，弹出“添加默认文档”对话框，例如添加主页文件 index.htm。单击“确定”按钮，在图 1-8 中可以看到新添加的 index.htm。

（3）可以添加多于一个默认主页，所有添加的主页文档都显示在列表框中，选择一个文档，单击上下箭头按钮调整其优先级。通常首先尝试加载优先级最高的主页，一旦不能成功下载，将降低优先级继续尝试，例如图 1-8 列出的 6 个默认文档，当启动一个网站时，将在网站的根目录下从 default.htm 文件依次查找这些默认的文档，找到其中的一个就运行，如果一个也没有找到，系统将显示错误信息。文档在列表中的位置越靠上意味着其优先级越高。

（4）在默认 Web 网站添加的默认文档对于在该网站下建立的虚拟目录文件或服务器扩展站点可以继承，也可以单独为虚拟目录文件或服务器扩展站点添加默认文档。

（5）“文档”选项卡中不仅能够指定默认主页，还能配置文档页脚。所谓文档页脚，又称 footer，是一种特殊的 HTML 文件，用于使网站中全部的网页上都出现相同的标记，大公司通常使用文档页脚将公司标徽添加到其网站中全部网页的上部或下部，以增加网站的整体感。

为了使用文档页脚，首先要选中“文档”选项卡中的“启用文档页脚”复选框，然后单击“浏览”按钮指定页脚文件，文档页脚文件通常是一个.htm 格式的文件。

“网站”选项卡是对 Web 站点的一般属性进行配置的界面，如图 1-9 所示。在选项卡上部的“网站标识”选项区域中，可以更改站点描述、IP 地址、TCP 端口以及 SSL 端口信

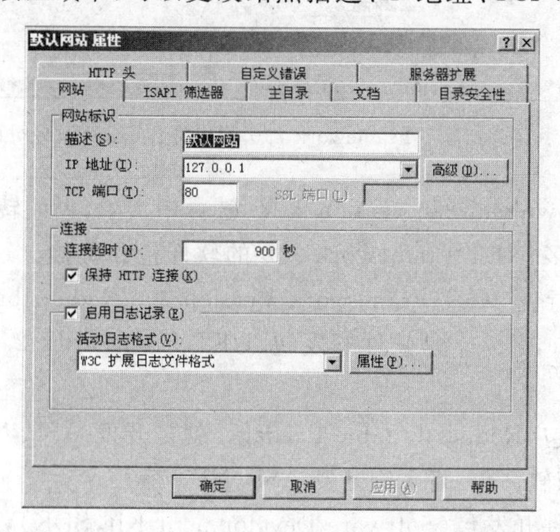

图 1-9　默认 Web 网站属性界面的“网站”选项卡

息。这些信息都是在创建 Web 站点时指定的。

注意：即使 IIS 允许将站点的 IP 地址设置为"所有未分配的"，但事实上这样做通常并没有给站点真正地分配一个有效的 IP 地址，尤其在站点数量较多时，应尽量为每个站点分配一个实际的 IP 地址。图 1-9 的 IP 地址 127.0.0.1 是本机的测试地址，只能在本机调试网站用，可以根据需要设置相应的 IP 地址，如 192.168.0.2，如果这是局域网的地址，那该局域网的通网段的用户可以访问这个地址的网站。如果这是因特网的地址，在因特网上的用户都可以访问。

另外，TCP 端口地址 80 是默认端口，也可以根据自己的需要自定义。

1.3.2　.NET Framework 2.0 的安装

1. ASP.NET 2.0 软件包的安装

ASP.NET 2.0 是免费的软件包，读者可以到 http://msdn2.microsoft.com/en-us/netframework/aa731542.aspx 下载，图 1-10 显示的是 ASP.NET 下载页面。

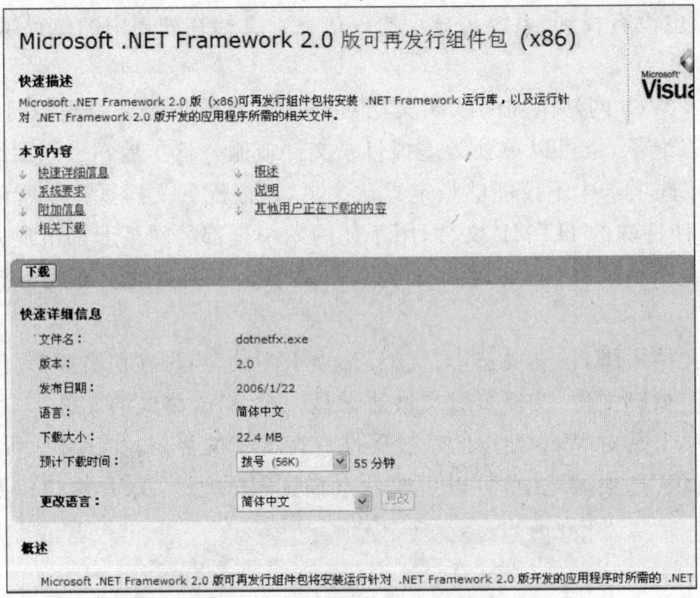

图 1-10　.NET Framework 2.0 版组件包(x86)下载页面

在该页面单击 Download x86 version 链接，选择中文版，页面转入图 1-11 的页面。

这时可能看到许多.NET Framework 2.0 的软件包和文档。这里需要两个软件包：一个是.NET 框架发行包.NET Framework Version 2.0 Redistributable Package(x86)，文件名为 dotnetfx.exe，另一个是软件开发包.NET Framework 2.0 SDK(x86)，文件名为 setup.exe。

.NET 框架发行包(Redistributable Package)就是开发 ASP.NET 所必须安装的软件包，如果没有安装该软件包，将无法开发 ASP.NET 应用。

另外一个就是软件开发包(Software Development Kit，SDK)，这种软件开发包为了便于用户的使用，除了包含必要的核心软件包外，还提供诸如帮助文档、示例代码、调试工

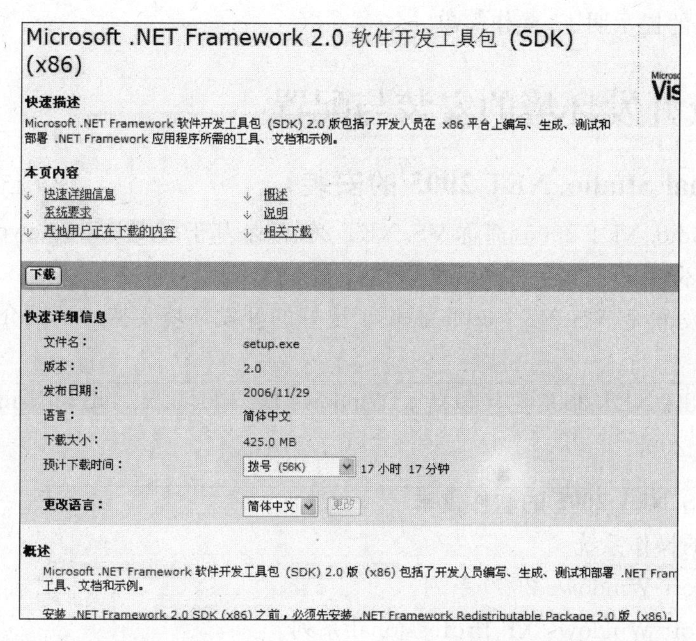

图1-11 .NET Framework 2.0 软件开发工具包(SDK)下载页面

具、编译器、必要的接口等内容。所以从这种意义上说，软件开发包通常包含发行包。

在微软公司的下载页面里，已经将这两个包进行分开提供。在实际使用时应该先下载.NET Framework 发行包并安装，然后根据个人的需要决定是否下载、安装和使用.NET 软件开发包。

2. .NET Framework 2.0 安装要求

.NET Framework 2.0 支持的操作系统有 Windows 2000/XP/Server 2003/Vista。

在安装.NET Framework 2.0 前，这些操作系统必须安装如下软件。

(1) Windows Installer 3.0(Windows 98/Me 例外，这两种操作系统需要 Windows Installer 2.0 或更高版本)。推荐使用 Windows Installer 3.1 或更高版本。

(2) Windows Installer 3.0、Windows Installer 3.1 或更高版本(对于 Windows 98/Me，需要安装 Windows Installer 2.0 以上版本)。

(3) IE 5.01 或更高版本。还必须运行 Microsoft Internet Explorer 5.01 或更高版本，才能完全安装.NET Framework。

(4) 服务器安装：如果进行服务器安装，则除了满足典型的安装要求之外，还必须安装以下软件。

① 建议安装 Microsoft Data Access Components 2.8 或更高版本。

② Internet 信息服务(IIS)5.0 版或更高版本。

多数用户将会执行典型安装，因此可以忽略这些要求。如果不确定要执行哪种类型的安装，则只需符合典型安装的要求。

3. 安装.NET 框架

先安装.NET 框架发行包 dotnetfx.exe，再安装软件开发包 setup.exe(可以不安装)。安装过程的提示明了、操作简单。

1.4 集成开发环境的安装与配置

1.4.1 Visual Studio.NET 2005 的安装

Visual Studio.NET 2005(简称 VS.NET 2005)是基于.NET Framework 2.0 框架的新的软件开发环境。

在软件开发方面,VS.NET 2005 提供了更好的开发环境支持。下面介绍安装该软件的软硬件需求。

Visual Studio.NET 2005 已经包括了 Windows Installer 3.x、.NET Framework 1.1/2.0 和 SQL Server 2005。

1. 安装 VS.NET 2005 的软件需求

(1) 支持的操作系统

① Microsoft Windows 2000 系列。

② Microsoft Windows XP Professional 系列。

③ Microsoft Windows Server 2003 系列。

④ 不支持在 Intel Itanium(IA64)上安装 Visual Studio 2005。

(2) 安装基本要求

① 处理器:最低要求 600MHz Pentium 处理器,推荐采用 1GHz Pentium 处理器。

② 内存要求:最小内存为 192MB,推荐内存为 256MB 及以上。

③ 磁盘空间要求:如果不安装 MSDN,要求空间在 3GB 以上,如果安装 MSDN,要求空间在 4GB 以上。

④ 显示器:最低要求 800×600 像素,256 色;推荐为 1024×768 像素,增强色(16 位)以上。

⑤ 还需要鼠标、键盘、必要的光驱等。

⑥ 安装路径长度超过 100 个字符时,导致安装失败。而在 Windows XP 或 Windows Server 2003 上没有路径长度问题。

2. 安装步骤

(1) 将 Visual Studio 2005 安装盘放入光盘驱动器中,光盘自动运行后会进入安装程序文件界面,双击 setup.exe 程序安装文件,应用程序会自动跳转到如图 1-12 所示的 Visual Studio 2005 安装程序界面,该界面上有 3 个安装选项,只有第一项"安装 Visual Studio 2005"是可单击的。

① 安装 Visual Studio 2005:这是必需的,从这里开始安装 Visual Studio 2005。

② 安装产品文档:这是可选的,用于安装 MSDN。

③ 检查 Service Release:这是可选的,用于检测最新版本软件发行包。

(2) 选择"安装 Visual Studio 2005",单击"下一步"按钮,出现系统加载安装程序向导。

图1-12　Visual Studio 2005安装程序界面

(3) 在安装前如果不清楚，可以在开始安装Visual Studio 2005前，单击图1-12中的"查看自述文件"按钮，这是一个html格式的文件，可以把它保存为Word格式的文件。

(4) 选中"我接受许可协议中的条款"复选框，并输入产品序列号，如图1-13所示，单击"下一步"按钮。弹出Visual Studio 2005安装程序选项界面，可选择要安装的功能和产品安装路径，如不选择，程序将自动安装默认选项并使用系统默认路径(默认路径为C:\Program Files\Microsoft Visual Studio 8\)，如图1-14所示。

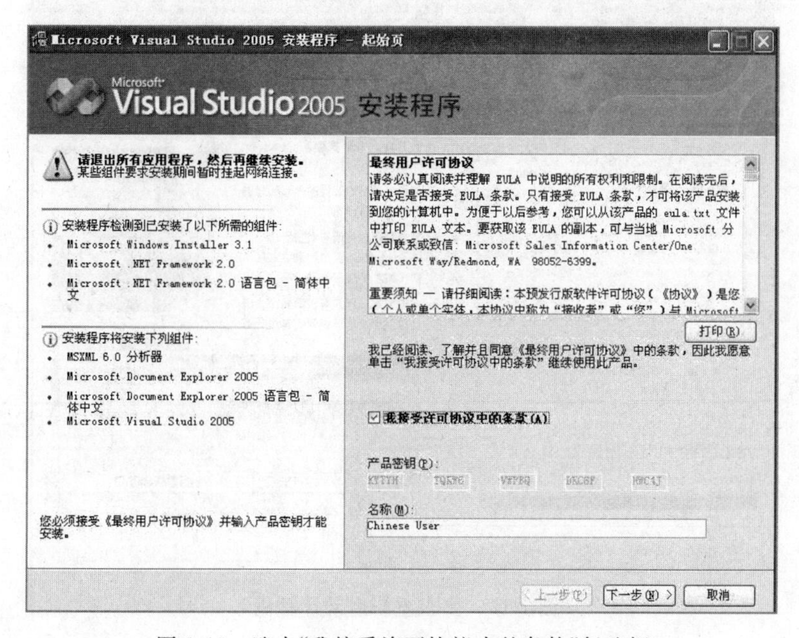

图1-13　选中"我接受许可协议中的条款"复选框

(5) 选择产品的安装路径之后，单击"安装"按钮，进入Visual Studio 2005安装程序界面，显示正在安装的组件。

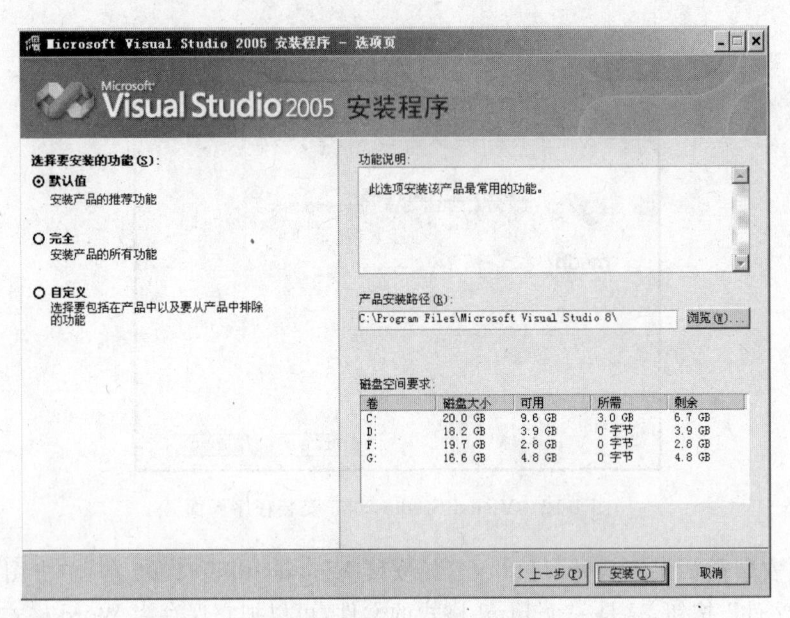

图 1-14　Visual Studio 2005 安装程序-选项页

(6) 在系统安装过程中，会提示要重新启动计算机才能完成安装，如图 1-15 所示，必须单击“立即重新启动”按钮。

图 1-15　要求重新启动计算机

(7) 系统安装完成会弹出开发环境安装完成对话框。

(8) 可以根据需要继续安装 MSDN，在图 1-16 所示的选择安装 MSDN 界面中的 3 个选项都是可单击的，选择安装项目。

图 1-16 选择安装 MSDN 界面

(9) 如果在安装过程中出现文件找不到等不能继续安装的情况，可以中断安装，重新启动安装程序，进入维护状态。选择"修复/重新安装"选项，可以继续安装。

1.4.2 Visual Web Developer 2005 的安装

Visual Web Developer 是 Visual Studio 提供的一个全新的网页设计器(称为 Visual Web Developer)，其中包含了许多用于创建和编辑 ASP. NET 网页和 HTML 页的增强功能。

1. Visual Web Developer 速成版的安装

由于 Visual Studio 2005 的安装需要较多的软硬件资源，微软单独提供了 Visual Web Developer 速成版的软件包，它的特点是占用资源少，可以快速开发 ASP. NET 应用和网页。可以下载安装软件 vwdsetup. exe 进行安装，图 1-17 是 Visual Web Developer

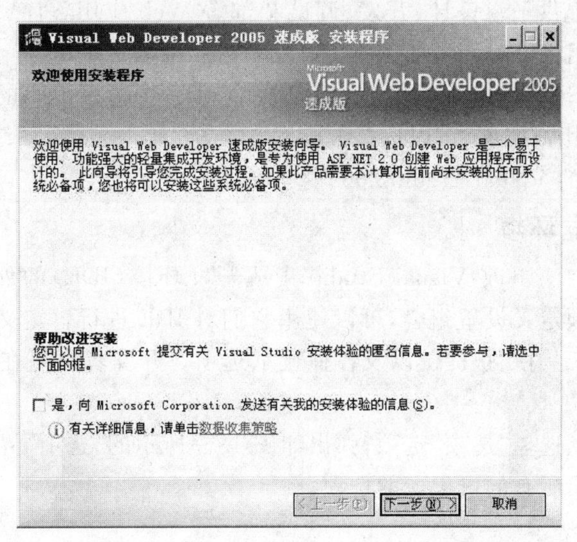

图 1-17 Visual Web Developer 速成版的安装界面

速成版的安装界面。它是先下载后安装。所以在安装时网络要通,能连接到微软的网站,容量40MB。单击"安装"按钮下载并安装。

2. Visual Web Developer 的注册

微软公司提供的 Visual Web Developer 速成版的软件包第一次要到微软网站注册申请ID后才能使用。图1-18是 Visual Web Developer 速成版首次使用的页面。

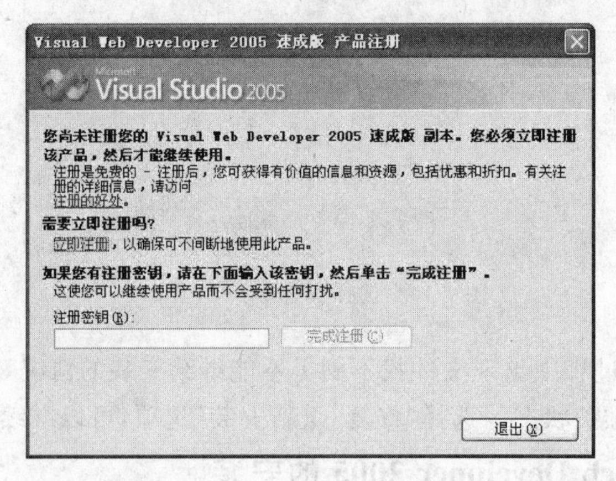

图1-18 Visual Web Developer 速成版首次使用的页面

3. Visual Web Developer 的应用

完成注册后,就可以开发网站了。

1.5 创建 ASP.NET Web 应用程序

1.5.1 启动 Visual Studio 2005

Visual Studio 提供了在设计、开发、调试和部署 Web 应用程序、XML Web Services 和传统的客户端应用程序时所需的工具。

安装好 Visual Studio 2005 系统,在第一次启动时要选择代码的语言,如果用 ASP .NET 开发 Web 应用或网站,可以选择 VB.NET 或 C#,选定后系统要初始化几分钟,启动如图1-19所示的 Visual Studio 2005 起始界面。

1.5.2 定制开发环境

可以通过多种方法更改 Visual Studio 集成开发环境(IDE)的外观和行为。Visual Studio 中包含几个预定义设置组合,可以使用它们对 IDE 进行自定义设置。可以自定义各种项,比如窗口、工具栏、快捷键以及各种显示选项。开发者可以在使用前或使用中设置自己需要的选项。

在"工具"菜单上选择"选项"选项,弹出如图1-20所示的"选项"界面,选中"显示所有设置"复选框,显示出所有的可设置的选项。

1. 自定义环境

(1) 选择"环境"选项,如图1-20所示。

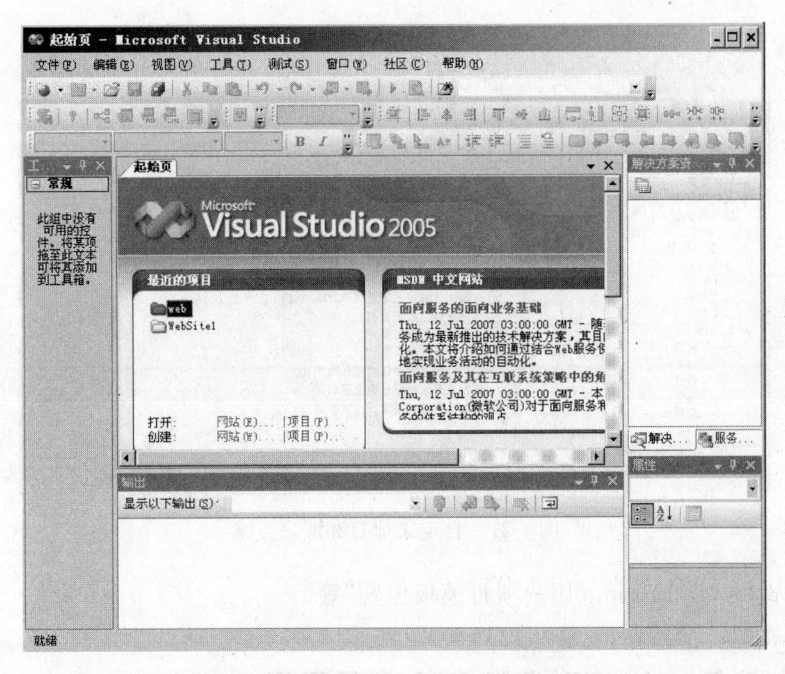

图 1-19　Visual Studio 2005 起始界面

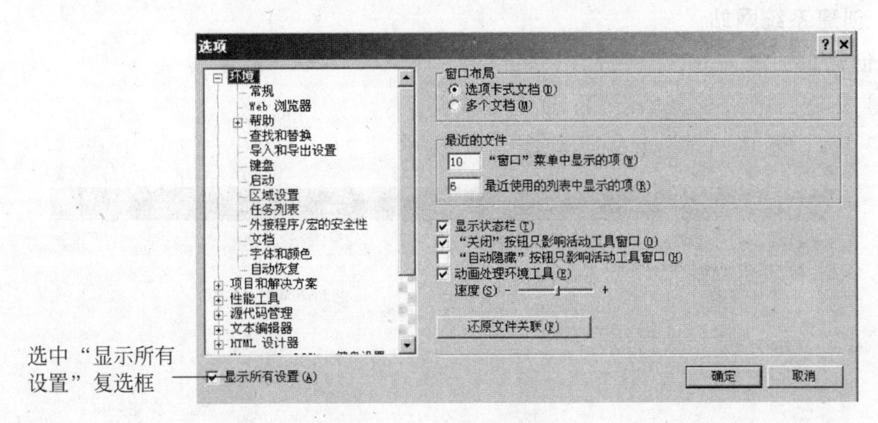

图 1-20　“选项”界面

(2) 设置“最近的文件”等。

(3) 完成后单击“确定”按钮。

2. 自定义项目和解决方案

在集成开发环境(IDE)中,系统默认的项目位置是 C:\Documents and Settings\dell\My Documents\Visual Studio 2005\Projects,可以更改项目位置,把生成的项目保存到自己的文件夹,如图 1-21 所示。

(1) 在“选项”对话框中,选择“项目和解决方案”选项。

(2) 修改“Visual Studio 项目位置”到自己的文件夹 E:\ASPNET_JC(C#)\WebSites\WebSite1。

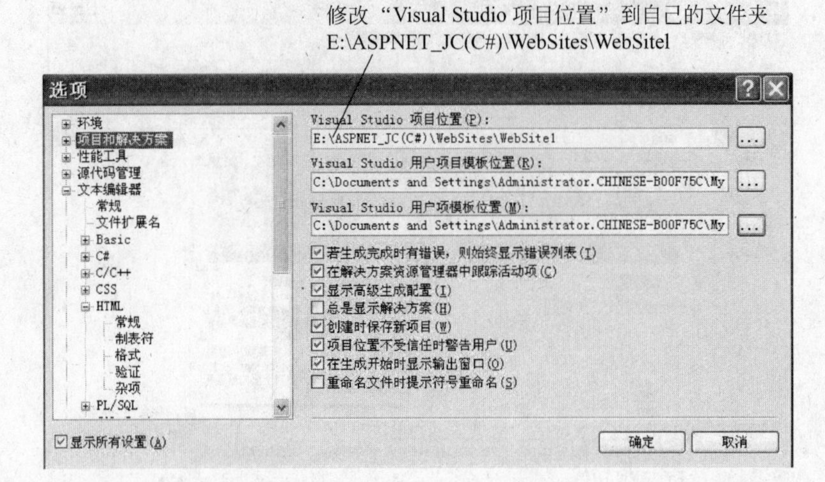

图 1-21 自定义项目和解决方案

(3) 修改“Visual Studio 用户项目模板位置”等。

(4) 单击“确定”按钮。

1.5.3 创建第一个 ASP.NET Web 应用程序

1. 创建系统网站

在创建页面之前先建立自己的系统网站。

(1) 在“文件”菜单上单击“新建网站”命令。

(2) 出现“新建网站”对话框，如图 1-22 所示。

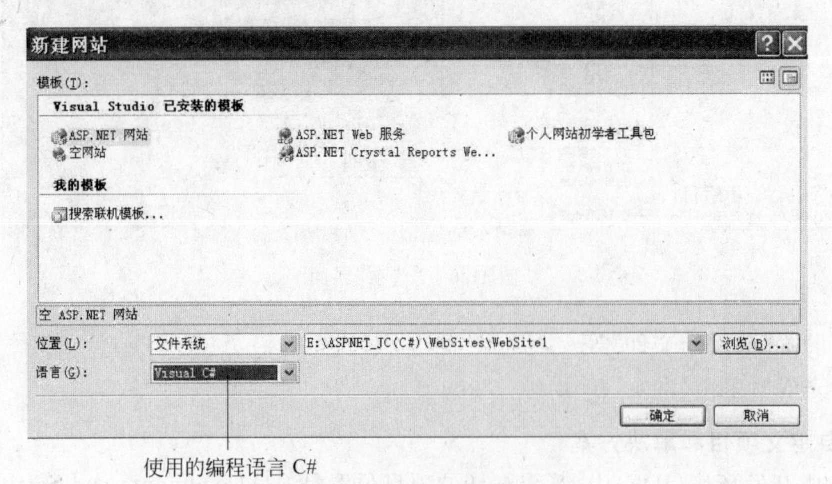

图 1-22 “新建网站”对话框

(3) 在“Visual Studio 已安装的模板”下面单击“ASP.NET 网站”。

(4) 在最左侧的“位置”下拉列表中，选择“文件系统”选项，然后在最右侧的位置列表中输入保存页面文件的物理位置，如 E:\ASPNET_JC(C#)\WebSites\WebSite1。

（5）在“语言”下拉列表中，选择使用的编程语言 C＃。

（6）单击“确定”按钮，弹出如图 1-23 所示的新网站。

（7）选择“在现有位置创建新网站”选项。

（8）单击“确定”按钮，自动创建了一个名为 Default. aspx 的新页面文件，这是网站的主页文件。

（9）创建子文件夹 ch01（第 1 章的实例程序文件夹），如图 1-23 所示。

图 1-23 新网站 WebSite1

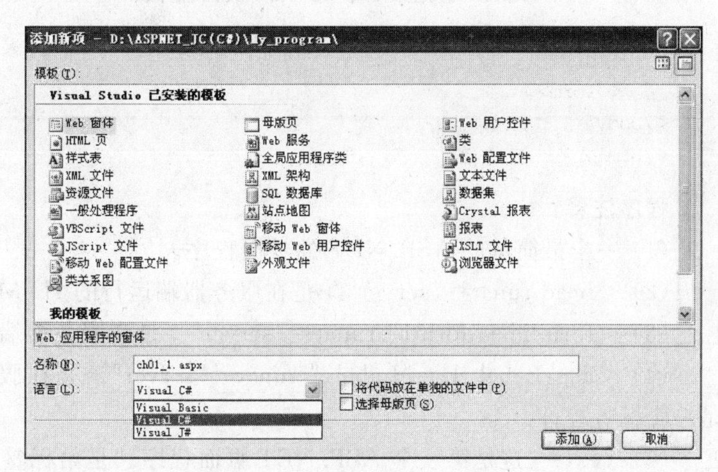

图 1-24 新建页面文件 ch01_1. aspx

2. 设计第一个 ASP. NET 页面程序

（1）新建页面文件 ch01_1. aspx，在解决方案资源管理器中，右击 ch01，然后单击“添加新项”命令。

（2）在“Visual Studio 已安装的模板”之下单击“Web 窗体”选项，如图 1-24 所示。

（3）在“名称”文本框中输入“ch01_1. aspx”。

（4）在“语言”下拉列表中选择使用的编程语言 Visual C＃。

（5）单击“添加”按钮。ch01_1. aspx 页面文件出现在编辑器中。在编辑环境中，输入相关的代码和控件。

3. 测试页面程序

（1）在“调试”中单击“开始执行（不调试）”或按 Ctrl＋F5 键，在浏览器显示页面如图 1-25 所示。

（2）也可以在解决方案资源管理器中右击 ch01_1. aspx，然后单击“在浏览器中查看”命令。该页面显示在浏览器中。

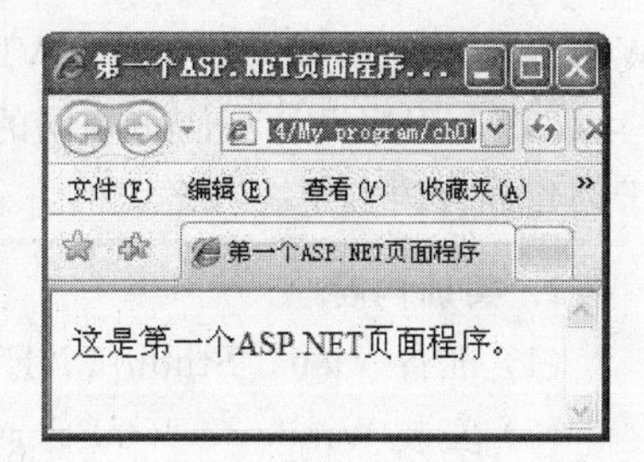

图 1-25 显示 ch01_1. aspx 页面

4. 第一个 ASP. NET 页面程序源程序

源程序（ASPNET_JC（C＃）\WebSites\WebSite1\ch01\ch01_1. aspx）：

```
<%@ Page Language="C# "%>
<html>
```

```
<head runat="server">
    <title>第一个 ASP.NET 页面程序</title>
</head>
<body>
    <form id="form1" runat="server">
    <div>
        <asp:Label ID="Label1" runat="server"
            Text="这是第一个 ASP.NET 页面程序。">
        </asp:Label>
    </div>
    </form>
</body>
</html>
```

程序注释：

(1) 一个最简单的 ASP.NET 的页面程序。

(2) <head runat="server">是在服务器端运行的 HTML 控件。

(3) <form id="form1" runat="server">是在服务器端运行的 HTML 控件。

(4) <asp:Label ID="Label1" runat="server">是在服务器端运行的 Web 控件，是一个标签控件。

(5) Text="这是第一个 ASP.NET 页面程序。"是给标签控件 Text 属性赋值，并显示在页面上。

1.6 综合实训——Visual Studio.NET 2005 的安装

1. 实训目的

(1) 安装 Visual Studio 2005 .NET 集成开发环境，为后续课程的学习和程序的调试打下良好的基础。

(2) Visual Studio 2005 .NET 是一套完整的开发工具，用于生成 Web 应用程序、Web Services、移动应用程序。VB.NET、Visual C++ .NET、Visual C# .NET 和 Visual J# .NET 程序设计都使用相同的集成开发环境(IDE)，该环境允许它们共享工具并有助于创建混合语言解决方案。

2. 实训内容

(1) 准备 Visual Studio .NET 2005 安装光盘(可以是 CD 或 DVD 格式的光盘)。

(2) 安装 Windows 2000 Server/XP 系统的机器一台。

(3) 创建第一个 ASP.NET 页面程序。

3. 实训步骤

(1) 插入 Visual Studio .NET 2005 安装光盘，启动 Setup。

(2) 参考 1.4.1 小节 Visual Studio.NET 2005 的安装。

(3) 设置开发环境。

(4) 创建自己的站点。

（5）测试 ASP. NET 页面程序。

1.7　练习

（1）简述 Web 应用及其特点。
（2）简述 Web 应用的开发技术。
（3）简述. NET 框架的主要思想。
（4）简述 ASP. NET 2.0 的主要特点。
（5）简述 ASP. NET 2.0 的运行环境。
（6）简述安装 Visual Studio. NET 2005 的软件需求。

第 2 章

ASP.NET 应用程序基础

2.1 ASP.NET 应用程序页面

ASP.NET 页面是 Web 应用程序的可编程用户接口。ASP.NET 页面在任何浏览器或客户端设备中向用户提供信息,并使用服务器端代码来实现应用程序的逻辑处理。

ASP.NET Web 页面会被编译进一个动态链接库(.dll)文件。在用户第一次浏览 .aspx 页面时,ASP.NET 会自动生成一个呈现该页面的.NET 类文件,然后编译它。编译后的.dll 文件运行在服务器中并且为页面动态地提供 HTML 输出。

ASP.NET 页面有下列特点。

(1) 基于 Microsoft ASP.NET 技术。在服务器上运行的代码,动态地生成输出到浏览器或客户端设备的页面。

(2) 兼容所有浏览器或移动设备。ASP.NET 页面自动为样式、布局等功能提供正确的、符合浏览器的 HTML。可以将 ASP.NET 页面设计成能在特定的浏览器(如 Microsoft Internet Explorer 6)上运行并能利用浏览器的特定功能。

(3) 兼容.NET 公共语言运行库所支持的程序设计语言,其中包括 Microsoft Visual Basic、Microsoft Visual C#、Microsoft J# 和 Microsoft JScript .NET。

(4) 基于 Microsoft.NET Framework 生成。它具有 Framework 的所有优点,包括托管环境、类型安全性和继承。

(5) 具有灵活性,可以向它们添加用户创建的控件和第三方控件。

2.1.1 Web 窗体的特点

Web 窗体(Web Form)是 ASP.NET 用于创建可编程页面的一种技术。在 Web 窗体中,既可以使用任意一种置标语言向客户端发送信息,也可以使用脚本语言开发服务器端应用程序。

Web 窗体可以在任何一种浏览器上运行。开发者也可以指定 Web 窗体运行的浏览器,以便利用浏览器提供的各种功能。

可以使用基于公共语言运行环境的语言作为服务器端应用程序的编程语言,包括 VB.NET、C# 和 JScript.NET。

可以利用公共语言运行环境提供的技术优势,包括管理运行环境、类型安全、继承和动态编译。

Web 窗体支持 WYSIWYG（What You See Is What You Get，所见即所得）编辑工具，特别是能够利用像 Visual Studio. NET 这样功能强大的开发环境来编写代码。具有一个丰富的控件集，可以把页面逻辑封装进可重用的组件内，把处理页面事件的代码另外放到一个集中的地方，使页面结构清晰。

Web 窗体可以把页面上的逻辑处理代码和内容分开，使页面不再像以往的 ASP 页面那样杂乱和难以管理。可以使用开发者自己开发的控件和第三方提供的控件。

2.1.2　Web 窗体的结构

Web 窗体把网络应用程序的用户界面分为两部分：可视的用户界面部分和用户界面逻辑部分。

可视的用户界面部分由一个包括置标语言的标记和 Web 窗体指定元素的文件构成。这部分就好像是一个容器，开发者可以在其中放入如文本、控件等用于显示的元素。对于控件，开发者既可以使用普通的 HTML 控件，也可以使用为 ASP. NET Web 窗体提供的服务器端控件。

用户界面逻辑部分是由开发者编写的、用于与 Web 窗体相互作用的代码组成，代码可以由基于公共语言运行环境的语言编写。

ASP. NET 页面提供了两种代码组织形式。

1. 内置代码文件

这是最基本的一种形式，主要是为了传统的脚本（JavaScript/VBScript）和 ASP 兼容。下面的示例是一个内置代码的页面程序。

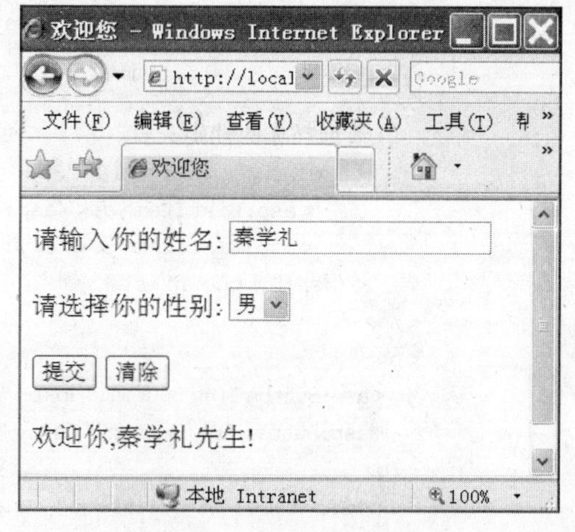

图 2-1　2_1. aspx 的运行结果

【例 2-1】　在页面上输入姓名，选择性别输出，页面程序运行结果如图 2-1 所示。

源程序（ASPNET_JC(C＃)\WebSites\WebSite1\ch02/2_1. aspx）：

```
<%@ Page Language="C#" AutoEventWireup="true"%>
<script language="C#" runat="server">
    protected void Page_Load(Object Sender, EventArgs E)
    {
        Message.Text="信息将在这里显示";
    }
    protected void btnSubmit_Click(Object Sender, EventArgs E)
    {
        if (Sex.SelectedItem.Text=="男")
            Message.Text="欢迎你,"+Name.Text+"先生!";
        else
            Message.Text="欢迎你,"+Name.Text+"女士!";
    }
```

```
    protected void btnReset_Click(Object Sender, EventArgs E)
    {
        Name.Text="";
        Message.Text="";
    }
    protected void Page_UnLoad(Object Sender, EventArgs E)
    {
        //在这里作清理工作
    }
</script>
<html xmlns="http://www.w3.org/1999/xhtml">
<head>
    <title>欢迎</title>
</head>
<body>
    <form id="Form1" action="2_1.aspx" method="post" runat="server">
        <p>
            请输入你的姓名:
            <asp:TextBox ID="Name" runat="server"/>
        </p>
        <p>
            请选择你的性别:
            <asp:DropDownList ID="Sex" runat="server">
                <asp:ListItem>男</asp:ListItem>
                <asp:ListItem>女</asp:ListItem>
            </asp:DropDownList>
        </p>
        <p>
           <asp:Button ID="Button1" Text="提交"OnClick="btnSubmit_Click" runat="server"/>
           <asp:Button ID="Button2" Text="清除"OnClick="btnReset_Click" runat="server"/>
        </p>
        <p><asp:Label ID="Message" runat="server"/>
        </p>
    </form>
</body>
</html>
```

程序注释:

(1) 第 1 句@ Page 是指令语句,指令允许指定页面的属性和配置信息。它指定了页面使用的程序设计语言为 C#,代码块必须包含在<%和%>之间,代码块在页面装载时要经过编译。

(2) 在<script>、</script> 标记里定义了 4 个过程(事件),这几个函数括号里的参数"(Object Sender, EventArgs E)"不能省略,它们用于表示把服务器端的对象和事件传递到相应的函数。变量 Sender 及事件参数 E 分别表示是由哪个对象发出事件,以及发生事件时的相关信息;每个事件子程序中都要加入(Object Sender,EventArgs E)这两个参数。

如果在页面程序中有逻辑处理程序,必须写在<script>、</script> 标记里。

(3) 在"<body>"部分创建了一个 Web 窗体,它与普通的 HTML 表单不同,它指定了一个属性 runat="server",表明这个 Web 窗体由服务器处理。当执行 ASP.NET 页面时,会检查标记有无 runat 属性。如果标记没有设定这个属性,那么该标记就会被视为字符串,并被送到字符串流等待送到客户端的浏览器进行解释。

如果标记有 runat="server"属性,那么就会依照该标记所对应的控件来产生对象,所以 ASP.NET 对象的产生是由 runat 属性值所决定的。当程序在执行时,解析到有指定 runat="server"属性的标记时,Page 对象会将该控件从.NET 共享类别库加载并列入控制架构中,表示这个控件可以被程序所控制。程序执行完毕后再将控件的执行结果转换成 HTML 标记,然后送到字符串流和一般标记一起传输到客户端的浏览器进行解释。

(4) 在 Web 窗体上使用了 3 个不同类型的 ASP.NET 服务器控件:下拉列表框控件 DropDownList、按钮控件 Button 和标签控件 Label。

执行 2_1.aspx 源程序,服务器会生成一个客户端的程序,这是由 HTML 标记组成的、在客户机的浏览器运行的程序。在浏览器单击查看菜单的源文件可以看到以下程序。

客户端程序:

```
<head>
    <title>欢迎</title>
</head>
<body>
    <form name="Form1" method="post" action="2_1.aspx" id="Form1">
<div>
<input type="hidden" name="__VIEWSTATE" id="__VIEWSTATE"
value="/wEPDwUJMzQ5NzAyNTU1D2QWAgICD2QWAgIJDw8WAh4EVGV4dAUa5qyi6L+
O5L2gLOenpuWtpuekvOWFiOeUnyFkZGROJNjB8hsyD42ECLYsz5D6aHo45g=="/>
</div>
        <p>请输入你的姓名:
            <input name="Name" type="text" value="秦学礼" id="Name"/></p>
        <p>请选择你的性别:
            <select name="Sex" id="Sex">
    <option selected="selected" value="男">男</option>
    <option value="女">女</option>
</select></p>
        <p><input type="submit" name="Button1" value="提交" id="Button1"/>
            <input type="submit" name="Button2" value="清除" id="Button2"/>
        </p>
        <p><span id="Message">欢迎你,秦学礼先生!</span></p>
  <div>
<input type="hidden" name="__EVENTVALIDATION" id="__EVENTVALIDATION" value="/wEWBgKo5+
L0DwKbufQdAuaS/awDAqLK/awDAoznisYGArursYYIvIm/ItWTDIuieIOih2Tu2L4jBts="/>
</div></form>
</body>
</html>
```

从上面的程序看,在服务器端运行的逻辑处理程序,全部生成了 HTML 文件,在浏览器解释执行后显示结果。

2. 页面布局和逻辑代码分离

在ASP.NET Web页面中,用户界面编程被分成两个部分:可视化组件和页面的逻辑。可视化元素由一个包含静态标记(比如HTML或者ASP.NET服务器控件或者两者)的文件所组成。页面的逻辑由所创建并且与页面进行交互的代码所组成。这种代码既可以位于页面的一个脚本块中,也可以位于一个分离的类文件中。如果代码在一个分离的类文件中,这个文件就会被引用成后台代码文件。

下面的代码实例说明了一个后台代码文件模型中所使用的@ Page指令。

```
<%@ Page Language="C#" CodeFile="Default.aspx.cs" Inherits="Default"%>
```

CodeFile特性指定了类文件的名称,而Inherits特性指定了后台代码文件中与页面进行通信的类名称。

【例2-2】 在页面上输入姓名,单击"提交"按钮,页面程序运行结果如图2-2(在IE 7.0)所示,页面程序2_2.aspx,后台代码程序ch02\2_2.aspx.cs。

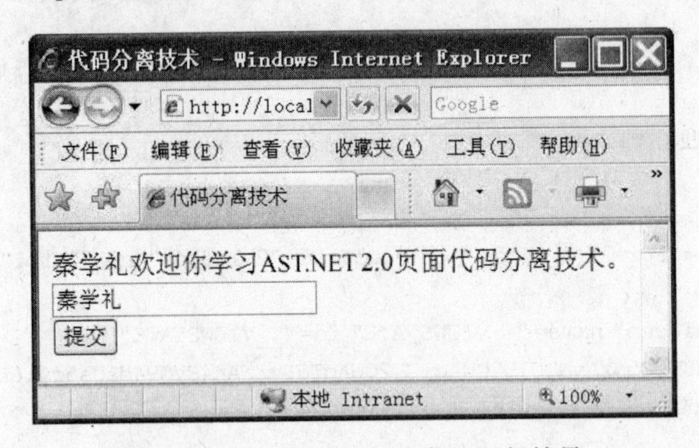

图2-2 2_2.aspx页面程序的运行结果

源程序(ASPNET_JC(C#)\WebSites\WebSite1\ch02\2_2.aspx):

```
<%@ Page Language="C#" AutoEventWireup="true" CodeFile="2_2.aspx.cs" Inherits="aspx
_ch02_2_2"%>
<head runat="server">
    <title>代码分离技术</title>
</head>
<body>
    <form id="form1" runat="server">
    <div>
        <asp:Label ID="Label1" runat="server" Text="ASP.NET 2.0 页面技术">
        </asp:Label><br/>
        <asp:TextBox ID="TextBox1" runat="server"></asp:TextBox><br/>
        <asp:Button ID="Button1" runat="server" Text="提交" OnClick="Button_Click"/>
    </div>
    </form>
</body>
</html>
```

源程序(WebSites\WebSite1\ch02\2_2.aspx.cs):

```
using System;
using System.IO;

public partial class aspx_ch02_2_2 : System.Web.UI.Page
{
    protected void Page_Load(object sender, EventArgs e)
    {

    }
    protected void Button_Click(object sender, EventArgs e)
    {
        Label1.Text=TextBox1.Text+"欢迎你学习 ASP.NET 2.0 页面代码分离技术。";
    }
    protected void Page_UnLoad(Object Sender, EventArgs e)
    {
         FileStream fs=new FileStream(Server.MapPath("./my_log.txt"), FileMode.
Append, FileAccess.Write);
        byte[] data=System.Text.Encoding.ASCII.GetBytes("Quit Time:"+DateTime.Now.
ToString()+(char)13);
        fs.Write(data, 0, (int)data.Length);
        fs.Flush();
        fs.Close();
    }
}
```

程序注释:

(1) Page命令的CodeFile="2_2.aspx.cs"指示后台代码文件。

(2) 单击“提交”按钮后,定位到"2_2.aspx.cs"的Button_Click事件,完成操作。

(3) Page_UnLoad事件是在my_log.txt文件记录退出页面的时间。

(4) 在2_2.aspx.cs添加using System.IO命名空间,否则FileStream会出错。

2.2　ASP.NET程序语法及约定

ASP.NET程序文件一般是由两部分组成的,如程序2_1.aspx,第一部分是ASP.NET程序代码(用C#语言),第二部分是页面HTML代码。这样程序的结构清晰,易于维护。

2.2.1　ASP.NET程序语法

一个ASP.NET页面程序文件是一个文本文件,它可以包含服务器端页面编码的标记语法、动态输出和文字内容。ASP.NET文件使用“aspx”或者“ascx”(针对用户自定义控件)作为默认的文件后缀。

ASP.NET程序语法是指程序代码中除了HTML标记以外的代码的语法,其主要包括引用编译指令、引用变量、定义代码块、定义控件、注释等相关的内容。

1. 使用<%和%>定义服务器代码块

格式：

```
<% 代码块 %>
```

ASP.NET提供与ASP的语法兼容性。这包括支持可在.aspx文件内与HTML内容混合的代码块。主要完成：

① 定义引用的编译指令；

② 定义在服务器端运行的程序代码。

这些代码块按从上而下的方式执行。

2. 使用<script>定义服务器事件、过程代码

格式：

```
<script Language="编程语言" runat="server">…</script>
```

在程序的开始，定义在服务器上运行的程序代码（可以定义变量和过程，供<%和%>之间的代码调用），其中"编程语言"可以是VB、C#、JScript等。

例如，在2_1.aspx有如下代码：

```
<script Language="C#" runat="server">
    protected void Page_Load(Object Sender, EventArgs E)
    {     Message.Text="信息将在这里显示";     }
</script>
```

注意：这种格式只用于混合源程序形式中的交互逻辑代码。如果是隐藏或分离代码形式，则不用这种格式。

所有的事件、过程和全局页变量都必须在<script runat="server">…</script>标记中声明。

3. 定义服务器端Web控件

格式：

```
<asp:控件名称 id="控件名称" … runat="server">
```

ASP.NET的一个最大的特点是新增加了服务器端控件。

ASP.NET服务器控件使开发人员能够动态生成HTML用户界面(UI)并响应客户端请求。这些控件在文件内用基于标记的声明语法表示。这些标记不同于其他标记，因为它们包含runat="server"属性。

【例2-3】 在主页显示来访时间的页面结果如图2-3所示。

源程序(ASPNET_JC(C#)\WebSites\WebSite1\ch02\2_3.aspx)：

```
<%@ Page Language="C#" %>
<script language="C#" runat="server">
    protected void Page_Load(Object Sender, EventArgs E)
    { message.Text="来访的时间是"+DateTime.Now.ToString(); }
```

图 2-3　2_3.aspx 页面程序的运行结果

```
</script>
<html xmlns="http://www.w3.org/1999/xhtml">
<head>
        <title>显示来访时间</title>
</head>
<body>
        <h2>ASP.NET 网络程序设计主页</h2>
        <asp:label id="message" runat="server"/>
</body>
</html>
```

在程序中使用<script>和</script>标记定义了一个名为 Page_Load(Object Sender,EventArgs E)的函数。当页面装入时执行这个函数。

但为了与其他标记区别,服务器端控件的声明标记包含了标记头"asp:"和属性 runat="server"。例 2-3 的 2_3.aspx 程序中的<asp:label id="message" runat="server"/>声明了服务器端标签控件(label),控件有自己的标识符(id="message")。

4. 服务器端注释

格式:

```
<%--注释--%>
```

<%--和--%>之间的内容将被筛选掉,仅在原始服务器文件中可见,即使其中包含其他 ASP.NET 指令。

例如:

```
<%--第一个 ASP.NET 程序实例--%>
```

注释能很好地帮助程序员阅读和修改、编写程序代码,服务器端注释让页面开发者能够阻止服务器代码(包括服务器控件)和静态内容的执行和呈现。

5. 服务器端包含语法

服务器端 # Include 使开发人员能够将指定文件的原始内容插入 ASP.NET 页内的任意位置。下面的示例说明如何将自定义的页面头和页面脚插入页面中。

```
<!--#Include File="Head.inc"-->
  ⋮
<!--#Include File="Foot.inc"-->
```

6. 代码分离形式

代码分离(Code Behind)形式是 ASP.NET 为了提高代码可阅读性、可维护性所采用的新技术,使 ASP.NET 页面源程序代码更清晰和便于阅读。它的实质是将页面显示视图(页面内容)的 HTML 标记和处理页面逻辑的程序代码分离。这样可以分别设计和分别调试,两者之间的关联是通过编译器指令 Page 实现的,如 2_2.aspx。

2.2.2 ASP.NET 的页面指令

在 ASP.NET 的程序中,页面指令(Page Directives)用来确定一些特殊的设置和处理,在程序编译时可以根据不同的页面指令调用系统类库。

ASP.NET Web Form 常用的指令有@Page、@Control、@Import、@Register、@Assembly、@OutputCache 等。

1. @Page 指令

@Page 指令定义了页面被编译处理的方式,每个 aspx 文件只能有一条@Page 指令,可以有多个属性,以空格分开属性的值,@Page 指令最常用的属性是 Language="值",定义页面使用的编程语言。

@Page 指令是 Web 页面的默认指令,因此可以省略 Page,写成<@ 属性=值…属性=值>。

@Page 指令的属性有 30 多种,下面列出常用的几种。

(1) Buffer

取值 True/False,指定 HTTP 响应缓存是否有效,默认为 True 缓存有效。

(2) ClassName

指定页面被请求自动动态编译的类。

(3) Culture

指定页面的国家、区域。

(4) Debug

指定编译页面时是否加入调试信息。

(5) EnableSessionState

取值为 True/Readonly/False,指定页面是否使用 Session、如何使用 Session 状态,默认值为 True。设为 True 页面可以使用 Session 状态,Readonly 只能读取 Session 状态,False 禁止使用 Session 状态。

(6) EnableViewState

取值为 True/False,指定视图状态在页面请求过程中是否保留,默认值为 True。

(7) ErrorPage

定义一个重新定向 URL,当页面发生异常时,浏览器会定向到 URL,可以根据需要提示友好的出错信息或执行相关的处理。

(8) Language

定义页面使用的程序设计语言。

(9) Src

页面包含的连接页的源文件路径。

2. @Import 指令

@Import 指令可以导入一个命名空间,页面可以使用该命名空间中包含的类和接口。这些命名空间可以是. NET Framework Class Library 的一部分,也可以是用户自定义的命名空间。每个@Import 指令只能引入一个命名空间,如果要应用多个命名空间,必须使用多个@Import 指令。

格式:

```
<%@ Import  Namespace="命名空间">
```

例如:

```
<%@ Import Namespace="System.Datetime"%>
```

3. 其他指令

(1) @Control 指令

一般用于. ascx(用户控件)文件,在一个. ascx 文件中只能有一个@Control 指令。

(2) @Register 指令

@Register 指令把别名与命名空间和类名关联起来,作为定制服务器控件语法中的记号。把一个用户控件拖放到. aspx 页面上时,就使用@Register 指令。把用户控件拖放到. aspx 页面上,Visual Studio 2005 就会在页面的顶部创建一个@Register 指令。就在页面上注册了用户控件,该控件就可以通过特定的名称在. aspx 页面上访问。

(3) @Assembly 指令

@Assembly 指令在编译时把程序集(. NET 应用程序的构建块)关联到 ASP. NET 页面或用户控件上,使该程序集中的所有类和接口都可用于页面。这个指令支持两个属性,即 Name 和 Src。

(4) @OutputCache 指令

指定 aspx 文件的内容在服务器上保留的时间长度。

2.2.3 ASP. NET 页面的处理过程

在 ASP. NET 页面的处理过程中,当用户通过客户端浏览器发出一个对 aspx 页面的请求以后,Web 服务器会由 ASP. NET 引擎(aspnet_isapi. dll)来处理。ASP. NET 引擎先检查输出缓冲(output cache)中是否有此页面或此页面是否已经被编译成 dll 文件了。若输出缓冲中找不到此页面或找不到编译过的 dll 文件,此页面的源程序代码由编译器将其编译成 dll 文件。

如果找到了编译过的 dll 文件,则省略了编译的步骤,直接从编译过的 dll 文件建立对象,并适时地交换页面与控件的状态信息,处理事件后将执行结果返回到客户端浏览器。如果 ASP. NET 引擎在输出缓冲中找到此页面,则直接将输出缓冲中的内容返回到浏览器。

2.2.4 ASP.NET 的文件类型

一个完整的 ASP.NET 应用是执行代码、配置参数、Web 窗体等文件的总合。每种不同类型的文件使用不同的文件后缀区分。表 2-1 列出了 ASP.NET 常用的文件类型与扩展名。

表 2-1 ASP.NET 常用的文件类型与扩展名

扩展名	文 件 类 型
.aspx	ASP.NET 的页面文件
.asmx	ASP.NET 的 Web 服务器代码
.aspx.vb	ASP.NET 的页面文件,用 VB.NET 语言
.aspx.cs	ASP.NET 的页面文件,用 C#语言
.ascx	用户控件文件
.asax	Global 应用程序配置文件,一个应用只能有一个文件
.config	应用程序配置文件,每个文件夹下可以有一个文件
.cs	用 C#语言的源代码文件(组件、自定义控件)
.css	层叠样式表文件
.dll	编译后的对象文件
.html、htm	HTML 页面文件
.vb	VB.NET 语言的源代码(组件、自定义控件)文件
.xml	XML(可扩展超文本置标语言)文件

2.2.5 ASP.NET 程序的约定

开发 ASP.NET 应用程序,需要注意以下约定。

(1) ASP.NET 应用程序的 C#源程序代码的字符区分大小写,如"Message.Text"、"DateTime.Now.ToString"等。

(2) ASP.NET 应用程序语句必须分行书写,一条语句就是一行,也不能将一行语句写在多行。如果一条语句太长,可以在合适的地方换行,但必须在行末加下划线,也可以不分行,让它自动换行。

(3) 代码的书写要养成良好的习惯,特别是代码段的缩进。

(4) 文件名和变量的命名要具有可读性,不要使用如 aa、bb 等文件名和变量名。应用程序的文件要分门别类地存放,切忌把所有的文件放在一个文件夹下。

2.3 Page 类

在 ASP.NET 中,每个 Web 页面(窗体)都是从 Page 类集成来的,也可以说一个 ASP.NET 页面实际是 Page 类的一个对象,它包含属性、事件和方法,控制页面的显示过程，也是各种服务器控件的承载容器。

Page 类有许多事件，其中 Page_Init、Page_Load、Page_Unload 这 3 个基本事件控制了页面的整个处理过程。

2.3.1 Page_Load 事件

Page_Load 事件当服务器控件加载 Page 对象时发生，也就是说，每次加载页面时，无论是初次浏览还是通过单击按钮或因为其他事件再次调用页面，都会触发此事件。该事件主要用来执行页面设置。在此事件处理程序中，既可以访问视图状态信息，也可以利用该事件形成 Post 数据，还可以访问页面控件层次结构内的其他服务器控件。

现在通过例 2-3 来详细讲述 Page_Load 事件。在 2_3.aspx 页面程序有如下代码段：

```
<script language="C#" runat="server">
    protected void Page_Load(Object Sender, EventArgs E)
    { message.Text="来访的时间是"+DateTime.Now.ToString(); }
</script>
```

在这段代码中，Page_Load 事件只做了一件事，把“来访的时间是”和当前的服务器时间作了连接运算，页面程序被执行时，客户浏览服务器的时间就可显示在客户端的页面上。

2.3.2 Page_Unload 事件

当服务器控件从内存中卸载时发生，也就是说，在编译器编译运行完页面程序后，页面的全部内容已经被送往输出缓存（Output Cache），留在内存中的服务器控件或元素就要被卸载。该事件处理程序的主要工作就是执行所有最后的清理操作，如关闭文件、关闭数据库连接和丢弃对象等，以便断开与服务器的“紧密”联系。如下面的 2_2.aspx.cs 代码段实现当用户退出主页时时间被记入日志文件 my_log.txt。

```
protected void Page_UnLoad(Object Sender, EventArgs e)
{
     FileStream fs = new FileStream (Server.MapPath ("./my _ log.txt"), FileMode.Append,
             FileAccess.Write);
    byte [] data = System.Text.Encoding.ASCII.GetBytes ("Quit Time:"+ DateTime.Now.
              ToString()+ (char)13);
    fs.Write(data, 0, (int)data.Length);
    fs.Flush();
    fs.Close();
}
```

2.3.3 Page_Init 事件

页面服务器控件被初始化时发生。该事件主要用来执行所有创建和设置实例所需的初始化步骤。在该事件内不能使用视图状态信息，也不应访问其他服务器控件。也就是说，该事件完成的是系统所需的一些初始设定，开发者一般不能随意改变其内容。因此，系统默认调用一个名为 InitializeComponent()的过程完成其初始化工作。

2.3.4 两个重要属性

Page 类有许多属性，其中有两个属性特别重要，它们是 IsPostBack 属性和 IsValid 属性。

1. IsPostBack 属性

当希望只有在网页第一次加载时执行另一些代码(基本上都是数据的默认绑定),甚至希望一些代码在除首次加载外的每次加载时执行,那么可以利用 IsPostBack 属性来完成这一功能。在网页第一次加载时,该属性的值是 false。如果网页因回送而被重新加载,IsPostBack 属性的值就会被设置为 true。

使用 Page. IsPostBack 就可以避免往返行程上的额外工作:如果处理服务器控件回发,通常需要在第一次请求页时执行代码,该代码不同于激发事件时用于往返行程的代码。如果检查 Page. IsPostBack 属性,则代码可按条件执行,具体取决于是否有对页的初始请求或对服务器控件事件的响应。这样做似乎很明显,但实际上可以忽略此项检查而不更改页的行为。该属性用得好坏,直接关系到程序运行是否按照用户最初的意愿,也关系到整个页面的效率。

例如:

```
protected void Page_Load(object sender, EventArgs e)
{
    if (!IsPostBack)
        {TextBox1.Text="页面第一次加载";}
    else
        {TextBox1.Text="页面第二次加载";}
}
```

2. IsValid 属性

获取一个值,指示该页面验证是否成功。如果该页面验证成功,则为 True,否则为 False。需要强调的是,应在相关服务器控件的 Click 事件处理程序中将该控件的 CausesValidation 属性设为 true 或在调用 Page. Validate 方法后访问 IsValid 属性。这些服务器控件包括 Button、HtmlButton、HtmlInputButton、HtmlInputImage、ImageButton 及 LinkButton。

IsValid 属性将在以后的页面验证中起重要作用。

```
private void ValidateBtn_Click(Object Sender, EventArgs E)
{
    Page.Validate();
    if (Page.IsValid==true)
        lblOutput.Text="Page is Valid!";
    else
        lblOutput.Text="Some required fields are empty.";
}
```

2.4 资源文件夹

2.4.1 默认的文件夹

ASP. NET 应用程序中包括 7 个默认的文件夹,它们是 Bin、App_Code、App_Themes、App_LocalResources、App_GlobalResources、App_WebReferences 和 App_

Browsers 文件夹。每一个文件夹都存放 ASP. NET 应用程序的不同类型的资源。

(1) Bin 文件夹包含编译的代码，与 Visual Studio 的早期版本相同。网站中将自动引用由 Bin 文件夹中的代码所表示的类。

(2) App_Code 文件夹包含源代码文件，代码作为应用程序的一部分进行编译，并被自动引用。

(3) App_Themes(主题)文件夹包含定义 ASP. NET 网页和控件外观的文件集合。

(4) App_LocalResources 文件夹包含绑定到特定页的. resx 文件。可以为每页定义多个. resx 文件，每个. resx 文件表示一种不同语言或语言/区域性组合。

(5) App_GlobalResources 文件夹与 App_LocalResources 文件夹类似，但包含不绑定到特定页的. resx 文件，文件夹中的. resx 文件中的资源值可以通过编程方式从应用程序代码中进行访问。

(6) App_WebReferences 文件夹包含用于创建大 Web 服务的引用文件，包括. disco 和. wsdl 文件。

(7) App_Browsers 文件夹包含定义浏览器功能的. browser 文件。

2.4.2　App_Code 文件夹

ASP. NET 2.0 引入了 App_Code 文件夹，该文件夹可以包含一些独立文件(创建的一些辅助类)，这些文件可以在应用程序中的多个页之间共享。与 ASP. NET1. x 不同(1. x 需要将这些文件预编译到 Bin 目录)，App_Code 文件夹中的所有代码文件都将在运行时动态编译后提供给应用程序共享。

App_Code 文件夹可以自己建立，也可以通过 Visual Studio 2005 的"网站"→"添加 ASP. NET 文件夹"实现添加。

1. 在 Web. config 文件中注册子文件夹

默认情况下，App_Code 目录只能包含同一种语言的文件，如果类文件使用两种或多种语言编写，可以将 App_Code 目录划分为若干子文件夹(每个子文件夹包含同一语言的文件)，需要在应用程序的 Web. config 文件中注册每个子文件夹。

```
<compilation>
    <codeSubDirectories>
        <add directoryName="VB_Code"/>
        <add directoryName="CSharp_Code"/>
    </codeSubDirectories>
</compilation>
```

这样配置后，VB_Code 子目录下放置 VB. NET 的类文件，CSharp_Code 目录下放置 C# 的类文件，要确保每个子目录下只能放置一种语言的类文件。而不要把页、Web 用户控件或其他包含非代码元素的文件放入其中。

图 2-4　2_4. aspx 页面程序的运行结果

【例 2-4】　C#类的应用，建立页面文件 2_4. aspx 和共享类 ch02_2_4. cs，存放在 App_Code/CSharp_Code 子文件夹下，页面文件 2_4. aspx 程序的运行结果如图 2-4 所示。

源程序(ASPNET_JC(C#)\WebSites\WebSite1\ch02\2_4. aspx):

```
<%@ Page Language="C#"%>
<!DOCTYPE html PUBLIC "-//W3C//DTD XHTML 1.0 Transitional//EN" "http://www.w3.org/TR/
xhtml1/DTD/xhtml1-transitional.dtd">
<script runat="server">
    void Button_Click(object sender, EventArgs e)
    {
        ch02_2_4 info=new ch02_2_4();
        Label1.Text=info.GetMessage(TextBox1.Text);
    }
</script>
<html xmlns="http://www.w3.org/1999/xhtml">
<head runat="server">
    <title>App_Code 子文件夹的应用</title>
</head>
<body>
    <form id="form1" runat="server">
      <div>
      <h3>App_Code 子文件夹的应用</h3><br/>
    请输入您的姓名:<asp:TextBox ID="TextBox1" runat="server" Width="87px"></asp:
    TextBox><br/>
      <asp:Button ID="Button1" runat="server" OnClick="Button_Click" Text="提交"/><br/>
      <asp:Label ID="Label1" runat="server"></asp:Label></div>
    </form>
</body>
</html>
```

源程序(ASPNET_JC(C#)\WebSites\WebSite1\App_Code\CSharp_Code\ch02_2_4. cs):

```
using System;
public class ch02_2_4 : System.Web.UI.Page
{
    public String GetMessage(String name)
     { return "欢迎"+name+"。"; }
}
```

程序注释:

(1) 在 2_4. aspx 页面程序的Button_Click()事件,使用了 ch02_2_4()类和 GetMessage()方法,取出 TextBox1 输入的 name。

(2) 在 ch02_2_4. cs 定义了 ch02_2_4()类和 GetMessage()方法。存放在 App_Code/CSharp_Code/文件夹下,可以共享。

2. 在 App_Code 中使用多种语言

ASP. NET 的页面程序允许使用不同语言定义的类。

【例 2-5】 用 C# 和 VB. NET 分别定义 VB_Class. vb 和 C_Class. cs 类,存放在 App_Code/CSharp_Code/和 App_Code/VB_Code/文件夹下,在页面程序 2_5. aspx 使用这两个类。页面运行结果如图 2-5 所示。

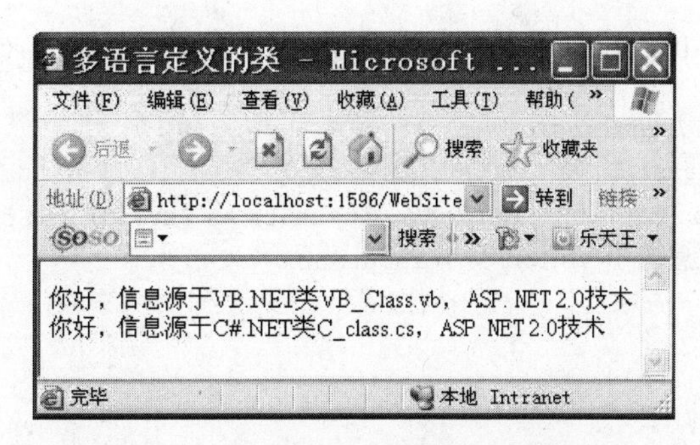

图 2-5　2_5.aspx 页面程序运行结果

源程序(ASPNET_JC(C＃)\WebSites\WebSite1\ch02\2_5.aspx)：

```
<%@ Page Language="C#"  %>
<!DOCTYPE html PUBLIC "-//W3C//DTD XHTML 1.0 Transitional//EN" "http://www.w3.org/TR/
xhtml1/DTD/xhtml1-transitional.dtd">
<script runat="server">
   protected void Page_Load(object sender, EventArgs e)
   {
      VB_Class vbo=new VB_Class();
      Label1.Text="你好,"+(vbo.FormatString("VB_Class.vb,ASP.NET 2.0技术"));
      C_class cso=new C_class();
      Label2.Text="你好,"+(cso.FormatString("C_class.cs,ASP.NET 2.0技术"));
   }
</script>
<html xmlns="http://www.w3.org/1999/xhtml">
<head runat="server">
   <title>多语言定义的类</title>
</head>
<body>
   <form id="form1" runat="server">
   <div>
      <asp:Label ID="Label1" runat="server" Text="Label"></asp:Label>
      <asp:Label ID="Label2" runat="server" Text="Label"></asp:Label>
   </div>
   </form>
</body>
</html>
```

源程序(ASPNET_JC(C＃)\WebSites\WebSite1\App_Code\CSharp_Code\C_class.cs)：

```
using System;
public  class C_class
{
  public C_class ()
  {     }
   public String FormatString(String inputStr)
   {
      return "信息源于 C#.NET类"+inputStr;
   }
}
```

源程序(ASPNET_JC(C#)\WebSites\WebSite1\App_Code\VB_Code\VB_Class.cs):

```
Imports Microsoft.VisualBasic
Public Class VB_Class
    Public Function FormatString(ByVal inputStr As String) As String
        Return "信息源于 VB.NET 类"+ inputStr+ "</br>"
    End Function
End Class
```

程序注释:

(1) 页面程序使用了用C#和VB.NET定义的VB_Class.vb和C_Class.cs类。

(2) 使用了vbo.FormatString()和cso.FormatString()的方法。

(3) VB_Class.vb和C_Class.cs类存放在App_Code\CSharp_Code\和App_Code\VB_Code\文件夹下。

2.5 综合实训——ASP.NET应用程序的发布和浏览

1. 实训目的

掌握ASP.NET应用程序的发布和浏览。

2. 实训内容

(1) 使用Microsoft Visual Studio 2005制作如图2-5所示的页面,命名为Default.aspx,保存在D:\My_aspnet\目录下,作为应用系统的主页文件。

(2) 完成后发布,在浏览器浏览,查看效果。

3. 实训步骤

(1) 启动Microsoft Visual Studio 2005。

(2) 制作如图2-6所示的主页页面布局。

图2-6 应用系统的主页页面布局

（3）在浏览器测试页面。

2.6　练习

1. 简答题

（1）简述 ASP. NET 的 Web 窗体。

（2）简述 ASP. NET 程序语法的组成。

（3）简述服务器端 Web 控件语法格式。

（4）什么是代码分离形式？

2. 判断题

（1）ASP. NET 应用系统不同类型的文件使用不同的文件后缀区分，如. aspx、. aspa、. aspx. vb 和. aspx. cs都是正确的。　（　）

（2）ASP. NET 应用程序语句必须分行书写，一条语句就是一行，可以将多行语句写在一行。如下面的书写：book=3 pen=4。　（　）

（3）Page_Load 事件是当服务器控件加载 Page 对象时发生的，也就是说，每次加载页面时，无论是初次浏览还是通过单击按钮或因为其他事件再次调用页面，都会触发此事件。　（　）

（4）IsPostBack 属性是判别页面是首次加载还是多次回发访问的。　（　）

第3章

C#程序设计基础

ASP.NET 的应用程序可以使用多种程序设计语言，较为普遍的是 VB.NET 和 C#.NET(以下简称 C#)。本书选用C#语言。

本章将简要地介绍 C#语言的基础知识。

3.1 C#基础

C#是一套综合工具集。它松散地基于C/C++，并且有很多方面和 Java 类似。Microsoft 是这样描述 C#的：C#是从 C 和 C++ 派生来的一种简单、现代、面向对象和类型安全的编程语言。

C#(读作“Csharp”)主要是从 C/C++ 编程语言家族移植过来的。C#是一种面向对象的开发语言，适用于高层商业应用和底层系统的开发。即使是通过简单的 C#构造也可以各种组件方便地转变为基于 Web 的应用，并且能够通过 Internet 被各种系统或是其他开发语言所开发的应用调用。

C#允许开发人员创建下一代基于 Windows 的应用程序。利用可视继承，开发人员可将整个解决方案的通用逻辑和用户界面集中在父窗体中，从而大大简化基于 Windows 的应用程序创建。使用控件锚定和停靠，程序员可以自动创建大小可调的窗体，菜单编辑器让开发人员能够直接从“Windows 窗体设计器”直观地编写菜单。

3.1.1 C#语言的特性

C#包括以下一些特性。

(1) 完全支持类和面向对象编程，包括接口和继承、虚函数和运算符重载的处理。

(2) 定义完整、一致的基本类型集。只容许单一的继承，一个类不会有多个基类。

(3) 每一种类型都是一个对象，不存在全局函数、全局变量等概念。所有的产量、变量、属性、方法、事件等必须封装在类中。

(4) 对自动生成 XML 文档说明的内置支持。

(5) 自动清理动态分配的内存。

(6) 对.NET 基类库的完全访问权，并易于访问 Windows API。

(7) 以 VB 的风格支持属性和事件。

(8) 可以把程序编译为可执行文件或.NET 组件库，组件库可以用与 ActiveX 控件(COM 组件)相同的方式由其他代码调用。

(9) C#可以用于编写 ASP.NET 动态 Web 页面和 XML Web 服务。

3.1.2　C#应用程序结构

在 C#语言中，每一个应用程序可以由一个或多个类组成，所有的程序都必须封装在一个类中，没有全局变量和全局函数的概念。

一个应用程序可以由一到多个文件组成，文件名可以和类名相同，也可以不一样。C#的源代码通常存储在一个或多个扩展名为.cs 的文件中，如 Program.cs。

C#语言中可以使用一对大括号"{"和"}"将程序中的若干连续的代码行括起来，被括起的这些代码行就被组织成为一个逻辑执行块，称为程序块(Code Block)。

【例 3-1】　创建一个程序，在浏览器显示一行汉字"你好，我们共同学习 C#程序设计语言！"。C#语言的程序 hello.aspx.cs，运行主页文件 hello.aspx 显示结果。

源程序(ASPNET_JC(C#)\WebSites\WebSite1\ch03\hello.aspx)：

```
<%@ Page Language="C#" AutoEventWireup="true" CodeFile="hello.aspx.cs" Inherits=
"ch03_hello"%>
<html xmlns="http://www.w3.org/1999/xhtml">
<head runat="server">
    <title>我们共同学习 C#程序设计语言</title>
</head>
<body>
    <form id="form1" runat="server">
    <div>

    </div>
    </form>
</body>
</html>
```

源程序(ASPNET_JC(C#)\WebSites\WebSite1\ch03\hello.aspx.cs)：

```
//Hello.cs 程序 Qin Xueli 保留所有权利。
/* 2008.3.25 */
///<summary>
///My Program is Hello.cs
///</summary>
using System;
public partial class ch03_hello : System.Web.UI.Page
{
    protected void Page_Load(object sender, EventArgs e)
    {
        if (!Page.IsPostBack)
        {
            hello();
        }
    }
```

```
    private void hello()
    {
        Response.Write("你好，我们共同学习 C#程序设计语言!");
    }
}
```

程序注释：

(1) 页面文件

<%@ Page Language="C#" AutoEventWireup="true" CodeFile="hello.aspx.cs" Inherits="ch03_hello" %>，Page页面命令说明了用C#写的程序代码文件是“hello.aspx.cs”，继承的类名是“ch03_hello”。

(2) 代码注释

C#支持3种注释风格。程序员在程序中加入注释语句是为了提高程序的可读性和可维护性。

① 单行注释

在程序的开始有：

```
//Hello.cs 程序 Qin Xueli 保留所有权利。
//是单行注释语句的标记,//之后的代码会被当作程序注释,C#编译器不会执行。
```

② 多行注释

```
/* Programmer: Qin Xueli
   Address: Hangzhou
   2008.3.25 */
```

/* 和 */ 之间的代码也被当作注释，不支持嵌套。

③ XML格式注释

XML是描述结构化信息的置标语言，是数据交换用的标准。C#程序可以用XML注释生成文档化代码。

C#程序员可以用3个斜杠“///”来开始XML格式的注释，而且编译器可以据此生成帮助文档的XML文件。

例如：

```
///<summary>
///My Program is Hello.cs
///</summary>
```

其中的<summary>和</summary>是超文本标记。

(3) Using指令

.NET框架为开发人员提供了许多有用的类，根据类的功能不同，又把类划分为不同的命名空间，命名空间又可以包含其他命名空间。如果要使用命名空间下的某个类的方法，可以使用下面的语法：

```
[命名空间].[命名空间]…[命名空间].类名称.静态方法名(参数,…)
```

或

[命名空间]. [命名空间]…[命名空间].实例名称.方法名(参数,…)

如程序开始使用了 using System 的命名空间。

(4) 类声明

C#是完全面向对象的,其中每一元素都要属于一个类,每个程序至少有一个自定义类,所有方法都必须封装在一个类中。用 class 关键字声明一个新的 C#类。程序中的 Class ch03_hello 的"{"和"}"之间的代码就是类的程序代码,Class 类包含 Page_Load()和 hello()方法(函数)。

(5) Page_Load ()方法

Page_Load 事件当服务器控件加载 Page 对象时发生,也就是说,每次加载页面时,无论是初次浏览还是通过单击按钮或因为其他事件再次调用页面,都会触发此事件。

if(!Page.IsPostBack)判断页面是否第一次加载,是第一次调用 hello()方法。

(6) hello()方法

hello()方法使用了 ASP.NET 的 Response 内部对象的 Write()方法,在页面显示"你好,我们共同学习 C#程序设计语言!"。

3.2 数据类型

3.2.1 C#基本数据类型

C#支持数据类型和引用类型。数据类型包括一些简单类型,如 char、int、float、枚举类型和结构类型。引用类型包括类、接口、委托(delegate)和数组类型。

数据类型和引用类型的区别在于,数据类型变量直接存储它们的数据,然而引用类型数据是存储数据的内存地址。对于引用类型,有可能两个变量引用相同的对象,因而可能出现对一个变量的操作影响到其他变量所引用对象的情况。

3.2.2 简单数据类型

简单数据类型有以下几种。

1. 整数类型

该类型共有 8 种不同的数据类型,如表 3-1 所示。

表 3-1　C#的整数类型

类　型	描述和取值范围	例　子
sbyte	8 位有符号整数类型,-128～127	sbyte val=12;
short	16 位有符号整数类型,-32768～32768	short val=12;
int	32 位有符号整数类型,-2147483648～2147483647	int val=12;
long	64 位有符号整数类型,$-2^{63}\sim2^{63}-1$	long val1=12; long val2=34L;

续表

类　型	描述和取值范围	例　子
byte	8位无符号整数类型,0～255	byte val1＝12; byte val2＝34U;
ushort	16位无符号整数类型,0～65535	ushort val1＝12; ushort val2＝34U;
uint	32位无符号整数类型 0～4294967295	uint val1＝12; uint val2＝34U;
ulong	64位无符号整数类型 0～2^{64}	ulong val1＝12; ulong val2＝34U; ulong val3＝56L; ulong val4＝78UL;

2. 字符类型

char关键字用于声明所示范围内的Unicode字符。Unicode字符编码标准是固定长度的字符编码方案,Unicode字符是16位字符,用于表示世界上多数已知的书面语言。

char类型的常数可以写成字符、十六进制换码序列或Unicode表示形式。也可以显式转换整数字符代码。以下所有语句均声明了一个char变量并用字符将其初始化：

```
char char1='Z';                    //字符 Z
char char2='\x0041';               //字母 A 的十六进制表示
char char3=(char)88;               //字符 88
char char4='\u0041';               //字母 A 的 Unicode 表示
```

char可以隐式转换为ushort、int、uint、long、ulong、float、double或decimal(小数)。但是,不存在从其他类型到char类型的隐式转换。

3. 浮点类型

浮点类型有float(单精度)和double(双精度)。float关键字表示存储32位浮点值的简单类型。double关键字表示存储64位浮点值的简单类型。默认情况下,赋值运算符右侧的实数被视为double。但是,如果希望整数被视为double,请使用后缀d或D,例如：

```
double x=25D;
```

4. 小数类型

decimal关键字表示128位数据类型。同浮点型相比,decimal类型具有更高的精度和更小的范围,这使它适合于财务和货币计算。如果希望实数被视为decimal类型,请使用后缀m或M,例如：

```
decimal myMoney=2560.5m;
```

在浮点型和decimal类型之间不存在隐式转换,因此,在这两种类型之间必须使用强制转换进行转换。例如：

```
decimal myMoney=56.9m;
```

```
double x= (double)myMoney;
myMoney= (decimal)x;
```

5. 布尔类型

bool 关键字是用于声明变量来存储布尔值 true 和 false。bool 类型的值可转换为 int 类型的值，也就是说 false 等效于零值，而 true 等效于非零值。在 C＃中，不存在 bool 类型与其他类型之间的相互转换。例如：

```
bool i=true;                    //正确
bool i=1;                       //错误
bool i=false;                   //正确
bool i=0;                       //错误
```

3.2.3　引用类型

引用类型包括数组、类、接口和委托(delegate)，下面仅介绍动态网页设计时用到的数组类型。

数组是一种数据结构，它包含若干相同类型的变量。数组可以是一维或多维。支持“矩形”数组也支持“不规则”数组。

数组元素的下标从 0 开始，N 个元素的数组下标的范围是 $0\sim N-1$。

数值数组元素的默认值设置为零，而引用元素的默认值设置为 null。

交错数组是数组的数组，因此，它的元素是引用类型，初始化为 null。

数组元素可以是任何类型，包括数组类型。

(1) 一维数组

数组是引用类型，所以声明一个数组变量只是为对此数组的引用设置了空间。数组实例的实际创建是通过数组初始化程序和数组创建表达式。

一维数组的声明：

```
数据类型[] 数组变量;
```

例如：

```
type[] arrayName;
//声明一维数组,没有初始化,等于 null
int[] intArray1;
//初始化已声明的一维数组
intArray1=new int[3];
intArray1=new int[3] {10,25,31};
intArray1=new int[]{11,52,83};
//声明一维数组,同时初始化
int[]intArray2=new int[3] {10,27,38};
int[]intArray3=new int[]{12,3,54,178};
int[]intArray4={451,278,31,4};
string[]strArray1=new string[]{"One","Two","Three"};
string[]strArray2={"This","is","an","string","Array"};
```

(2) 多维数组

多维数组具有多个下标,最常用的是二维数组。二维数组的每一行数组元素可以相同,也可以不同。元素个数相同的二维数组称为方形二维数组,各行元素个数不同的称为参数数组。

二维数组的声明:

```
数据类型[,] 数组变量;
type[,] arrayName;
```

可以在声明数组时将其初始化,例如:

```
int[,] array2D=new int[,] {{1, 2}, {3, 4}, {5, 6}, {7, 8}};
```

3.3 C#修饰符、变量、常量、操作符与表达式

3.3.1 修饰符

修饰符用于指定声明的类型以及类型成员的可访问性。C#中的修饰符按功能可分为存取修饰符、类修饰符和成员修饰符3部分。

1. 存取修饰符

(1) public:公共访问修饰符是最高的访问级别,对访问公共成员的访问不受限制。

(2) private:私有访问修饰符是最低的访问级别,只有在声明它的类和结构体中包含该成员的类可以访问。

(3) internal:类型和类型成员的访问修饰符,只有在同一程序集的文件中,内部类型或成员才是可访问的。

(4) protected:成员访问修饰符,受保护成员在它的类中可访问并且可由派生类访问。一个成员或类型只能有一个访问修饰符,使用 protected internal 组合时除外。命名空间不允许使用访问修饰符。命名空间没有访问限制,根据发生成员声明的上下文,只允许某些声明的可访问性。如果在成员声明中未指定访问修饰符,则使用默认的可访问性。不嵌套在其他类型中的顶级类型的可访问性只能是 internal 或 public。这些类型的默认可访问性是 internal。

2. 类修饰符

(1) abstract:修饰符可以和类、方法、属性、索引器及事件一起使用。在类声明中使用 abstract 修饰符以指示某个类只能是其他类的基类。标记为抽象或包含在抽象类中的成员必须通过从抽象类派生的类来实现。

(2) const:关键字用于修改字段或局部变量的声明。它指定字段或局部变量的值是常数,不能被修改。

3. 成员修饰符

(1) event:声明一个事件。类和结构使用事件将出现的可能影响对象状态的事件通知给对象。

(2) extern：修饰符用于声明在外部实现的方法，extern 修饰符的常见用法是在使用 Interop 服务调入非托管代码时与 DllImport 属性一起使用。在这种情况下，该方法还必须声明为 static。extern 关键字还可以定义外部程序集别名，使得可以从单个程序集中引用同一组件的不同版本。将 abstract 和 extern 修饰符一起使用来修改同一成员是错误的。使用 extern 修饰符意味着方法在 C# 代码的外部实现，而使用 abstract 修饰符意味着在类中未提供方法实现。

(3) static：修饰符声明属于类型本身而不是属于特定对象的静态成员。static 修饰符可用于类、字段、方法、属性、运算符、事件和构造函数，但不能用于索引器、析构函数或类以外的类型。

(4) new：从基类成员隐藏继承的成员。在用作修饰符时，new 关键字可以显式隐藏从基类继承的成员。隐藏继承的成员意味着该成员的派生版本将替换基类版本。在不使用 new 修饰符的情况下隐藏成员是允许的，但会生成警告。若要隐藏继承的成员，请使用相同名称在派生类中声明该成员，并使用 new 修饰符修饰该成员。

3.3.2　常量与变量

1. 常量

常量通常用来保存一个固定值，例如，在程序设计中，圆周率"PAI"是一个固定的值，在程序开始，就可以将其定义为一个常量。

常量的声明格式如下：

```
[常量修饰符] const 类型说明符 常量名=常量表达式;
```

其中，const 是定义常量的关键字，同时还要将常量名大写。常量修饰符是用来控制常量的可访问性，有 public、private、protected、internal 等，若省略了常量修饰符，则默认为 private。

【例 3-2】 演示常量的定义和使用过程，求一个指定半径 $r=3.0$ 的圆的面积。

源程序(ASPNET_JC(C#)\WebSites\WebSite1\ch03\ area.aspx)：

```
<%@ Page Language="C#" AutoEventWireup="true" CodeFile="area.aspx.cs" Inherits=
"ch03_area"%>
<head runat="server">
    <title>计算半径=3的圆的面积页</title>
</head>
<body>
    <form id="form1" runat="server">
    <div>

    </div>
    </form>
</body>
</html>
```

源程序(ASPNET_JC(C#)\WebSites\WebSite1\ch03\ area.aspx.cs)：

```
//area.cs 程序 Qin Xueli 保留所有权利。
```

```
//说明常量 PAI
//计算半径=3的圆的面积
//area=28.2743334
/* 2008.7.19 */
using System;
public partial class ch03_area : System.Web.UI.Page
{
    protected void Page_Load(object sender, EventArgs e)
    {
    if (!Page.IsPostBack)
        {
            area();
        }
    }
    private void area()
    {   const double PAI=3.1415926;                    //定义圆周率——常量
        double r=3.0;                                  //定义圆的半径
        double area=PAI * r * r;                       //计算圆的面积
        //输出结果
        Response.Write("圆的面积为: "+area.ToString());
    }
}
```

2. 变量

变量的使用比常量要复杂得多，它具备固定的数据类型，还有专门的作用域。声明变量时，必须指定变量的类型。在C#中，必须指定变量是一个int、float、byte、short还是20多种不同数据类型中的任何一种类型。变量名一般是小写字母，如果变量的名字比较长，可将第二个单词的首字母大写。

变量的声明格式如下：

```
[变量修饰符] 类型说明符 变量名=初值表达式;
```

一次可以定义多个变量。例如：

```
int x, y;                    //定义变量,可同时定义多个
int z=0;                     //定义变量,可指定变量的初始值
```

下面的一个实例演示如何声明并使用程序中的变量。

```
class Program
{
    static void Main(string[] args)
    {
        int x, y;                                      //定义变量 x 和 y
        int z=0;                                       //定义变量 z
        z=x * y;                                       //求 x 和 y 的积
        Response.Write ("两个数的积: "+z.ToString());  //输出结果
    }
}
```

3. 变量的作用域

作用域就是指变量的有效期，一般分为局部变量和全局变量。

局部变量是指在某一个阶段内此变量允许调用，而此阶段完成后，变量就被释放，再调用会发生错误。一般使用 private 来声明，声明语法如下：

```
private  数据类型变量名;
```

全局变量是指变量在程序的运行期间都有效，当程序结束时，变量才会被释放。全局变量使用 public 来声明，声明语法如下：

```
public 数据类型变量名;
```

其实，全局变量和局部变量的定义有相对性，即全局变量不一定就是针对整个应用程序，也许是针对某个模块或某个类。下面的代码演示一个全局变量和局部变量的对比。其中，类 test 中有两个变量：一个是全局变量，另一个是局部变量。

```
class Program
{
    static void Main(string[] args)
    {
        test test1=new test();                          //初始化 test 类
        int s=test1.x;                                  //获取类中的 x——局部变量
        int t=test1.y;                                  //获取类中的 y——全局变量
        Response.Write("类的初始值为: "+t.ToString());    //输出结果
    }
}
class test
{
    private int x=565;
    public int y=259;
}
```

3.3.3 表达式与运算符

C#中的表达式是一个包含文本值、简单名称或运算符及其操作数按一定的语法形式组成的符号序列。大多数常用表达式在计算时都将产生文本值、变量、对象属性或对象索引器访问。只要从表达式中识别变量、对象属性或对象索引器访问，该项的值都将用作表达式的值。

在 C#中，表达式可以是变量、常量、运算符、方法调用的序列，它执行这些元素指定的计算并返回到某个值，表达式可以置于需要值或对象的任意位置，条件是表达式最终的计算结果必须为所需的类型。有些表达式的计算结果为命名空间、类型、方法组或事件访问。这些具有特殊用途的表达式只在某些情况下(通常是作为较大的表达式的一部分时)有效，如果使用不正确，则将产生编译器错误。

如 a＋b、x＋y 等都是表达式。表达式用于计算、对变量赋值以及作为程序控制的条件。

表达式根据某些约定、求值次序、结合和优先级规则来计算。在对一个表达式进行运算时，要按运算符的优先顺序从高向低进行。

运算符是组成计算机表达式的关键。常用的运算符有算数运算符、字符串运算符、赋值运算符、逻辑运算符等。

1. 赋值运算符

一个赋值语句由放置在"="左边的(已声明的)变量名和"="右边的能计算出(类型合适)的值的表达式组成。赋值运算符就是常见的"="，它可以为数值型、枚举、类等所有的类型赋值。使用"="的语法格式如下：

```
变量=值;
```

其中，"="左边一般为变量的名称，"="右边为固定的值、已经知道的变量或新实例化的类。还有一种赋值运算符可计算后再赋值。如"+="或"-="。

下面代码演示了不同类型的赋值方式。

```
class Program
{
    static void Main(string[] args)
    {
        int x=1562;                                    //数值型赋值
        string str="杭州西湖";                          //字符型赋值
        StringBuilder str1=new StringBuilder();        //类赋值
        int[] arr={10, 20, 30, 40};                    //数组赋值
        x+=arr[1];
        Response.Write("x的最终结果为"+x.ToString());
    }
}
```

2. 算数运算符

算数运算符是常见的数学运算，在C#中，用加(+)、减(-)、乘(*)、除(/)表示。下面的代码演示了常见的4种算数运算，注意，这些参与运算的变量的数据类型，一定是可计算的类型。

```
class Program
{
    static void Main(string[] args)
    {
        int x, y;
        x=456;                    //赋值表达式定义变量初始值
        y=768;                    //赋值表达式定义变量初始值
        Response.Write("两个数的和："+(x+y).ToString()+"</br>");      //输出和
        Response.Write("两个数的差："+(x-y) .ToString()+"</br>");     //输出差
        Response.Write("两个数的积："+( x* y) .ToString()+"</br>");   //输出积
        Response.Write("两个数的商："+(x/y) .ToString()+"</br>");     //输出商
    }
}
```

3. 逻辑运算符

逻辑运算一般包括“与”、“或”、“非”。逻辑运算就是“是否”操作，“是”就执行 A 代码，“否”就执行 B 代码。

(1) 与：C# 中的符号为“&&”，表示必须满足两个条件。语法为“表达式 1 && 表达式 2”。

(2) 或：C# 中的符号为“||”，表示满足两个条件中的任意一个即可。语法为“表达式 1 || 表达式 2”。

(3) 非：C# 中的符号为“!”，表示取当前表达式结果的相反结果。如果当前表达式为 true，则计算结果为 false。语法为“!表达式”。

下面的代码演示了逻辑运算符的使用方法。

```
class Program
{
    static void Main(string[] args)
    {
        int x=5;
        int y=5;
        if(x==5 && y==5)                                     //与操作
            Response.Write("x 和 y 相等");
        else
            Response.Write("x 和 y 不相等");
        y=50;
        if (x==50||y==50)                                    //或操作
            Response.Write("x 和 y 中有一个为 50");
        if(!(y==5))                                          //非操作
            Response.Write("y 不等于 5");
    }
}
```

4. 其他运算符

除了前面介绍的运算符外，C# 还有一些常用的运算符，下面列出了这些运算符的说明和语法。

自增和自减运算符：一般用于数值型变量，用来增大或减少变量当前的值，使用语法为“变量++；”或“变量--；”。

比较运算符：一般用于条件表达式中，用来判断表达式是否符合条件，主要包含“==”、“!=”和“<”等运算符，使用语法为“if(x==y)”。

条件运算符：先用一个“?”判断表达式是否满足条件，然后用“:”间隔两个表达式，如果满足条件就执行“:”左边的表达式，否则，执行右边的表达式。条件运算符是 C# 中唯一的一个三元运算符。使用语法为“条件? 表达式 1:表达式 2”。

例如：

```
y=(x<100?0: 1);                    //如果 x 小于 100,y 的值是 0,否则 y 的值是 1
```

5. 运算符的优先级

运算符并不是按照表达式的书写顺序来依次执行的，在C#中，不同的运算符具备不同的运算顺序。表3-2列举了C#中运算符的优先级，其中，最上面的运算符优先级最高。

表3-2 C#中运算符的优先级

运算符类型	运算符符号	运算符类型	运算符符号
算数运算符	+、-、*、/	比较运算符	==、!=、<、>、<=、>=
逻辑运算符	&&、‖、!	赋值运算符	=、+=、-=
字符串连接运算符	+	条件运算符	?:
自增和自减运算符	++、--		

3.3.4 字符串处理

正确处理字符串是编写高质量应用程序所需要的基本技能。即使要处理的是数字信号或图像数据，终端用户也需要文本形式的信息反馈。

1. 字符串运算符

字符串运算符是常用的运算符号，用在字符串和字符的处理上。在C#中，字符串运算最常用的运算符是"+"和"[]"。"+"用来连接两个字符串，虽然效率有些低，但使用方便。"[ ]"用来以索引方式查找字符串数组中的值，可以称为字符串的索引器。

【例3-3】 演示两种字符串运算符的使用方法，C#代码string.aspx.cs，运行主页文件string.aspx，结果如图3-1所示。

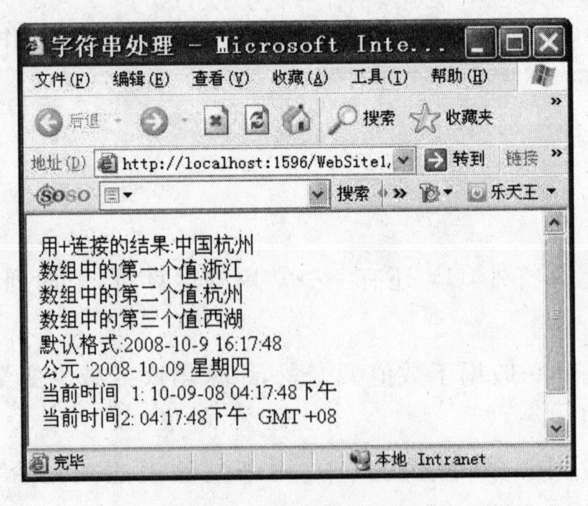

图3-1 字符串处理

源程序(ASPNET_JC(C#)\WebSites\WebSite1\ch03\string.aspx)：

```
<%@ Page Language="C#" AutoEventWireup="true" CodeFile="string.aspx.cs" Inherits=
"ch03_string" %>
<head runat="server">
    <title>字符串处理</title>
```

```
</head>
<body>
    <form id="form1" runat="server">
    <div>

    </div>
    </form>
</body>
</html>
```

源程序(ASPNET_JC(C#)\WebSites\WebSite1\ch03\string.aspx.cs)：

```
///<summary>
///字符串处理
///Qin Xueli
///2008.7.20
///</summary>
using System;
public partial class ch03_string : System.Web.UI.Page
{
    protected void Page_Load(object sender, EventArgs e)
    {
        P_string();
    }
    protected void P_string()
    {
        string str1="中国";                                   //声明字符串变量 1
        string str2="杭州";                                   //声明字符串变量 2
        string[] strArray={"浙江", "杭州", "西湖"};           //声明字符串数组变量
        Response.Write("用+连接的结果:"+str1+str2+"</br>");
                                                             //输出的字符串是“中国杭州”
        Response.Write("数组中的第一个值:"+strArray[0]+"</br>");
                                                              //输出的第一个值“浙江”
        Response.Write("数组中的第二个值:"+strArray[1]+"</br>");
                                                              //输出的第二个值“杭州”
        Response.Write("数组中的第三个值:"+strArray[2]+"</br>");
                                                              //输出的第三个值“西湖”
        DateTime dt=DateTime.Now;
        //输出：默认格式：2008-10-9 16:14:50
        Response.Write(string.Format("默认格式:"+dt.ToString()+"</br>"));
        //输出：公元 2008-10-09 星期四
        Response.Write(dt.ToString("g yyyy-MM-dd dddd")+"</br>");
        //输出：当前时间 1: 10-09-08 04:14:50下午
        Response.Write(string.Format("当前时间 1:{0:MM/dd/yy hh:mm:sstt}",dt)+"</br>");
        //输出：当前时间 2: 04:14:50 下午 GMT+08
        Response.Write(string.Format("当前时间 2:{0:hh:mm:sstt G\\MT zz}",dt)+"</br>");
    }
}
```

2. 格式化字符串

在处理字符串时，一个常见的任务是对字符串格式化。当显示信息给用户时，经常需

要显示诸如日期、时间、数字值、小数、货币值，甚至十六进制数值。

C#中的字符串的另一个强大特征是，使用标准的格式化工具，所输出的结果将按一种具体的格式显示。例如，如果程序为一个英国用户显示当前日期，也可以为美国用户显示他们熟悉的日期格式。要创建一个格式化的字符串，要调用 string 类的 format 方法，并给该方法传递一个格式字符串作为参数，如下面一行代码所示：

```
string formatted=string.Format("The value is {0}", value);
```

占位符{0}指出 value 的输出值应该插入的位置。

除了描述输出值的插入位置外，还可以指定输出值的输出格式。通过使用定制的格式描述符，还可以将其他类型的数据转换为字符串。例如，下列语句用于将 DateTime 数据类型转换为一个定制的字符串：

```
DateTime.ToString("yyyy-mm-dd");          //将日期格式转换后的字符串格式,如 2008-08-20
```

3.4 C#流程控制结构

任何一门面向对象的语言都必须以结构化程序设计为基础，面向对象语言中的基本控制模块都是用结构化程序设计的编程来实现的。结构化程序设计有 3 种基本的流程控制结构：顺序、分支(选择)和循环，如图 3-2 所示。顺序执行结构是最简单的程序流程，它不需要控制语句，而分支控制结构和循环控制结构都是比较复杂的程序流程，它们需要专门的控制语句。

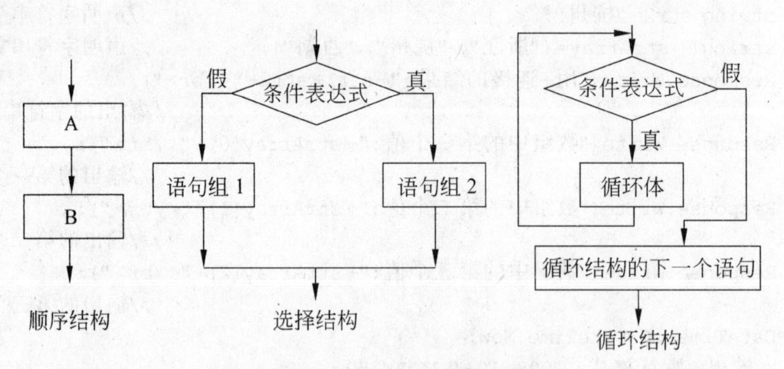

图 3-2　3 种基本的流程控制结构

流程控制用来设计程序的逻辑关系，根据不同的条件，执行不同的步骤。每一种编程语言的核心机制都要提供完成两种不同任务的能力：循环和分支。循环是指同一条件下，使用同一代码段多次完成同一个任务，分支是指在不同的条件下会转向执行不同的程序代码段。

3.4.1 分支结构

1. if/else 语句

if 语句根据条件判断代码该执行哪个分支，可提供两个或两个以上的分支供选择，但每次只会执行一个分支。

最常用的是两个分支的 if 语句，语法格式如下：

```
if (条件)
    {代码…}
else
    {代码…}
```

如果需要判断多个条件时，也可以使用更多的分支，语法格式如下：

```
if(条件)
    {代码…}
else if(条件)
    {代码…}
else if(条件)
    {代码…}
else
    {代码…}
```

上述 if 语句的语法中，每一个代码块内又可以包含 if 语句，因此条件语句可以嵌套至想要的任意深度。但在实际程序设计时要避免条件语句的深度嵌套，要有一个良好的编程风格和编程习惯，否则，代码将难以阅读和分析。

2. switch 语句

C#提供了 switch 语句，它允许将若干个逻辑测试组合为一个表达式，switch 语句允许根据条件判断执行一行或多行代码，这与 if/else 构造相同。不同的是，if/else 构造计算一个逻辑表达式的值，而 switch 语句则拿一个整数或 string 表达式的值与一个或多个 case 标签中的值做比较。如果符合其中之一，对应标签后面的代码就会被执行。也可以使用一个可选的 default 标签，在表达式值不满足任何一个 case 标签时，执行其后面的代码。下面是 switch 语句的语法格式：

```
switch (表达式)
{   case value1:
        //如果表达式和 value1 相符,执行这些代码
        break;
    case value2:
        //如果表达式和 value2 相符,执行这些代码
        break;
        //更多的 case 标签…
    case valueN:
        //如果表达式和 valueN 相符,执行这些代码
        break;
    default:
        //如果不满足任何标签,执行默认代码
        break;
}
```

【例 3-4】 测试 if/else 和 switch 的简单实例。C#代码文件 if-switch.aspx.cs，运行主页文件 if-switch.aspx 结果如图 3-3 所示。

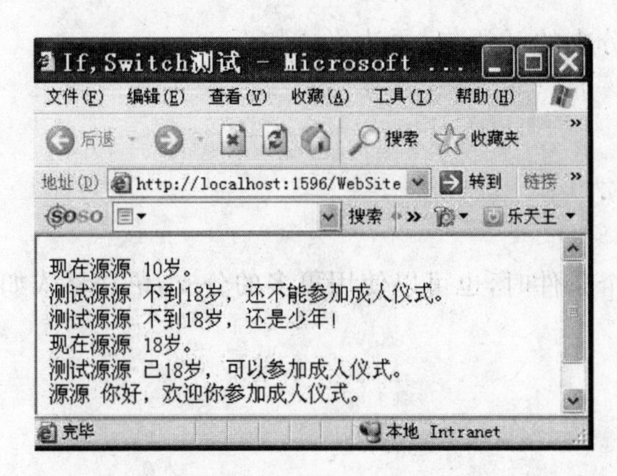

图 3-3 测试 if/else 和 switch 的结果

源程序(ASPNET_JC(C#)\WebSites\WebSite1\ch03\if-switch.aspx)：

```
<%@ Page Language="C#" AutoEventWireup="true" CodeFile="if-switch.aspx.cs" Inherits=
"ch03_if_switch"%>
<head runat="server">
    <title>if,switch测试</title>
</head>
<body>
    <form id="form1" runat="server">
    <div>

    </div>
    </form>
</body>
</html>
```

源程序(ASPNET_JC(C#)\WebSites\WebSite1\ch03\if-switch.aspx.cs)：

```
//<summary>
///if,switch测试的例子 Qin Xueli 2008.7.20
///</summary>
using System;
public partial class ch03_if_switch : System.Web.UI.Page
{   int age=10;
    string name="源源 ";
    protected void Page_Load(object sender, EventArgs e)
    {
        //新建类的实例
        //ch03_if_switch test=new ch03_if_switch();
        setAge(10);                        //首先设置年龄为 10
        //测试信息
        testIf();
        testIfElse();
        setAge(18);                        //修改年龄为 18
        //测试信息
        testIf();
```

```
        testIfElse();
        //测试 Switch
        testSwitch();
    }
    //测试 if
    protected void testIf()
    {
        if (age<18)
        {
            Response.Write("测试"+name+"不到 18 岁,还不能参加成人仪式。"+"</br>");
        }
    }
    //测试 if 和 else
    protected  void testIfElse()
    {
        if (age>=18)
        {
            Response.Write("测试"+name+"已"+age.ToString()+"岁,可以参加成人
            仪式。"+"</br>");
        }
        else if ((age<18) && (age>=13))
        {
            Response.Write("测试"+name+"不到"+age.ToString()+"岁,还是少年!"+"</br>");
        }
        else
        {
            Response.Write("测试"+name+"不到 18 岁,还是少年!"+"</br>");
        }
    }
    protected void testSwitch()
    {
        string message;                          //局部变量,用来保存输出信息
        switch (name)
        {
            case "彬彬":
                message="彬彬你好"+"</br>";
                break;
            case "沙沙":
                message="沙沙你好"+"</br>";
                break;
            default:
                message=name+"你好,欢迎你参加成人仪式。"+"</br>";
                break;
        }
        Response.Write(message);    //输出 message 信息
    }
    ///<summary>
    ///设置年龄
    ///</summary>
```

```
    ///<param name="_age">年龄</param>
    protected void setAge(int m_age)
    {
        this.age=m_age;
        Response.Write("现在"+name+age.ToString()+"岁。"+"</br>");
    }
}
```

3.4.2 循环结构

1. while 循环

while 循环,在满足条件的基础上,可以重复执行一段代码。如果在循环开始时并不知道到底要执行多少次代码,最好使用 while 语句,因为只要条件符合它就会持续执行。while 语句的语法格式如下:

```
while(条件表达式)
{
   循环体
}
```

下面的代码演示一个应用程序中的 while 循环语句,当变量大于 0 时,重复输出变量的值,每循环一次,变量减 1。

```
class Program
{
    static void Main(string[] args)
    {
        int i=10;                //初始化变量
        while (i>0)              //判断变量是否大于 0,如果满足条件,开始循环
        {
            Response.Write("当前变量的值等于"+i.ToString());        //输出变量值
            i--;                                                    //变量自减
        }
    }
}
```

2. for 循环

for 循环和 while 循环一样,用来重复执行一段代码。两个循环语句的区别是使用方法不同。for 语句的语法格式如下:

```
for (变量初始值; 变量条件; 变量步长)
{
   循环体
}
```

下面的代码演示在应用程序中如何使用 for 语句。代码实现的功能与前面的 while 语句相同。

```
class Program
{
```

```
static void Main(string[] args)
{
  //判断变量是否大于 0,如果满足条件,开始循环
    for(int i=10; i>0;i--)
    {
            Response.Write("当前变量的值等于"+i.ToString());        //输出变量值
    }
}
}
```

3. do 循环

do 循环的结构与 while 循环类似,区别在于 do 循环中的表达式是在循环体执行之后计算,而不是在循环的开始前计算。do 循环的语法格式如下:

```
do
{   循环体
} while (expression);
```

do 循环能够保证循环体内的代码块至少被执行一次。在不满足条件的情况下,其他类型的循环能够让循环体内的代码块执行 0 次。这里给出一个 do 循环的例子。

```
int x=1;
do
{
    Response.Write(x);
    x++;
} while(x<10)
```

4. foreach 循环

foreach 循环用于循环访问集合以获取所需信息,使用与不知道循环次数的对象和数组比较合适。例如,下面的代码段可以依次输出数组的所有成员。

```
class ForEachTest
{  static void Main(string[] args)
    {   int[]arr=new int[] { 0, 1, 2, 3, 5, 6, 7 };
        foreach (int i in arr)
        {
            Response.Write(i);
        }
    }
}
```

5. 使用 break/continue 控制循环

在 while 和 for 循环语句中,如果满足条件,则循环会一直继续下去,那么该如何自动控制循环的中断和继续呢?

C#提供了 break/continue 语句,用来控制循环的执行。break 可以中断当前正在执行的循环,并跳出循环。continue 表示继续执行当前的循环,而后面的代码无须执行,即

重新开始循环。两个语句的使用语法格式如下：

```
for(条件表达式)
{
    ⋮
    break;
    ⋮
    continue;
}
```

3.4.3 异常处理

.NET 框架提供一种标准的错误报告机制即结构化异常处理。这种机制依赖于应用中报告错误的异常。异常是一些提供错误信息的类，可以某种方式编写代码监视异常的发生，然后以一种适当的方法处理异常。

在 C# 中处理异常时，需要在代码中关注 3 个部分：可能导致异常的代码段，也通常称为抛出异常。当执行代码过程中发生异常时将要执行的代码段，也通常称为捕获异常。异常处理后要执行的代码段(可选的)，也通常称为结束块。

C# 的异常处理所用到关键字如下。

(1) try：用于检查发生的异常，并帮助发送任何可能的异常。

(2) catch：以控制权更大的方式处理错误，可以有多个 catch 子句。

(3) finally：无论是否引发了异常，finally 的代码块都将被执行。

(4) throw：用于引发异常，可引发预定义异常和自定义异常。

C# 异常处理的语法格式如下：

```
try
{
    程序代码块;
}
catch(Exception e)
{
    异常处理代码块;
}
finally
{
    无论是否发生异常,均要执行的代码块;
}
```

【例 3-5】 一个除数为零的错误抛出的例子。用来计算两个数相除的结果，当有除零的情况发生时，系统自动捕获异常，并显示除数为零的错误信息。运行结果如图 3-4 所示。

源程序(ASPNET_JC(C#)\WebSites\WebSite1\ch03\ try-catch.aspx)：

```
<%@ Page Language="C#" AutoEventWireup="true" CodeFile="try-catch.aspx.cs" Inherits=
"ch03_try_catch"%>
```

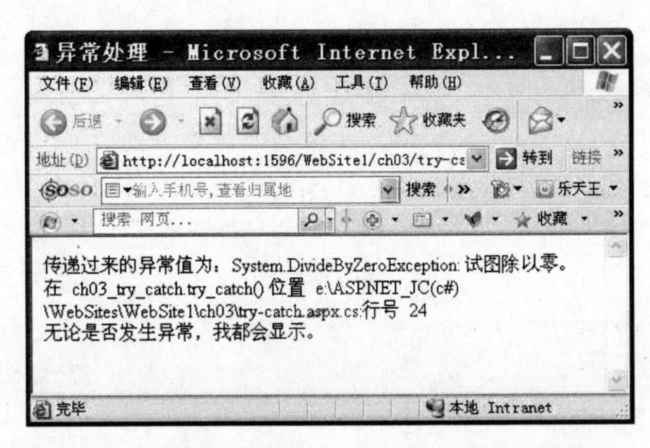

图 3-4　错误抛出程序 try-catch. aspx 的运行结果

```
<!DOCTYPE html PUBLIC "-//W3C//DTD XHTML 1.0 Transitional//EN" "http://www.w3.org/TR/
xhtml1/DTD/xhtml1-transitional.dtd">

<html xmlns="http://www.w3.org/1999/xhtml">
<head runat="server">
    <title>异常处理</title>
</head>
<body>
    <form id="form1" runat="server">
    <div>

    </div>
    </form>
</body>
</html>
```

源程序(ASPNET_JC(C#)\WebSites\WebSite1\ch03\ try-catch. aspx. cs)：

```
///<summary>
///一个除数为零的错误抛出例子
///Qin Xueli 2008.10.28
///</summary>
using System;
public partial class ch03_try_catch : System.Web.UI.Page
{
    protected void Page_Load(object sender, EventArgs e)
    {
        if (!Page.IsPostBack)
        {
            try_catch();
        }
    }

    private void try_catch()
    {
```

```
            int dividend=10;
            int divisor1=0;
            int DivideValue;
            try
            {
                DivideValue=dividend/divisor1;
                Response.Write("DivideValue="+DivideValue+"</br>");
                                                          //这一行将不会被执行
            }
            catch (Exception e)

            {
                Response.Write("传递过来的异常值为："+e+"</br>");
            }
            finally
            {
                Response.Write("无论是否发生异常,我都会显示。"+"</br>");
            }
        }
    }
```

程序注释：

(1) 行被执行则会抛出一个异常,如果没有 catch 语句,程序会异常终止,使用(Exception e)参数的 catch 子句,则可以捕获任意类型的异常。

(2) C#中的异常处理具备如下几个特点。

① 在应用程序遇到异常情况时,就会使用 catch 捕获异常,并自定义异常的处理代码。

② 如果觉得有段代码可能引发异常,则使用 try 代码块将其包装。

③ try 代码块发生异常后,系统自动转到 catch 代码块执行处理,前提是 catch 代码块必须存在。

④ 如果 catch 代码块定义了一个异常变量,则可以用它来获取有关异常的更多信息。通常此变量用“Exception”类型。

⑤ 应用程序也可以使用 throw 关键字来显式地引发异常。

⑥ 即使引发了异常,finally 代码块中的代码也会执行,这样,方便程序释放资源。

3.5 C#类与方法

3.5.1 类的定义

类的成员包括常量、字段、操作符、含有初始化代码的构造函数、成员属性和方法。每个成员有相关的访问能力。

类定义包括属性列表(可选)、修饰符(可选)、单词 class 和其后的类标识符(类名),以及要继承的基类和接口列表(可选)。类声明后面是类体,包括代码和类成员,如方法和成员属性。类定义的语法格式如下：

```
[attributes] [modifiers] class identifier [:baselist]
{
    class body
}
```

1. 属性

[attribute]可选的属性部分包括一对中括号，其中是一个或多个属性组成的列表，各属性之间以逗号分隔。属性由属性名和其后的位置或命名参数列表(可选)组成。属性也可以包含一个属性目标。所谓属性目标就是应用这个属性的实体。

属性部分仅包含一个属性名：

```
[classDesc]
```

例如有命名参数和位置参数(0)的单个属性：

```
[classDesc(Author="Qin Xueli",0)]
```

可在中括号内定义多个属性：

```
[classDesc(Author="Qin Xueli"),classDesc(Author="QXL")]
```

属性可以为目标实体关联附加信息。在这里，目标是一个新创建的类，属性也可以与方法、字段、成员属性(Property)、参数、结构、程序集和模块相关联。

属性是公共(public)类的实例，因此，它有字段和成员属性，可以提供关于一个或多个目标的大量描述信息。

2. 类访问修饰符

类访问修饰符的主要作用是指定类型和类型成员的可访问性(也称为作用域或可见性)。具体来讲，类访问修饰符指定了能否从其他程序集、同一程序集、包含类或包含类的派生类中访问该类。

(1) new：新建类。

(2) public：公有类，可以从任何程序集访问该类。

(3) protected：保护类，仅应用于嵌套类(在另外一个类中定义的类)，只有容器类或容器类的派生类能访问。

(4) internal：内部类，同一个程序集中的类能访问。这是默认修饰符。

(5) private：私有类，仅应用于嵌套类，只有容器类能访问。

(6) protected internal：这是唯一能使用多个修饰符的情况。只有当前程序集或从容器类派生来的类型能访问。

3. abstract、sealed 和 static 修饰符

除了访问修饰符，C#还提供了十来个用于类型和类型成员的其他修饰符。其中有3个可以用于类。

(1) abstract：指示该类只能用来作为其他类的基类。这意味着不能直接创建该类的实例。从该类派生的任何类都必须实现它的所有抽象方法和存取方法。尽管名字叫抽象类(abstract class),但它也可以有非抽象方法和成员属性。

(2) sealed：指定该类不能被继承(用作基类)。.NET不允许一个类同时为抽象类(abstract)和密封类(sealed)。

(3) static：指定该类只包含静态成员(.NET 2.0)。

4. 类标识符

类标识符(Identifier)即类名,推荐标识符采用如下命名原则。

(1) 使用名词或名词短语。

(2) 使用Pascal大小写风格。类名的第一个字母和后续每个单词的首字母大写,如BinaryTree。

(3) 尽量不使用缩写。

(4) 不要使用诸如C这样的类型前缀来指示类,例如,类名应该用BinaryTree,而非CBinaryTree。

(5) 不要使用下划线。

根据约定,接口名总是以字母I开头,因此,尽量不要用I作为类名的第一个字符,除非I确实是整个单词的第一个字母,例如,IntegralCalculator。

【例3-6】 定义Student类,对学生的信息进行描述、赋值、显示。运行结果如图3-5所示。

图3-5 定义Student类运行结果

源程序(ASPNET_JC(C#)\WebSites\WebSite1\ch03\Student.aspx)：

```
<%@ Page Language="C#" AutoEventWireup="true" CodeFile="Student.aspx.cs" Inherits=
"ch03_Student"%>
<!DOCTYPE html PUBLIC "-//W3C//DTD XHTML 1.0 Transitional//EN" "http://www.w3.org/TR/
xhtml1/DTD/xhtml1-transitional.dtd">

<html xmlns="http://www.w3.org/1999/xhtml">
<head runat="server">
    <title>定义 Student 类</title>
</head>
<body>
    <form id="form1" runat="server">
```

```
    <div>

    </div>
    </form>
</body>
</html>
```

源程序（ASPNET_JC(C#)\WebSites\WebSite1\ch03\Student.aspx.cs）:

```
//定义 Student 类,对学生的信息进行描述,赋值、显示
//Qin Xueli 2008.10.20
using System;                                            //引入名称空间
public partial class ch03_Student : System.Web.UI.Page
{
    protected void Page_Load(object sender, EventArgs e)
    {
        if (!Page.IsPostBack)
        {
            main();
        }
    }
    private string No;                                   //学号
    private string Name;                                 //姓名
    private int Age;                                     //年龄
    private string Sex;                                  //性别
    private double Aver;                                 //平均成绩
    public void SetStudent(string s1,string s2,int i,string c,double d)
                                                         //给学生特征赋值
    {
        No=s1; Name=s2; Age=i;
        Sex=c; Aver=d;
    }
    public void DispStudent()                            //输出学生的特征
    {
        Response.Write("No:"+No.ToString()+",Name:"+Name+",Age:"+Age.ToString());
        Response.Write(",Sex:"+   Sex+",Aver:"+Aver.ToString());
    }
    private void main()
    {
        string s1="0001";
        string s2="玲玲";
        int i=22;
        string c="女";
        double d=85;
        SetStudent(s1, s2, i, c, d);                     //给学生特征赋值
        DispStudent();                                   //显示学生的特征
    }
}
```

3.5.2 方法的声明

方法(Method)是一个已命名的语句集。如果以前使用过其他编程语言，如C或Visual Basic等，就可以将方法视为与函数或者子程序相似的东西。每个方法都有一个名称和一个主体。方法名应该是一个有意义的标识符，它应描述出方法的用途(如Welcome)。方法主体包含了调用方法时执行的代码段。可以用方法进行一些数据处理，并让它返回处理结果。

C#方法的语法格式如下：

```
returnType methodName (parameterList)
{
    //这里添加方法主体语句块
}
```

returnType(返回类型)是一个类型名，它指定了方法返回的结果是什么类型。可以是任何类型，如int或string。如果要写一个不返回值的方法，那么必须用关键字void来取代返回类型。

methodName(方法名)是调用方法时使用的名称。方法名所遵循的标识符命名规则和变量名一样。例如，addValues是一个有效的方法名，而add$Values是无效的。应该为方法名采用camelCase命名风格，而且应该以一个动词开头，使方法的用途更加一目了然，例如displayCustomer。

parameterList(参数列表)是可选的，它描述了可以传递给方法的信息的类型和名称。在圆括号中填写变量信息时，要像声明变量时那样，先写参数的类型名，再写参数名。如果方法有两个或者更多的参数，必须使用逗号来分隔它们。

方法主体语句是调用方法时要执行的代码行。它们必须放在起始和结束大括号({})之间。

例如名为addValues的方法的定义，它返回一个int类型的值，并可接收两个int类型的参数，分别名为leftHandSide和rightHandSide。

```
int addValues(int leftHandSide, int rightHandSide)
{
    //这里添加方法主体语句
}
```

例如名为showResult的方法的定义，它不返回任何值，并可接收一个名为answer的int参数。

```
void showResult(int answer)
{
    //这里添加方法主体语句
}
```

假如方法不返回任何值，那么必须使用void关键字。

如果希望一个方法返回结果，就必须在方法内部写一个return语句。首先要写下关键字return，再写一个表达式(它将计算要返回的值)。表达式的类型必须与函数指定的返回类型相同。假如一个函数返回int值，那么return语句必须返回一个int值。否则，程序编译出错。

例如：

```
int addValues(int leftHandSide, int rightHandSide)
{
    ⋮
    return leftHandSide+ rightHandSide;
}
```

return 语句应该位于方法的尾部，它会使方法结束。return 语句之后的任何语句都不会执行。如方法不返回结果（返回类型为 void），可以利用 return 语句立即从方法中退出。在这种情况下，写关键字“return;”。

例如：

```
void showResult(int answer)
{
    //显示答案
    ⋮
    return;
}
```

如果方法不返回任何信息，可以省略 return 语句，因为一旦执行到方法尾部的结束大括号（}），方法会自动结束。

3.6　综合实训

3.6.1　冒泡法排序

1. 实训目的

掌握 C# 的 3 种基本的流程控制结构顺序、分支（选择）和循环的用法。

2. 实训内容

（1）编写使用冒泡法排序的程序。

（2）算法分析如下。

① 定义一个 BubbleSort 类。

② 定义一个一维数组 array[10]，生成 10 个随机数，按从小到大排序。

③ 程序中将定义 main()的方法。

④ 在屏幕输出排序结果。

3. 实训步骤

（1）启动 Visual Studio. NET 2005。

（2）新建页面程序和 C# 程序。

（3）编程及调试。

（4）运行结果如图 3-6 所示。

图 3-6　冒泡法排序的运行结果

源程序(ASPNET_JC(C#)\WebSites\WebSite1\ch03\BubbleSort.aspx):

```
<%@ Page Language="C#" AutoEventWireup="true" CodeFile="BubbleSort.aspx.cs"
Inherits="ch03_BubbleSort" %>
<!DOCTYPE html PUBLIC "-//W3C//DTD XHTML 1.0 Transitional//EN" "http://www.w3.org/TR/
xhtml1/DTD/xhtml1-transitional.dtd">

<html xmlns="http://www.w3.org/1999/xhtml">
<head runat="server">
    <title>冒泡法排序</title>
</head>
<body>
    <form id="form1" runat="server">
    <div>

    </div>
    </form>
</body>
</html>
```

源程序(ASPNET_JC(C#)\WebSites\WebSite1\ch03\BubbleSort.aspx.cs):

```
//Title:冒泡法排序
//Description:定义一个一维数组 a[10],生成 10 个随机数,按从小到大排序
//Copyright: Copyright (c) 2008 Qinxueli
//Company:信息技术系
//Address:杭州下沙 4 号大街</p>
//Email:qinxueli@zj.com</p>
//Postcode:310018</p>
//@version 1.0
using System;

public partial class ch03_BubbleSort : System.Web.UI.Page
{
    protected void Page_Load(object sender, EventArgs e)
    {
        Main();
    }
    public void Main()
    {
        const int N=10;                                //定义一个常量用来表示数组元素个数
        int[] a=new int[N];                            //定义具有 N 个元素的数组 a
        int i, j, t;                                   //定义循环变量和交换用的临时变量
        Random randObj=new Random();                   //生成随机数变量
        for (i=0; i<N; i++)
            a[i]=randObj.Next(10, 99);                 /*产生随机数并赋值给数组元素*/
            Response.Write("排序前");
        for (i=0; i<N; i++)                            //输出整个数组
            Response.Write(" "+a[i].ToString());       /*i 表示轮次*/
        for (i=1; i<N; i++)
            for (j=0; j<N-i; j++)                      /*j 表示每轮比较的次数*/
```

```
            if (a[j]>a[j+1])                          /* 如果后面的元素值小,则交换 */
            {t=a[j]; a[j]=a[j+1]; a[j+1]=t;}
        Response.Write("</br>排序后");
        for (i=0; i<N; i++)                           //输出整个数组
            Response.Write(" "+a[i].ToString());
    }
}
```

3.6.2 百钱百鸡问题

1. 实训目的

对C#结构化程序设计的方法和结构化程序设计的3种基本的流程控制结构顺序、分支(选择)和循环的掌握,用结构化程序设计的思想实现一个实际问题。

2. 实训内容

(1) 编写解决百钱百鸡问题的程序

中国古代数学家张丘建在他的《算经》中提出了著名的"百钱百鸡问题":鸡翁一,值钱五;鸡母一,值钱三;鸡雏三,值钱一;百钱买百鸡,翁、母、雏各几何?

假设:100元钱可以买 x 只公鸡,y 只母鸡,z 只小鸡,由问题可以得到下列方程组:

$$\begin{cases} x+y+z=100 \\ 5x+3y+z/3=100 \end{cases}$$

这是三元一次方程组。由于只有两个方程,不能通过求解三元一次方程的一般方法得到答案。从问题中可以知道:x、y、z 的取值范围一定是0～100的正整数。最简单的方法是假设一组 x、y、z 的值带入方程组计算,若满足方程组则是一组解。这样在各个变量的取值范围内不断变化 x、y、z 的值,就可得到问题的全部解。如果用人来进行这样的求解过程,要穷举 x、y、z 的全部可能的组合,工作量不可想象,但这一过程由计算机完成却十分简单。可以让 x、y、z 分别从0变到100,然后判断 x、y、z 的每一种组合是否满足方程的要求。

(2) 算法分析

① 定义一个BuyChicken类。

② 采用穷举的方式找出 x、y、z 全部可能的组合,为了提高运行速度,可在循环控制条件上进行优化。实际上100元钱最多只能买20只公鸡,最多也只能买33只母鸡,即 $x<=20$, $y<=33$, $z=100-x-y$,可缩小穷举的范围。

(3) 在屏幕输出结果。

3. 实训步骤

(1) 启动Visual Studio.NET 2005。

(2) 新建页面程序和C#程序。

(3) 编程及调试。

运行结果如图3-7所示。

图3-7 百钱百鸡问题运行结果

源程序(ASPNET_JC(C#)\WebSites\WebSite1

\ch03\BuyChicken.aspx)：

```
<%@ Page Language="C#" AutoEventWireup="true" CodeFile="BuyChicken.aspx.cs"
Inherits="ch03_BuyChicken"%>
<!DOCTYPE html PUBLIC "-//W3C//DTD XHTML 1.0 Transitional//EN" "http://www.w3.org/
TR/xhtml1/DTD/xhtml1-transitional.dtd">
<html xmlns="http://www.w3.org/1999/xhtml">
<head runat="server">
    <title>百钱百鸡问题</title>
</head>
<body>
    <form id="form1" runat="server">
    <div>

    </div>
    </form>
</body>
</html>
```

源程序(ASPNET_JC(C#)\WebSites\WebSite1\ch03\BuyChicken.aspx.cs)：

```
//title:百钱百鸡问题
//Description:中国古代数学家张丘建在他的《算经》
//中提出了著名的"百钱百鸡问题"：鸡翁一,值钱五;鸡母一,值钱三;
//鸡雏三,值钱一;百钱买百鸡,翁、母、雏各几何?
//Company:信息技术系
//Address:杭州下沙4号大街
//Email:qinxueli@zj.com
//Postcode:310018
//@version 1.0
using System;
public partial class ch03_BuyChicken : System.Web.UI.Page
{
    protected void Page_Load(object sender, EventArgs e)
    {
        Main();
    }
    public  void Main()
    {
        int Cock, Hen, Chicken;
        for (Cock=0; Cock<=19; Cock++)
            for (Hen=1; Hen<=33; Hen++)
            {
                Chicken=100 -Cock -Hen;
                if (Chicken%3==0)
                {
                    if (Cock*5+Hen*3+Chicken/3==100)
                      Response.Write("公鸡="+Cock.ToString()+" 母鸡="
                                                +Hen.ToString()+" 小鸡="+Chicken.
                                                ToString()+"</br>");
```

```
                }
            }
        }
    }
```

3.7　练习

选择题

(1) 正确的字符串常量是(　　)。

A. "abcd"　　B. 'abcd'　　C. {"abcd"}　　D. abcd

(2) 任何复杂的程序,都是由(　　)构成的。

A. 分支结构、顺序结构、过程结构　　B. 循环结构、分支结构、过程结构

C. 顺序结构、循环结构、分支结构　　D. 循环结构、分支结构

(3) 在C#语言中,以下描述正确的是(　　)。

A. do/while语句构成的循环必须用break语句才能退出

B. 不能使用do/while语句构成循环

C. do/while语句构成的循环,当条件表达式值为0时结束

D. do/while语句构成的循环,当条件表达式值为非0时结束

(4) 以下的for循环(　　)。

```
for(x=0,y=0;(y!=12)&&(x<4);x++,y=+3);
```

A. 是无限循环　　B. 循环次数不定

C. 执行4次　　D. 执行3次

第 4 章

ASP. NET 的内置对象

4.1 ASP. NET 内置对象简介

Web 应用在开发过程中很重要的一个问题就是 Web 页面之间的信息传递和状态维护，每当 Web 页面被发送到服务器时，都会在服务器端重新创建 Web 页。如果用户在客户端把信息输入文本框，客户端的 Form 提交后，该信息将通过网络从客户端传送到服务器端处理，客户端输入的信息立即丢失。这是因为 Web 页面上的一个超链接所链接的可能是本页面的一个"锚"，也可能是本应用系统的一个页面，也可能是网络上的另一个 Web 应用，所以当系统进入一个新的应用时，原页面的信息就会丢失。

为了克服传统 Web 编程模式的这一固有限制，ASP. NET 提供了多种方法来帮助 Web 开发人员来管理 Web 页面之间的状态，以实现在页面往返过程中，自动保留页面及所有控件的属性值和其他特定值。尽管 ASP. NET 的面向对象的设计和基础代码在本质上不同于 ASP，但 ASP 最常用的内部对象在 ASP. NET 中仍保留了下来。

ASP 的内部对象（如 Request、Response、Server、Application 和 Session）仍是 ASP. NET 的一部分，并且其使用方式与在 ASP 中相同。但是，在 ASP. NET 中，这些对象是在 System.Web命名空间的新类中定义的。这些内部对象现在是 System. Web. HttpContext 类的属性，但因为这些对象是在接收 Web 资源的新请求和创建新 context 时由 ASP. NET 自动创建的，所以，可以直接使用这些对象，而不必实例化新对象。

ASP.NET提供的内置对象有 Page、Request、Response、Application、Session、Server、Mail 和 Cookies。这些对象使用户更容易收集通过浏览器请求发送的信息、响应浏览器以及存储用户信息，以实现其他特定的状态管理和页面信息的传递。

每个对象都提供了一系列的集合、属性和方法。

4.2 Page 对象

Page 对象是包含了 ASP. NET 页面的方法和属性。实际在前面大量的示例中已经用过，常用的方法和属性、事件归纳如表 4-1 所示。

看下面最典型的应用。

```
protected void Page_Load(object sender, EventArgs e)
```

表 4-1　Page 对象常用的方法和属性、事件

名　称	类型	功　能　说　明
IsPostBack	属性	Web 窗体是否提交，True 提交，False 未提交
IsValid	属性	页面的所有 Web 窗体是否全部通过验证，True 通过，False 未通过
Load	事件	页面启动时激活事件，已多次使用的 Page_Load
Databind	方法	把数据绑定到页面

```
{
    if (!Page.IsPostBack)
    {
        Message.Text=user_name.text+"欢迎使用本系统!";
    }
}
```

上面的这个过程在页面装入时被执行，首先进行页面提交的判别 Page.IsPostBack=True/False，根据判断的结果给出不同的提示，这种应用在前面的章节里已有了大量的示例。

4.3　Response 对象

Response 对象用来访问所创建的并返回客户端的响应，输出信息到客户端，它提供了标识服务器和性能的 HTTP 变量，发送给浏览器的信息和在 Cookie 中存储的信息。它也提供了一系列用于创建输出页面的方法，如 Response.Write 方法。

Response 对象正确的对象类别名称是 HttpResponse，使用时不用声明便可以直接使用。Response 对象提供了许多属性和方法，其常用的属性如表 4-2 所示，常用方法如表 4-3 所示。

表 4-2　Response 对象常用的属性

属性名称	功　能　说　明
Buffer	设定 HTTP 输出是否要做缓冲处理，取值 True 或 False，默认为 True
Cookies	传回目前请求的 HttpCookieCollection 对象集合
ContentType	输出文件的类型

表 4-3　Response 对象常用的方法

方　法	说　　明	语　　法
BinaryWrite	将一个二进制的字符串写入 HTTP 输出串流	BinaryWrite(ByVal buffer As Byte)
Clear	将缓冲区的内容清除	Clear()
Close	关闭客户端的联机	Close()

续表

方　法	说　明	语　法
End	将目前缓冲区中所有的内容送到客户端,然后关闭联机	End()
Flush	将缓冲区中所有的数据送到客户端	Flush()
Redirect	将页面重新导向另一个地址	Redirect(ByVal url As String)
Write	将数据输出到客户端	Write(ByVal String As String)
WriteFile	将一个文件直接输出至客户端	WriteFile(ByVal filename As String)

4.3.1 Write方法的使用

1. 输出信息到客户端

利用该方法可以输出信息到客户端。

语法格式：

```
Response.Write(变量或字符串)
```

例如,输出字符串：

```
Response.Write("ASP.NET网络程序设计(C#)")
```

输出字符串和时间的组合：

```
Response.Write("今天是："+DateTime.Now)
```

输出变量的值和字符串的组合：

```
Response.Write(My_Name+"欢迎客户！")
```

【例4-1】 应用Response.Write()输出信息的例子,运行结果如图4-1所示。

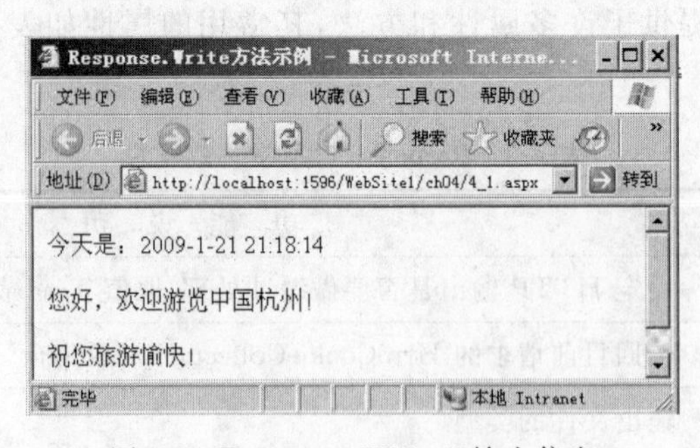

图4-1 Response.Write()输出信息

源程序(ASPNET_JC(C#)\WebSites\WebSite1\ch04\4_1.aspx.cs)：

```
using System;

public partial class ch04_4_1: System.Web.UI.Page
{
    protected void Page_Load(object sender, EventArgs e)
    {
```

```
        Response.Write("今天是："+DateTime.Now);
        Response.Write("<p>您好,欢迎游览中国杭州!");
        Response.Write("<p>祝您旅游愉快!");
    }
}
```

2. 直接输出文本文件到客户端

Response 对象提供了一个直接输出文本文件的 WriteFile 方法。若所要输出的文件和执行的程序在同一个目录,只要直接传入文件名称就可以了;若不是在同一个目录,则要指定详细的路径。

【例 4-2】 应用 Response.WriteFile()输出文本文件 hangzhou.txt 的例子,直接输出一个内含 HTML 元素的文本文件到页面上,运行结果如图 4-2 所示，hangzhou.txt 文件有一行"Zhejiang Hangzhou"。

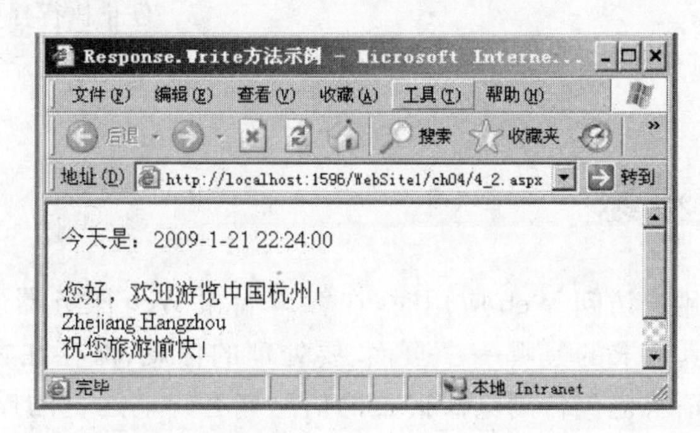

图 4-2　输出 hangzhou.txt 文本文件

源程序(ASPNET_JC(C#)\WebSites\WebSite1\ch04\4_2.aspx.cs)：

```
using System;

public partial class ch04_4_2 : System.Web.UI.Page
{
    protected void Page_Load(object sender, EventArgs e)
    {
        Response.Write("今天是："+DateTime.Now );
        Response.Write("<p>您好,欢迎游览中国杭州!"+"<br>");
        Response.WriteFile("hangzhou.txt");                //输出文本文件的内容到页面
        Response.Write("<br>祝您旅游愉快!");
    }
}
```

4.3.2　Redirect 方法的使用

Response 对象的 Redirect 方法可以将连接重新定向到其他地址,可以是 URL、本应用系统的页面和变量。

语法格式：

```
Response.Redirect(地址、地址变量或文件名)
```

示例：

```
Response.Redirect(INDEX.ASP);                      //指向主页文件
Response.Redirect(HTTP://www.ZJYYC.CN);            //指向网站
MY_URL="HTTP://WWW.ZJYYC.COM";                     //把一个网站地址赋给变量
Response.Redirect(MY_URL);                         //指向变量存储的网站
```

4.3.3 End方法的使用

End方法用来终止ASP.NET程序的运行，在程序中Response.End语句立即停止执行程序。

例如：

```
protected void Page_Load(object sender, EventArgs e)
{
    Response.Write("今天是："+DateTime.Now);
    Response.Write("<p>您好,欢迎游览中国杭州!"+"<br>");
    Response.END;                                    //停止执行程序
    Response.Write("<br>祝您旅游愉快!");
}
```

4.4 Request对象

当浏览器或其他用户访问Web应用时，在客户端和Web服务器之间就产生了一个对话，必须告诉服务器，其请求的是哪一个页面、要处理的信息、保存在客户端的Cookie信息等。实际上浏览器的请求也包含浏览器宿主的信息和客户端运行的操作系统，信息内容将随着浏览器的不同而有相应的变化，浏览器的请求和服务端的响应都包含头信息，头信息提供了有关请求和响应的附加信息，也包括了浏览器生成请求和服务端提供响应的过程信息。

Request对象是用来获取客户端在请求一个页面或传送一个Form时提供的所有信息，这包括能够标识浏览器和用户的HTTP变量，存储在客户端的Cookie信息以及附在URL后面的值(查询字符串或页面中＜Form＞段中的HTML控件内的值)。

Request的语法格式如下：

```
Request[.属性|方法](变量)
```

变量参数(variable)是一些字符串，这些字符串指定要从集合中检索的项目，或作为方法或属性的输入。

4.4.1 Request对象属性和方法

Request对象有自己的方法和属性，还带有基本的事件和数据集合。Request对象的属性和方法相当多，表4-4列出常用的属性，表4-5是Request对象的常用方法。

表4-4 Request对象的常用属性

名　称	说　明	状　态
Browser	取回有关客户端浏览器的功能信息	HttpBrowserCapabilities
ClientCertificate	取回有关客户端安全认证的信息	HttpClientCertificate
ConnectionID	取回客户端所发出的页面浏览请求联机ID	Long

续表

名　称	说　明	状　态
Cookies	取回一个 HttpCookieCollection 对象合集	HttpCookieCollection
FilePath	取回目前执行页面的相对地址	String
Files	取回客户端上传的文件的集合	HttpFileCollection
Form	取回有关 Form 变量的集合	NameValueCollection
HttpMethod	取回目前客户端 HTTP 数据传输的方式是 Post 或 Get	String
Params	取回 QueryString、Form、Server、Variable 以及 Cookies 全部的集合	NameValueCollection
Pathq	取回目前请求页面的相对地址	String
PhysicalApplicationPath	取回目前执行的 Server 端程序在 Server 端的真实路径	String
PhysicalPath	取回目前请求页面在 Server 端的真实路径	String
QueryString	取回附在网址后面的参数内容	NameValueCollection
RawUrl	取回目前请求页面的原始 URL	String
RequestType	取回客户端 HTTP 数据的传输方式使用 Get 或 Post	String
ServerVariables	页面 Server 变量的集合	NameValueCollection
TotalBytes	取回目前的输入有多少 Bytes,只读的属性	Integer
Url	取回有关目前请求的 URL 信息	HttpUrl
UserAgent	取回客户端浏览器的版本信息	String
UserHostAddress	取回远方客户端机器的主机 IP 地址	String
UserHostName	取回远方客户端机器的 DNS 名称	String

表 4-5　Request 对象的常用方法

方法名称	说　明	语　法
MapPath	取回实际路径	MapPath(string 虚拟路径)
SaveAs	将 HTTP 请求的信息储存到磁盘中	SaveAs(string baseVirtualDir, bool allowCrossAppMapping)
BinaryRead	以二进制格式读取客户端上传的数据	BinaryRead(int Count)

4.4.2　读取用户提交信息

ASP. NET 保留了 ASP 的客户端信息提交的方式 Get 和 Post。也可以说在网络环境下客户端向服务器端提交信息方式基本是采用这两种方式。这两种方式有什么不同?

1. 使用 Get 传送方式

在上网的时候经常可以看见类似这样的网络地址：http://www. stockt. com/

query. aspx? stockCode=600008,"?"前面的是熟悉的URL地址,"?"后面的stockCode=600008是要向服务器传送的信息的变量名和它的值。下面通过一个程序来说明其应用。

【例4-3】 应用Get方式向服务器提交输入信息,运行结果如图4-3所示。

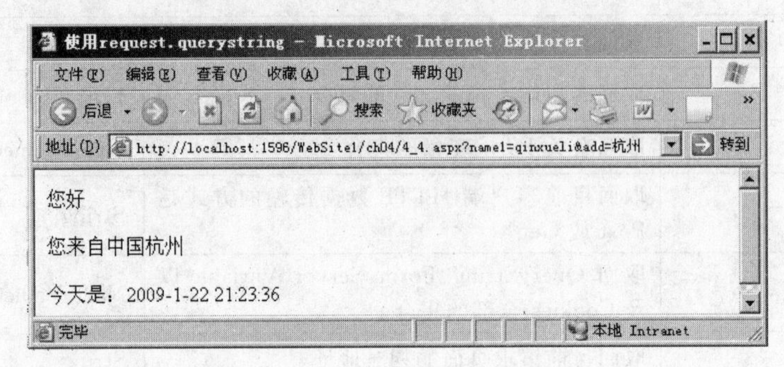

图4-3 应用Get方式提交信息

源程序(ASPNET_JC(C＃)\WebSites\WebSite1\ch04\4_3. aspx):

```
<%@ Page Language="C#" AutoEventWireup="true" CodeFile="4_3.aspx.cs" Inherits=
"ch04_4_3"%>
<head runat="server">
    <title>应用 Get 方式提交输入信息</title>
</head>
<body>
    <h4>应用 Get 方式向服务器提交输入信息</h4>
    <a href="4_4.aspx?name1=qinxueli&add=杭州">显示</a>
</body>
</html>
```

源程序(ASPNET_JC(C#)\WebSites\WebSite1\ch04\4_4. aspx. cn):

```
using System;

public partial class ch04_4_4 : System.Web.UI.Page
{
    protected void Page_Load(object sender, EventArgs e)
    {
        string m_name=Request.QueryString["name"];        //读页面传过来的第一个信息
        string m_add=Request.QueryString["add"];          //读页面传过来的第二个信息
        Response.Write(m_name+"您好");
        Response.Write("<p>您来自中国"+m_add);
        Response.Write("<p>今天是: "+DateTime.Now);
    }
}
```

程序注释:

(1) 4_3. aspx程序只是一个简单的超链接,如果应用程序的表单是在客户端运行的HTML表单,可以使用这种方式传送信息。

(2) 在图4-3可以看到下面的信息。

```
http://localhost:1596/WebSite1/ch04/4_4.aspx?name1=qinxueli&add=杭州
```

其中的“name1=qinxueli&add=杭州”是程序 4_3.aspx 传送到 4_4.aspx 的信息，包括了变量名和其值，两个变量用 & 连接。

(3) 用这种方式传递的信息是可显示的，接受端用 QueryString 集合读取传过来字符串变量的值时，变量和它的值是可见的。也就是说，任何一个路过的人都可以看见由 QueryString 集合接收的信息的值，因此用这种方式不可以传输用户名和密码等保密信息。

(4) 由于这种传递方式的信息和地址一起传递，所以传递信息的长度是受到限制的。对于不同的浏览器，这种信息传递的大小是不同的，例如 IE 4.0 无法处理超过 2000 个字符的 Query 字段。如果 URL 连接带 Query 字段超过这个长度，浏览器就无法正确处理。有时无法确认字段长度具体有多少，因为实际上浏览器限制的长度是指浏览器地址栏中所能显示并发送的最大长度也就是 URL 地址和 Query 字段的总长度。很多浏览器所限定的长度还远远达不到 IE 4.0 的 2000 个字符的限制，尤其是早期的版本，因此，一般说来，如果传递数据量比较大，就不要使用这种方式了。所以，利用 Query 字段传递的信息都应当是简洁的和非保密的，如果有大量数据需要传递，可以利用 Post 形式。

2. 使用 Post 传送方式

使用 Post 传送方式可以传送保密、信息量大的应用，ASP.NET 提交 Web 窗体信息是用 Post 传送方式。

4.4.3 读取服务器端信息

浏览器在浏览页面时使用的传输协议是 HTTP，在 HTTP 的标题文件中会记录一些客户端的信息，如客户的 IP 地址、浏览器的类型和操作系统等，服务器端根据不同的客户端信息做出不同的反应，这时就需要 ServerVariables 集合获取所需信息。

ServerVariables 集合信息包含了两种值的结合体，一种是随同页面请求从客户端发送到服务器的 HTTP 报头中的值，另外一种是由服务器在接收到请求时本身所提供的值。主要的环境变量如表 4-6 所示。

表 4-6　主要的环境变量

变量名称	信息说明
ALL_HTTP	所有的 HTTP 信息(操作系统、浏览器、.NET 版本等)
AUTH_TYPE	表示身份验证的类型
AUTH_USER	用户身份验证是输入的用户名
AUTH_PASSWORD	用户身份验证是输入的口令
LOCAL_ADDR	服务器的 IP 地址
PATH_INFO	应用程序的相对路径
PATH_INFO	应用程序的绝对路径
REMOTE_ADDR	客户端或代理服务器的 IP 地址

续表

变 量 名 称	信 息 说 明
REMOTE_HOST	客户端或代理服务器的主机名
REMOTE_PORT	客户端或代理服务器的端口地址
REQUEST_METHOD	客户端或代理服务器的请求方法(Post/Get)
SCRIPT_NAME	当前程序名称
SERVER_NAME	服务器的主机名
SERVER_PORT	服务器接受请求的端口号
SERVER_PROTOCOL	服务的协议和版本号
SERVER_SOFTWARE	Web 服务器软件及版本号

【例 4-4】 读取 ServerVariables 集合的全部信息。

源程序(ASPNET_JC(C#)\WebSites\WebSite1\ch04\4_5.aspx.cn):

```
using System;

public partial class ch04_4_5: System.Web.UI.Page
{
    protected void Page_Load(object sender, EventArgs e)
    {
        foreach(string name in Request.ServerVariables)
        {
          Response.Write ("<p>"+name+":");
          Response.Write(Request.ServerVariables);
        }
    }
}
```

读取的结果如下:

```
ALL_HTTP:HTTP_CONNECTION:Keep-Alive HTTP_ACCEPT:*/* HTTP_ACCEPT_ENCODING:gzip,
deflate HTTP_ACCEPT_LANGUAGE:zh-cn HTTP_COOKIE:vNumber=6 HTTP_HOST: localhost HTTP_
USER_AGENT:Mozilla/4.0 (compatible; MSIE 6.0; Windows NT 5.1; SV1; .NET CLR 1.1.4322)
ALL_RAW:Connection: Keep-Alive Accept: */* Accept-Encoding: gzip, deflate Accept-
Language: zh-cn Cookie:vNumber=6 Host: localhost User-Agent: Mozilla/4.0 (compatible;
MSIE 6.0; Windows NT 5.1; SV1; .NET CLR 1.1.4322)
APPL_MD_PATH:/LM/W3SVC/1/Root/aspnetjc
APPL_PHYSICAL_PATH:E:\教材\ASP.NET网络程序设计技术\
AUTH_TYPE:
AUTH_USER:
AUTH_PASSWORD:
LOGON_USER:
REMOTE_USER:
CERT_COOKIE:
CERT_FLAGS:
```

```
CERT_ISSUER:
CERT_KEYSIZE:
CERT_SECRETKEYSIZE:
CERT_SERIALNUMBER:
CERT_SERVER_ISSUER:
CERT_SERVER_SUBJECT:
CERT_SUBJECT:
CONTENT_LENGTH:0
CONTENT_TYPE:
GATEWAY_INTERFACE:CGI/1.1
HTTPS:off
HTTPS_KEYSIZE:
HTTPS_SECRETKEYSIZE:
HTTPS_SERVER_ISSUER:
HTTPS_SERVER_SUBJECT:
INSTANCE_ID:1
INSTANCE_META_PATH:/LM/W3SVC/1
LOCAL_ADDR:127.0.0.1
PATH_INFO:/aspnetjc/ch04/4_5.aspx
PATH_TRANSLATED:E:\教材\ASP.NET 网络程序设计技术\ch08\8_5.aspx
QUERY_STRING:
REMOTE_ADDR:127.0.0.1
REMOTE_HOST:127.0.0.1
REMOTE_PORT:1035
REQUEST_METHOD:GET
SCRIPT_NAME:/aspnetjc/ch04/4_5.aspx
SERVER_NAME:localhost
SERVER_PORT:80
SERVER_PORT_SECURE:0
SERVER_PROTOCOL:HTTP/1.1
SERVER_SOFTWARE:Microsoft-IIS/5.1
URL:/aspnetjc/ch04/4_5.aspx
HTTP_CONNECTION:Keep-Alive
HTTP_ACCEPT:*/*
HTTP_ACCEPT_ENCODING:gzip, deflate
HTTP_ACCEPT_LANGUAGE:zh-cn
HTTP_COOKIE:vNumber=6
HTTP_HOST:localhost
HTTP_USER_AGENT:Mozilla/4.0 (compatible; MSIE 6.0; Windows NT 5.1; SV1; .NET CLR 1.1.4322)
```

4.4.4 读取浏览器信息

要取得目前和服务器联机的浏览器的信息，可以使用 Browser 属性。Browser 属性是一个对象集合，也可以使用一个 HttpBrowserCapabilities 形态的对象变量来接收 Browser 属性的传回值。

【例 4-5】 使用 HttpBrowserCapabilities 形态的变量来取得浏览器的部分信息。

源程序(ASPNET_JC(C#)\WebSites\WebSite1\ch04\4_6.aspx.cn)：

```
using System;
```

```
public partial class ch04_4_6 : System.Web.UI.Page
{
    protected void Page_Load(object sender, EventArgs e)
    {
        HttpBrowserCapabilities bc;
        bc  =Request.Browser;
        Response.Write("<p>浏览器信息:</p>");
        Response.Write("浏览器="+bc.Browser+"<br>");
        Response.Write("状态="+bc.Type+"<br>");
        Response.Write("名称="+bc.Browser+"<br>");
        Response.Write("版本="+bc.Version+"<br>");
        Response.Write("使用平台="+bc.Platform+"<br>");
        Response.Write("是否为测试版="+bc.Beta+"<br>");
        Response.Write("是否为 32 位的环境="+bc.Win32+"<br>");
        Response.Write("是否支持框架(Frame)="+bc.Frames+"<br>");
        Response.Write("是否支持表格(Table)="+bc.Tables+"<br>");
        Response.Write("是否支持 Cookie="+bc.Cookies+"<br>");
        Response.Write("是否支持 VB Script="+bc.VBScript+"<br>");
        Response.Write("是否支持 Java Script="+bc.JavaScript+"<br>");
        Response.Write("是否支持 Java Applets="+bc.JavaApplets+"<br>");
        Response.Write("是否支持 ActiveX Controls="+bc.ActiveXControls+"<br>");
    }
}
```

使用 Internet Explorer 浏览器的测试结果如下:

```
浏览器=IE
状态=IE 6
名称=IE
版本=6.0
使用平台=WinXP
是否为测试版=False
是否为 32 位的环境=True
是否支持框架(Frame)=True
是否支持表格(Table)=True
是否支持 Cookie=True
是否支持 VB Script=True
是否支持 Java Script=True
是否支持 Java Applets=True
是否支持 ActiveX Controls=True
```

4.5 Application 对象

由于变量的生命周期受限于页面,所以每当 ASP.NET 文件被执行完毕之后,变量就会被释放,它的内容将不存在。而在编程过程中,有时又需要在页面之间传递变量的信息。例如,在一个登录页面中输入了用户的名字,为了使页面个性化,在后面的页面显示中,希望知道前面输入的用户名,以便于更好的人机交互。这就要求有一种变量传递的机制。人们最常用的保存变量的方法是使用文件,但是毕竟对文件的操作是比较麻烦的事情,有没有更简单的方法呢?其中一种比较简单的方法就是使用 Application 对象来保存希望传递的变量。在整个应用程序生存周期中,Application 对象都是有效的,所以在不同的页面中都可以对它进行存取,就像使用全局变量一样方便。在 ASP.NET 环境下,Application 对象来自 HttpApplicationStat 类。它可以在多个请求、连接之间共享公用信息,也可以在各个请求、连接之间充当信息传递的管道。

ASP.NET 提供 Application 对象是在 Web 应用程序的全局范围。这是在应用程序层而不是在用户层。换句话说,该对象是全局的,不是对单独的用户,而是对应用程序的所有用户,其作用域不限制为单独用户的访问。

对于整个 ASP.NET 执行环境,一个 Web 应用程序在多工执行状态下,来自四面八方的用户会同时执行 Web 应用程序的某一个页面。Application 对象可用于在全局环境中存储变量和信息(即状态),该应用程序内的任何页面中运行的程序都可访问这些值,而不管是哪个访问者发出的请求。

4.5.1　Application 对象的方法和事件

1. 删除全局变量

Application 对象的方法允许删除全局应用程序空间的值,控制在该空间内对变量的并发访问。

(1) Remove

格式:

```
Application.Contents.Remove("variable_name");
```

该方法从 Application.Content 集合中删除一个名为 variable_name 的变量。

(2) RemoveAll

格式:

```
Application.Contents.RemoveAll();
```

该方法从 Application.Content 集合中删除所有变量。

2. 锁定 Application 对象

Application 保存的对象为应用程序所共享,而.NET 平台又是一个多用户多线程的环境,因而 Application 保存的对象在使用时,要注意避免冲突。

例如:

```
Application["counter"]=(int)Application["counter"]+1;
```

用户保存的数值加 1,可以利用它来统计页面浏览的次数。但如果另外一个页面也使用了上述语句,那么混乱就产生了。设想一下如下情况,用户 a 对页面 a 访问,使 counter+1,然后用户 b 对页面 b 访问,counter 又增加了 1,实际上无论对页面 a 还是页面 b,访问都只有一次,counter 却增加了 2 次,由于计数变量的相同使得统计页面的努力化为泡影。因此需要在对 Application 对象的写操作时进行锁定。

注意: 这里要做类型的强制性转换(int)Application["counter"]+1,由于 counter 的

类型是 object,不能做+1的操作,出现 CS0019 错误信息:运算符“+”无法应用于“object”和“int”类型的操作数的编译器。

Lock()方法用于锁定 Application 对象,使得只有当前的 ASP.NET 页面对变量能够进行访问。用于确保允许两个用户同时地读取和修改变量的方法,进行的并发操作不会破坏内容。

方法说明:Application.Lock()锁定 Application 对象,以确保在同一时刻仅有一个客户可修改存取 Application 变量。

3. 解除 Application 对象

Application.Unlock()解除对在 Application 对象上的 ASP.NET 页面的锁定。

例如:

```
Application.Lock();                            //锁定 Application 对象
Application["M_NAME"]="USER_NAME";             //生成 Application 变量并赋值
Application["M_ADD"]="中国杭州";                //生成 Application 变量并赋给字符串信息
Application.UnLock();                          //解除对 Application 对象的锁定
Response.Write(Application["M_NAME"]);         //输出
```

4.5.2 Application 对象的事件

Application 对象提供了在它启动和结束时触发的两个事件。

OnStart 在 ASP.NET 启动时触发,在用户请求的页面执行之前和任何用户创建 Session 对象之前。用于初始化变量、创建对象或运行其他代码。

OnEnd 在 ASP.NET 应用程序结束时触发。在最后一个用户会话已经结束并且该会话的 OnEnd 事件中的所有代码已经执行之后发生。其结束时,应用程序中存在的所有变量被取消。

Application_Start 和 Application_End 两个事件的应用要结合 global.asax 文件的使用,将在第10章介绍。

4.6 Session 对象

Session 是什么呢?简单来说,就是服务器给客户端的一个编号。当一台 Web 服务器运行时,可能有若干个用户正在浏览这台服务器上的网站。当每个用户首次与这台 WWW 服务器建立连接时,它就与这个服务器建立了一个 Session(会话),同时服务器会自动为其分配一个 SessionID,用以标识这个用户的唯一身份。这个 SessionID 是由 WWW 服务器生成的一个由24个字符组成的字符串。

这个唯一的 SessionID 是有很大的实际意义的。当一个用户提交了表单时,浏览器会将用户的 SessionID 自动附加在 HTTP 头信息中(这是浏览器的自动功能,用户不会察觉到),当服务器处理完这个表单后,将结果返回给 SessionID 所对应的用户。试想,如果没有 SessionID,当有两个用户同时进行注册时,服务器怎样才能知道到底是哪个用户提交了表单呢。

在网络环境下，信息的载体是页面，可以利用超链接在页面之间、站点之间、Web 应用系统之间跳转，当用户在应用程序的页面之间跳转时，用户的检索信息、注册信息就会丢失，ASP.NET 提供了 Session 对象可以存储特定的用户会话所需的信息。

当用户在应用程序的页面之间跳转时，存储在 Session 对象中的变量不会清除，而用户在应用程序中访问页面时，这些变量始终存在。

当用户请求来自应用程序的 Web 页时，如果该用户还没有会话，则 Web 服务器将自动创建一个 Session 对象。在默认情况下，如果没有用户请求，则服务器只将 Session 保留 20 分钟。用户也可以通过设置属性 Timeout 的值来改变 Session 对象生命周期，显式地调用 Session.Abandon 方法来释放 Session 对象。

需要特别说明的是，Session 对象的变量只是对一个用户有效，不同的用户的会话信息用不同的 Session 对象的变量存储。在网络环境下，Session 对象的变量是有生命周期的，如果在规定的时间没有对 Session 对象的变量刷新，系统会终止这些变量。

当用户第一次请求 ASP.NET 应用程序中的某个页面时，ASP.NET 会自动生成一个长整型的 SessionID，通过网络发向客户端，并存放在客户端的 Cookie 文件里。当客户端再次访问该应用程序时，ASP.NET 要检查 HTTP 头信息，查看在报文中是否有名为 SessionID 的 Cookie 发送过来 Session 信息，如果有，则服务器会启动新的会话，并为该会话生成一个全局唯一的值，再把这个值作为新 SessionID Cookie 的值发送给客户端。

Session 状态使用范围的局限性：当一个用户从一个网站访问到另外一个网站时，这些 Session 信息并不会随之迁移过去。例如，新浪网站的服务器可能不止一个，一个用户登录之后要去各个频道浏览，但是每个频道都在不同的服务器上，如果想在这些 WWW 服务器共享 Session 信息怎么办呢？实际上客户端的 Session 信息是存储于 Cookie 中的，如果客户端完全禁用掉了 Cookie 功能，也就不能享受到 Session 提供的功能了。

4.6.1 Session 对象的属性

Session 对象提供了 4 个属性。

1. CodePage 读/写、整型

定义在浏览器中显示页内容的代码页(Code Page)。代码页是字符集的数字值，不同的语言和场所可能使用不同的代码页。例如，ANSI 代码页 1252 用于美国英语和大多数欧洲语言。

2. LCID 读/写、整型

定义发送给浏览器的页面地区标识(LCID)。LCID 是唯一标识地区的国际标准缩写，例如，2057 定义当前地区的货币符号是“￡”。LCID 也可用于 Format Currency 等语句中，只要其中有一个可选的 LCID 参数。LCID 也可在 ASP.NET 处理指令＜%…%＞中设置，并优先于会话的 LCID 属性中的设置。

3. SessionID 只读、长整型

返回用户的会话标识符，创建会话时，该标识符由服务器产生。只在父 Application 对象的生存期内是唯一的，因此当一个新的应用程序启动时可重新使用。

4. Timeout 读/写、整型

会话定义以分钟为单位的超时周期。如果用户在超时周期内没有进行刷新或请求一个页面,该会话结束。在各页面中根据需要可以修改。默认值是20分钟,在使用率高的站点上该时间应更短。

4.6.2 Session对象的方法和事件

1. Session对象的方法

Session对象的方法允许从用户级的会话空间删除指定值,并根据需要终止会话。

(1) Remove

格式:

```
Session.Contents.Remove("variable_name");
```

从Session.Content集合中删除一个名为variable_name的变量。

(2) RemoveAll

格式:

```
Session.Contents.RemoveAll();
```

从Session.Content集合中删除所有变量。

(3) Abandon

当页面的执行完成时,Abandon方法结束当前用户会话并撤销当前Session对象。但即使在调用该方法以后,仍可访问该页中的当前会话的变量。当用户请求下一个页面时将启动一个新的会话,并建立一个新的Session对象(如果存在)。

2. Session对象事件

Session对象有两个事件可用于Session对象启动和释放运行。

(1) Session_Start事件

在服务器创建新会话时发生。服务器在执行请求的页之前先处理该脚本。Session_Start事件是设置会话期变量的最佳时机,因为在访问任何页之前都会先设置它们。

尽管在Session_Start事件包含Redirect或End方法调用的情况下Session对象仍会保持,然而服务器将停止处理Global.asa文件并触发Session_Start事件的文件中的脚本,为了确保用户在打开某个特定的Web页时始终启动一个会话,就可以在Session_Start事件中调用Redirect方法。当用户进入应用程序时,服务器将为用户创建一个会话并处理Session_Start事件脚本。客户可以将脚本包含在该事件中以便检查用户打开的页是不是启动页,如果不是,就指示用户调用Response.Redirect方法启动页面。

(2) Session_End事件

在服务器结束会话时发生。

4.6.3 Session信息的存储

把变量、字符串等信息赋给Session变量。

格式:

```
Session["Session 变量名"]=变量、常量、字符串表达式
```

例如：

```
Session["s_name"]="QXL";                    //变量值赋给 Session 变量
Session["s_add"]="浙江杭州市";               //字符串赋给 Session 变量
Session["s_post"]="310018";                 //数字赋给 Session 变量
Response.Write(Session["s_name"]);          //输出
```

4.6.4 Session 对象的生命周期信息

在网络环境下，使用一个 Web 系统的用户可能是成千上万，因此服务器的效率、网络的传输速度和资源等都是在网络程序设计时重点考虑的对象。在默认情况下，如果没有用户请求，则服务器只将 Session 保留 20 分钟。用户也可以通过设 Session 的属性 Timeout 来改变 Session 对象的生命周期，或显式地调用 Session. Abandon 方法释放 Session 对象。

格式：

```
Session. Timeout=整数(分钟)
```

例如：

```
Session. Timeout=45;            //Session 的有效期为 45 分钟
Session.Abandon();
```

4.7 Server 对象

Server 对象提供对服务器上的方法和属性的访问。其中大多数方法和属性是作为实用程序的功能服务。Server 对象的对象类别名称是 HttpServerUtility。

4.7.1 Server 对象常用属性和方法

表 4-7 列出了 Server 对象的常用属性。表 4-8 列出了 Server 对象的常用方法。

表 4-7　Server 对象的常用属性

属　性	说　明	形　态
MachineName	取回 Server 端机器名称	String
ScriptTimeout	取回指定脚本在结束前最大可运行时间	Integer

表 4-8　Server 对象的常用方法

方　法	说　明	语　法
CreateObject	使用 ProgId 来建立一个 COM 组件	object Server. CreateObject (string ProgId)
CreateObjectFromClsId	使用 ClsId 来建立一个 COM 组件	object Server. CreateObjectFromClsId (string ClsId)

续表

方　法	说　明	语　法
CreateObjectStatic	使用 ProgId 来建立一个 COM 组件	object Server.CreateObjectStatic(string ProgId)
HtmlDecode	将编码后的字符串译码回原来的 HTML 数据	object Server.HtmlDecode(string String)
HtmlEncode	将字符串编码为 HTML 可以辨识的信息	object Server.HtmlEncode(string String)
MapPath	取回实际路径和传入字符串的结合字符串,和 Request 对象的 MapPath 方法一样	object Server.MapPath(string path)
UrlDecode	将编码后的 URL 的字符串译码	object Server.UrlDecode(string String)
UrlEncode	将代表 URL 的字符串编码	object Server.UrlEncode(string String)
Execute	停止当前页面的执行,转到新的页面执行,执行完后回到原页面继续执行后面的语句	object Server.Execute(string String)
Transfer	停止当前页面的执行,转到新的页面执行,执行完后不回到原页面	object Server.Transfer(string String)

4.7.2 ScriptTimeout 属性

ScriptTimeout 属性设置或返回页面的脚本在服务器退出执行和报告一个错误之前可以执行的时间(秒数)。达到该值后将自动停止页面的执行,并从内存中删除包含可能进入死循环的错误页面或者是那些长时间等待其他资源的页面。这会防止服务器因存在错误的页面而过载。对于运行时间较长的页面需要增大这个值。

格式:

```
Server.ScriptTimeout=NumSeconds;
```

参数 NumSeconds(秒)指定程序在结束前最大可运行的秒数,默认值为 90 秒。

当程序生成了一个较大的页面时,肯定不希望页面显示到一半就超时了。那么可以利用 Server 对象的 ScriptTimeout 属性定制希望的限制时间。

例如:

```
<%Server.ScriptTimeOut=150%>
```

4.7.3 MapPath 方法

使用 MapPath 方法取回目前所在的绝对路径并和传入文件名字符串的组合。这个方法应用在需要使用绝对路径的地方,例如在和数据源连接时必须指定完整的绝对路径,可以使用本方法。

假如程序当前的工作路径为:F:\ASPNET_JC(C#)\WebSites\WebSite1。

其中的 Server.MapPath("../WebSite1.sln")的绝对路径为:

```
F:\ASPNET_JC(C# )\WebSites\WebSite1\WebSite1.sln
```

例如：

```
<%=Server.MapPath("data.txt")%>
<%=Server.MapPath("aspx/data.txt")%>
```

以上脚本输出如下：

```
F:\ASPNET_JC(C#)\WebSites\WebSite1\data.txt
F:\ASPNET_JC(C#)\WebSites\WebSite1\aspx\data.txt
```

4.7.4　HtmlEncode 方法

HtmlEncode 方法允许对特定的字符串进行 HTML 编码，虽然 HTML 可以显示大部分写入 ASP.NET 文件中的文本，但是当需要实际包含 HTML 标记中所使用的字符时，就会遇到问题。这是因为，当浏览器读到这样的字符串时，会试图进行解释。

格式：

```
Server.HtmlEncode("String")
```

参数 String 指定要编码的字符串。

例如想说明
在 HTML 文件中将产生换行，在页面上要显示"在 HTML 中，符号
将进行换行操作"，程序可以这样写：

```
<HTML>
<BODY>
<FONT SIZE=3>在 HTML 中,符号<br>将进行换行操作</FONT>
</BODY>
</HTML>
```

在浏览器上显示结果为：

```
在 HTML 中,符号
将进行换行操作
```

上面语句运行的结果并没有显示想象的结果，而是在字符后面换行了，把
作为 HTML 标记解释执行了，产生了换行。为了避免此类问题，就需要使用 Server 对象的 HtmlEncode 方法，采用对应的不由浏览器解释的 HTML 编码替代 HTML 标记字符。所以，用下面的代码才能在页面显示想要的字符串，从而在浏览器中按需要输出文本。

```
<%=Server.HtmlEncode("在 HTML 中,符号<br>将进行换行操作。")%>
```

上面语句在浏览器上显示为：

```
在 HTML 中,符号<br>将进行换行操作。
```

4.7.5　UrlEncode 方法

Server 对象的 UrlEncode 方法可以根据 URL 规则对字符串进行正确编码，当字符串数据以 URL 的形式传递到服务器时，在字符串中不允许出现空格，也不允许出现特殊字符。为此,如果希望在发送字符串之前进行URL编码,可以使用Server.UrlEncode方法。

格式:

```
Server.UrlEncode("String")
```

参数String指定要编码的字符串。

例如:

```
<%=Server.UrlEncode("http://www.microsoft.com")%>
```

产生如下输出:

```
http%3A%2F%2Fwww%2Emicrosoft%2Ecom
```

利用QueryString在不同主页间传递信息时,如果信息带有空格或特殊字符,那么必须进行Encode操作,因为如果不这样做,很可能使得接受信息的那边接受到一些所不期望的奇怪字符串。

4.7.6 Execute和Transfer方法

1. Execute方法

该方法停止当前页面的执行,把控制转到在URL指定的页面。用户的当前环境(即会话状态和当前事务状态)也传递到新的页面。在该页面执行完成后,控制传递回原先的页面,并继续执行Execute方法后面的语句。

注意:Execute方法只能转到同一个应用中页面,不可以转向其他应用系统的页面。

2. Transfer方法

与Execute方法相似,只是不能回到原页面继续执行。

4.8 Cookies对象

4.8.1 Cookies对象的作用

Cookie是一小块由浏览器存储在客户端系统(硬盘)的文本,是一种标记。由Web服务器嵌入用户浏览器中,以便标识用户,且随同每次用户请求发往Web服务器。Cookies的值比ASP.NET其他集合(例如Form和Server Variables)的值要复杂得多。

自从NETSCAPE首先在自己的浏览器中引入Cookies后,WWW(World Wide Web)协会支持Cookies标准。

Cookie其实就是一个标签。在访问一个需要唯一标识地址的Web站点时,它会在硬盘上留下一个标记,当用户再次访问这个站点时,站点的页面就会查找这个标记。每个Web站点都有自己的标记,标记的内容可以随时读取,但只能由该站点的页面完成。

Cookie可以包含在一个对话期或几个对话期之间的某个Web站点的所有页面共享的信息,使用Cookie还可以在页面之间交换信息。Request提供的Cookies集合允许用户读取在HTTP请求中发送的Cookie值。这项功能经常被使用在要求认证客户密码以及电子公告板、Web 聊天室等 ASP. NET 程序中。

4.8.2　Cookies 文件

1. Cookies 文件

客户端的浏览器用一个或多个限定的文件支持 Cookies，这些文件在 Windows 系统中称为 Cookies 文件。

ASP. NET 应用 Cookie 较为容易，可以从 Request 对象的 Cookies 集合中获得所有随同请求发出的 Cookie 的值，并可创建或修改 Cookie，通过 Response 对象的 Cookies 集合发回给用户。

2. 查找 Cookie 的文本文件

可以在客户端的硬盘上查找 Cookie 的文本文件，从而打开 Cookie。Internet Explorer 将应用系统的 Cookie 保存的文件名格式为＜user＞@＜domain＞. txt，其中＜user＞是客户的账户名。例如，客户的名称为 dell，客户访问的站点为 www. sina. com，那么该站点的 Cookie 将保存在名为 qinxueli@sina. txt 的文件中。

每个站点的 Cookie 与其他所有站点的 Cookie 存在同一文件夹中的不同文件内。

Windows 2000 系统下，可以在 C:\Documents and Settings\Administrator\Cookies 的目录下找到它们。

Windows XP 系统在 C:\Documents and Settings\dell\Cookies 的目录下找到它们。其中 dell 为 Windows XP 系统的用户名，如图 4-4 所示。

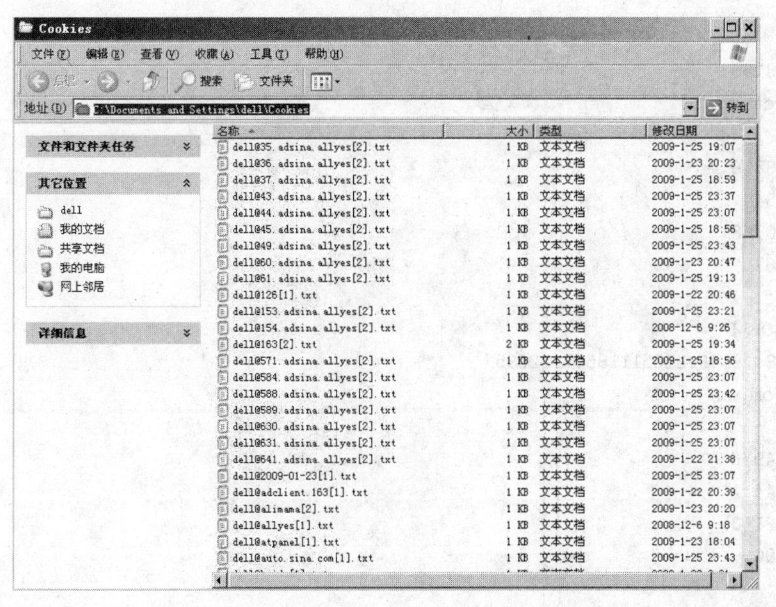

图 4-4　Windows XP 系统的 Cookies 目录

3. 查看 Cookie

查看 Cookie 的一个简便方法是让 Internet Explorer 为客户查找。在 Internet Explorer 中，从“工具”菜单中选择“Internet 选项”选项，在“常规”选项卡中单击“设置”命令，然后单击“查看文件”命令。Internet Explorer 将打开一个窗口，显示所有的临时文件，包括 Cookie。在窗口中查找以“Cookie:”开头的文件或查找文本文件。双击一个 Cookie，在默认的文本文件中打开它。

浏览 www. sina. com. cn 网站后记录在客户端硬盘的 Cookie 文件 Cookie: dell@sina. com[2]. txt 的内容(用 Word 打开)如下：

```
SINA_NEWS_CUSTOMIZE_city
%u676D%u5DDE
sina.com.cn/
1600
115030656
30045714
2386976752
29972288
*
vjuids
-6d3215e3b.11e09e00d48.0.63c5fb2ef65784
sina.com.cn/
1600
3138338816
32108254
2504346752
29972288
*
vjlast
1232898193
sina.com.cn/
1600
3138338816
32108254
2714880768
29982467
*
SINAGLOBAL
125.118.69.48.210511186471326957
sina.com.cn/
1104
4246814976
30706544
1172242160
29972290
*
```

上面的信息能解读多少？

再来看 Microsoft 的 www. microsoft. com 网站的 Cookie 文件 dell@www. microsoft[2]. txt 的内容。

```
.ASPXANONYMOUS
```

```
c-RCQ-2dyQEkAAAAMTc4OTY4ODYtYjIwMy00Nzk1LTljZjctNDliNzY4NDQ3YzMyDls_
iOAhJlhD6GuccoFNx2PZ3mU1
www.microsoft.com/
9216
1120420224
29990381
1762915344
29976411
*
WT_NVR
0=/:1=china:2=china/windows:3=china/windows/downloads
www.microsoft.com/
1088
4138433536
30716684
1058820720
29982430
*
```

比较两个文件的内容，有相似的，但更多的是不同，各网站对自己的 Cookie 文件的内容有自己的解释，但有一点是肯定的，都是利用了客户的硬盘资源保存了网站或应用系统所需要的信息，这就是为什么客户端机器的硬盘越来越小，文件越来越多、速度越来越慢的原因之一。

注意：在 Windows XP/Server 2003 系统，Cookie 文件有可能是隐含的，要查看和打开需要去掉机器的文件隐含属性，为了系统的安全，查看完后恢复文件隐含属性。

4. 操作和应用 Cookie

了解 Cookie 文件的基本信息后，就可以来操作和利用这个文件了。

(1) 读取 Cookie 信息

格式：

```
Request.Cookies["vNumber"].attribute;
```

其中，"vNumber"指定要读取的 Cookie 变量。attribute 指定 Cookie 自身的有关信息。

例如：

```
response.write "欢迎"& request.Cookies["nick"] .Value+ "光临小站!";
```

(2) 写 Cookie 信息

格式：

```
Response.Cookies["vNumber"].Value=vNumber;
```

其中，"vNumber"指定要写入 Cookie 文件的 Cookie 变量。

例如，用 Response 对象将用户名写入 Cookie 之中：

```
nickname="Linxing";
Response.Cookies["nick"].Value=nickname;          //写入 Cookie 用户名信息
```

```
Response.Write(Request.Cookies["nick"].Value);      //读出 Cookie 用户名信息
```

【例 4-6】 Server、Application、Session、Cookie 应用的综合实例。

源程序(ASPNET_JC(C#)\WebSites\WebSite1\ch04\4_7.aspx):

```
<%@ Page Language="C#" AutoEventWireup="true" CodeFile="4_7.aspx.cs" Inherits=
"ch04_4_7"%>
<head runat="server">
    <title>Application、Session、Server 对象的应用</title>
</head>
<body>
    <form id="form1" runat="server">
    <div>
        <%=Server.MapPath("../WebSite1.sln")%></br>
        <%=Server.HtmlEncode("在 HTML 中,符号<br>将进行换行操作。")%></br>
        <%=Server.HtmlEncode("http://www.microsoft.com ")%></br>
        <%=Server.UrlEncode("http://www.microsoft.com")%>
    </div>
    </form>
</body>
</html>
```

源程序(ASPNET_JC(C#)\WebSites\WebSite1\ch04\4_7.aspx.cs):

```
using System;
public partial class ch04_4_7 : System.Web.UI.Page
{
    protected void Page_Load(object sender, EventArgs e)
    {
      //Application 操作
        Application.Lock();                         //锁定 Application 对象
        Application["M_NAME"]="你好";               //生成 Application 变量并赋值
        Application["M_ADD"]="中国杭州";            //生成 Application 变量并赋给字符串信息
        Application.UnLock();                       //解除对 Application 对象的锁定
        Response.Write(Application["M_NAME"]+"</br>");     //输出 Application 变量
        Response.Write(Application["M_ADD"]+"</br>");
        Application["counter"]=1;
        Application["counter"]=(int)Application["counter"]+1;
        Response.Write("在线用户数: "+Application["counter"]+"</br>");

        //Session 操作
        Session["s_name"]="Wang Ling";              //变量值赋给 Session 变量
        Session["s_add"]="浙江杭州市";              //字符串赋给 Session 变量
        Session["s_post"]="310018";                 //数字赋给 Session 变量
        Response.Write("登录用户: "+Session["s_name"]+"</br>");  //输出 Session 变量
        Response.Write("</br>");
        Session.Timeout=45;                         //Session 的有效期为 45 分钟

        string nickname;
        nickname=Session["s_name"].ToString();
```

```
        Session.Abandon();
        //Cookie 操作
        Response.Cookies["nick"].Value=nickname;                  //用户名写入 Cookie 信息
        Response.Write("用户名"+Request.Cookies["nick"].Value+"</br>");
                                                                  //读出 Cookie 信息输出
        DateTime Date_t=DateTime.Now.AddMinutes(525600);          //有效期一年 525600 分钟
        Response.Write(Date_t+"</br>");                           //写入 Cookie
        Response.Write(Request.Cookies["nick"].Expires);
        //读出 Cookie 有效期信息输出可以在向浏览器发送 Cookie 之前设置 Expires 属性,
        //但无法从返回的 Request 对象中获取有效期信息
    }
}
```

4.9　综合实训

4.9.1　Response 和 Request 对象的应用

1. 实训目的

掌握 Response 和 Request 对象的应用，页面信息的传递和信息的读取。

2. 实训内容

(1) 在 ch04\4_8.aspx 页面应用 Response.Write()输出信息提示、服务器当前日期时间。

(2) 在 ch04\4_8.aspx 页面建立超链接，单击向 ch04\4_9.aspx 页面传递信息。

3. 实训步骤

(1) 启动 Visual Studio.NET 2005，打开项目 WebSite1。

(2) 新建 ch04\4_8.aspx 页面写入代码。

```
<head runat="server">
    <title>应用 get 方式提交输入信息</title>
</head>
<body>
<a href="4_9.aspx?name=万宏&add=杭州">应用 get 方式向服务器提交输入信息</a>
</body>
```

(3) 在 ch04\4_8.aspx.cs 程序写入代码。

```
public partial class ch04_4_8 : System.Web.UI.Page
{
    protected void Page_Load(object sender, EventArgs e)
    {
        Response.Write("今天是: "+DateTime.Now);
        Response.Write("<p>您好,欢迎步入 ASP.NET 学习的殿堂。"+"<br>");
        Response.Write("<br>祝您学习愉快,技能提高。"+"<br>");
    }
}
```

(4) 新建ch04\4_9.aspx页面程序，在ch04\4_9.aspx.cs程序写入代码，读取从4_8.aspx页面传送的name=万宏和add=杭州两个信息，显示到页面。

```
public partial class ch04_4_9: System.Web.UI.Page
{
    protected void Page_Load(object sender, EventArgs e)
    {
        string m_name=Request.QueryString["name"];
        string m_add=Request.QueryString["add"];
        Response.Write(m_name+"您好,");
        Response.Write("您是来自中国"+m_add);
        Response.Write("<p>欢迎步入ASP.NET学习的殿堂。"+"<br>");
    }
}
```

(5) 运行4_8.aspx页面结果如图4-5所示，单击"应用get方式向服务器提交输入信息显示"超链接，结果如图4-6所示。

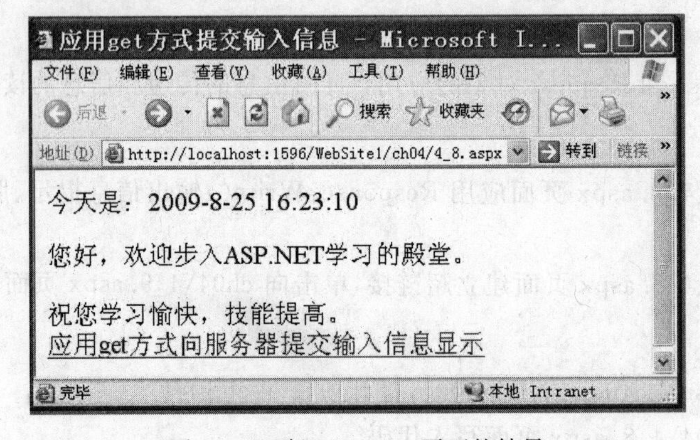

图4-5 运行4_8.aspx页面的结果

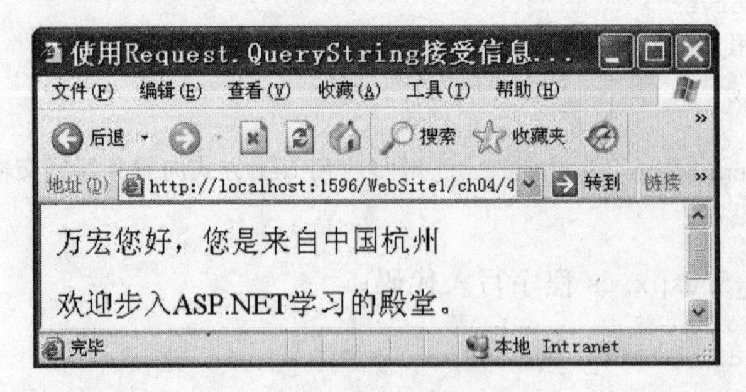

图4-6 单击4_8.aspx页面中超链接的结果

4.9.2 实现应用级的计数器

1. 实训目的

掌握Application对象的用法，实现应用级的计数器。

2. 实训内容

在ch04\4_10.aspx页面,应用Response.Write()输出应用级的计数器信息,刷新一次页面或启动一次页面,计数器增1。

3. 实训步骤

(1) 启动Visual Studio.NET 2005,打开项目WebSite1。

(2) 新建ch04\4_10.aspx页面,在ch04\4_10.aspx.cs程序写入代码。

```
public partial class ch04_4_10: System.Web.UI.Page
{
    protected void Page_Load(object sender, EventArgs e)
    {  Application.Lock();                          //对Application对象的锁定
       if ((int)Application["counter"]<0)
       {
          Application["counter"]=1;                 //首次启动页面时
       }
       Application["counter"]=(int)Application["counter"]+1;
       Response.Write("在线用户数: "+Application["counter"]+"</br>");
       Application.UnLock();                        //解除对Application对象的锁定
    }
}
```

运行结果如图4-7所示。

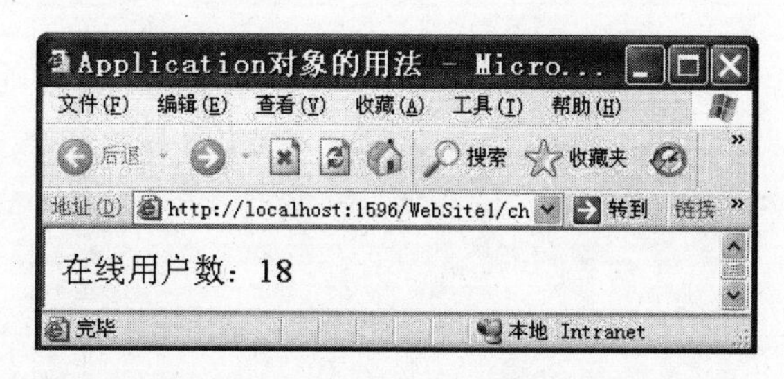

图4-7 ch04\4_10.aspx页面的运行结果

4.10 练习

1. 简答题

(1) 简述ASP.NET内置对象。

(2) 简述Response对象。

(3) 简述Request对象。

(4) 简述Application对象。

(5) 简述Session对象。

(6) 简述Server对象。

(7) 简述Cookie对象。

(8) 简述 Get 传送方式。

(9) 简述 Post 传送方式。

2. 选择题

(1) 判断 Web 窗体是否提交 Page 对象的方法是(　　)。

A. IsValid　　B. Databind　　C. IsPostBack　　D. Write

(2) 以下正确的重新定向语句是(　　)。

A. Response. Redirect(Index. aspx);　　//指向主页文件

B. Response. Redirect(http: www. 163. net);　　//指向网站

C. my_url="http:www. zjyyc. com";　　//把一个网站地址赋给变量

D. Response. Redirect(MY_URL);　　//指向变量存储的网站

(3) Cookie 保存的文件名格式为＜user＞@＜domain＞. txt,有 wari@microsoft[2]. txt,其中 wari 代表的是(　　)。

A. 用户登录名　　B. 服务器名

C. 客户端机器名　　D. 电子邮件的用户名

第 5 章

页面布局

5.1 母版页

在 ASP. NET 2.0 中,可以将 Web 应用程序中的静态文本,如网站标志、广告条、导航条、版权声明、HTML 元素和服务器控件的预定义布局等内容整合到母版页中。可以将母版页看做是页面模板,而且是一种具有多项高级功能的页面模板。

同页面模板一样,母版页能够为 ASP. NET 应用程序创建统一的用户界面和样式,这是母版页的核心功能。在实现页面一致性的过程中,必须包含母版页和内容页两种文件。母版页后缀名是. master,封装页面中的公共元素。内容页实际是普通的. aspx 文件,它包含除母版页之外的其他非公共内容。在运行过程中,ASP. NET 引擎将两种页面内容合并执行,最后将结果发给客户端浏览器。

5.1.1 创建母版页

虽然母版页和内容页功能强大,但是其创建和应用过程并不复杂。母版页中包含的是页面公共部分,即网页模板。在创建示例之前,必须判断哪些内容是页面公共部分,这就需要从分析页面结构开始。本章设计的页面名为 AspnetPage. aspx,该页面的结构如图 5-1 所示。

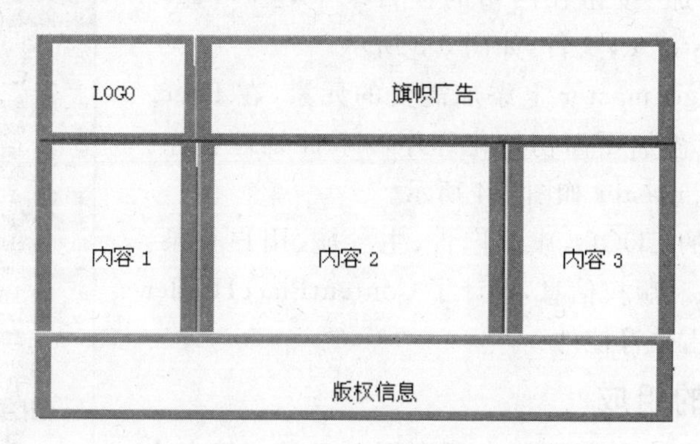

图 5-1 AspnetPage. aspx 页面的结构

页面 AspnetPage. aspx 由 5 个部分组成：页头(LOGO 和旗帜广告)、页尾(版权信息)、内容 1、内容 2 和内容 3。其中页头和页尾部分是 AspnetPage. aspx 页面的公共部分,网站中许多页面都包含相同的页头和页尾。内容 1、内容 2 和内容 3 部分是页面的非公共部分,是 AspnetPage. aspx 页面所独有的。

若使用母版页和内容页来创建页面 AspnetPage. aspx,创建一个母版页 Page. master 和一个内容页 AspnetPage. aspx。其中母版页包含页头和页尾等页面的公共部分,内容页中则包含内容 1、内容 2 和内容 3 等页面的非公共部分。

使用 Visual Studio 2005 创建一个普通 Web 站点(WebSite1),然后,在站点根目录下创建一个名为 Page. master 的母版页。由于这是一个添加新文件的过程,因此,单击"网站"命令菜单中的"添加新项"命令,可以打开如图 5-2 所示的添加新项对话框。

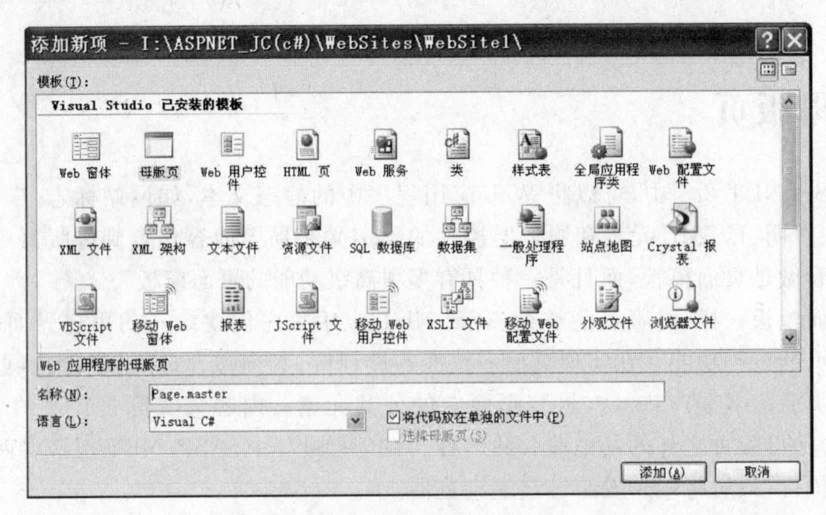

图 5-2 创建 Page. master 的母版页

选择"母版页",在名称文本框中输入母版页的文件名,默认的文件名是 MasterPage . master,可以根据自己的需要更改和重新输入母版页的文件名,在语言下拉列表框中选择 Visual Basic、Visual C# 和 Visual J#。本例创建的母版页 Page. master,选择程序设计语言 Visual C#,单击"添加"按钮在网站的根目录下建立 Page. master 和 Page. master. cs 文件,如图 5-3 所示。

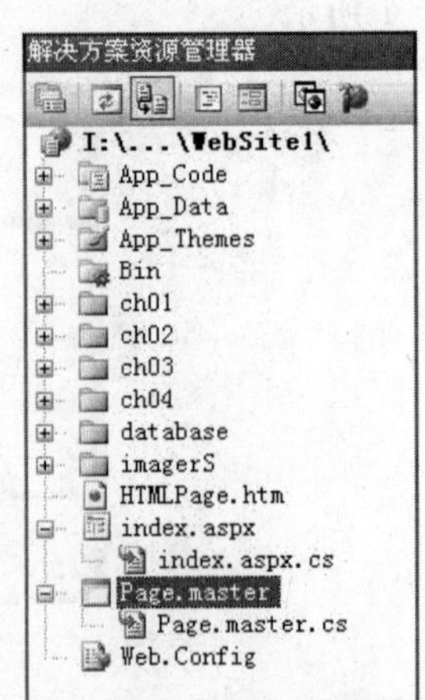

图 5-3 创建母版页 Page. master

根据需要在 Page. master 上添加需要的元素,在 Page. master. cs 文件可以添加页面初始化程序和事件处理程序。编辑的母版页 Page. master 如图 5-4 所示。

母版页有固定的 LOGO,旗帜广告、主导航、用户登录、友情链接、图标信息和版权信息,设计了 ContentPlaceHolder 2～4这 3 个自定义占位符控件。

5.1.2 母版页的组成

从图 5-4 可以看出,母版页除在所有页上显示的静态文本、图像和控件外,还包括多个占位符控件(ContentPlace-Holder),这些占位符控件定义了可替换内容的区域。在内容页中可替换成设计者需要的内容。

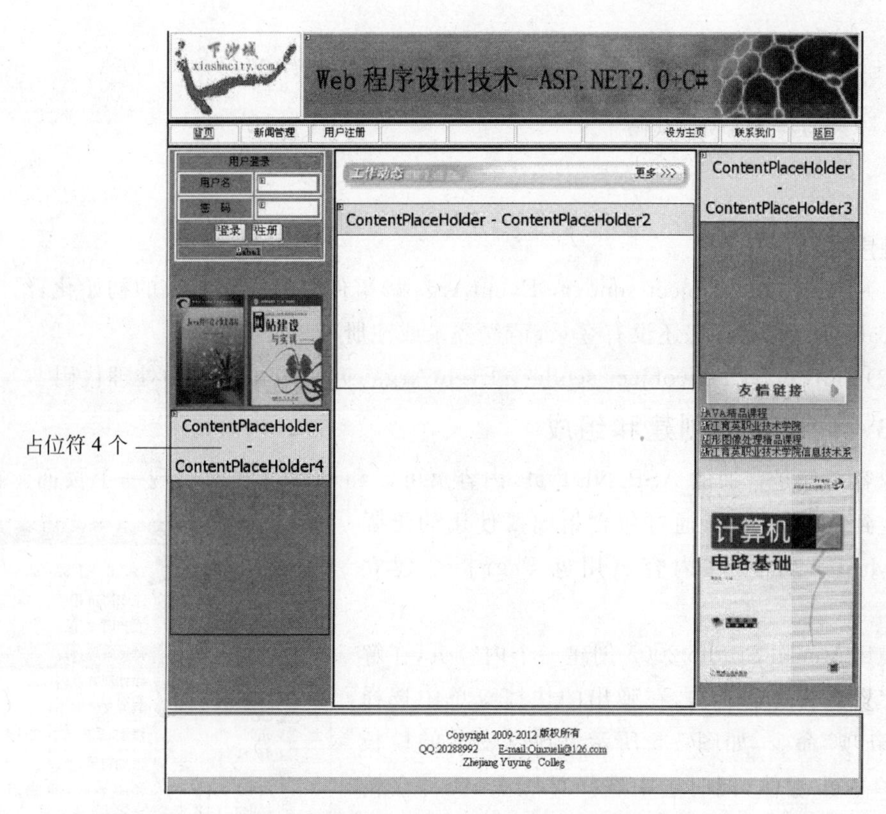

图 5-4　母版页 Page.master 的页面结构

母版页由@Master 指令识别，指令格式如：

```
<%@ Master Language="C#" AutoEventWireup="true" CodeFile="Page.master.cs" Inherits=
"Page"%>
```

除了@Master 指令，还包括页面的 HTML 元素，如 html、head 和 form。可以将一个 HTML 表用于一个布局，将一个 img 元素用于 LOGO 和广告，使用服务器控件创建标准导航，可以在母版页使用静态元素和 ASP.NET 的元素。它可以包含<script>脚本块或用高级语言编写的后台处理程序，CodeFile="Page.master.cs"就是说明后台处理程序，它是在创建母版页时同时创建的。

如 Page.master.cs 的代码：

```
public partial class Page : System.Web.UI.MasterPage
{
    protected void Page_Load(object sender, EventArgs e)
    {
        Label1.Text="您还没有登录,请先登录或注册";          //页面装入的初始化
    }
    protected void Button2_Click(object sender, EventArgs e)
    {
        //可添加处理代码
```

```
    }
    protected void Button1_Click(object sender, EventArgs e)
    {
        //可添加处理代码
    }
}
```

程序注释：

(1) Page_Load(object sender，EventArgs e)事件完成页面装入的初始化，给 Label1 赋值 Label1.Text="您还没有登录，请先登录或注册"。

(2) Button2_Click(object sender，EventArgs e)，可以添加事件处理代码。

5.1.3 内容页的创建和组成

内容页就是普通的 ASP.NET 页，内容页可以和母版页共同实现一个页面。内容页要绑定到特定母版页，通过包含指向要使用的母版页的 Master 属性，在内容页用@ Page指令建立绑定。

使用 Visual Studio 2005 创建一个内容页，在解决方案资源管理器右击，在弹出的快捷菜单中选择"添加新项"命令，如图 5-5 所示。在已安装的模板里选择 Web 窗体，同时选中选择母版页，文件名输入 index.aspx，单击"添加"按钮后弹出选择母版页的对话框，选中 Page.master 作为母版页，单击"确定"按钮生成 index.aspx 页面文件和 index.aspx.cs 的后台处理程序。

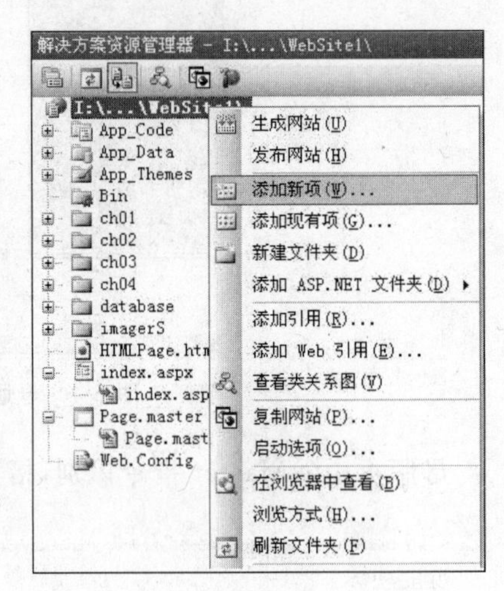

图 5-5 创建内容页

index.aspx 内容页可能包含下面的@ Page 指令，该指令将该内容页绑定到 MyPage.master 页。

```
<%@ Page Language="C#" AutoEventWireup="true" CodeFile="index.aspx.cs" Inherits=
"index" MasterPageFile="~/Page.master" Title="Web程序设计技术-(Asp.net2.0+c#)"%>
```

在内容页创建母版页的占位符控件的内容，内容页通过添加 Content 控件并将这些控件映射到母版页上的 ContentPlaceHolder 控件来创建内容。例如，母版页 Page.master 包含名为 ContentPlaceHolder2、ContentPlaceHolder3 和 ContentPlaceHolder4 的内容占位符，在内容页 index.aspx 中，可以创建 Content2、Content3 和 Content4 这 3 个控件，分别映射到母版页上的 ContentPlaceHolder 控件，如图 5-6 所示。

生成的内容页 Index.aspx 如图 5-7 所示。

在内容页 index.aspx 创建 Content2、Content3 和 Content4 这 3 个控件，每个控件添加了一个 Label(标签)控件，并在 index.asp.cs 后台处理程序给 Label(标签)控件赋值，生成的内容页如图 5-7 所示。

母版页 Page. master	内容页 index. aspx
<%@Master Language="C#"%> <asp: ContentPlaceHolder ID="ContentPlaceHolder2" Runat="Server">/> <asp: ContentPlaceHolder ID="ContentPlaceHolder 3" Runat="Server"/> <asp: ContentPlaceHolder ID="ContentPlaceHolder 4" Runat="Server"/>	<%@ Page Language="C#" MasterPageFile="~/Page.master" Title="Web 程序设计技术-(Asp.net2.0+C#)"%> <asp: Content ID="Content2" ContentPlaceHolderID=" ContentPlaceHolder2" Runat="Server"></asp:Content> <asp: Content ID="Content3" ContentPlaceHolderID ="ContentPlaceHolder3" Runat="Server"></asp:content> <asp:Content ID="Content4"ContentPlaceHolderID="ContentPlaceHolder4" Runat=" Server " > </asp:content>

↓

结果页面

图 5-6　母版页和内容页 index. aspx 的关联

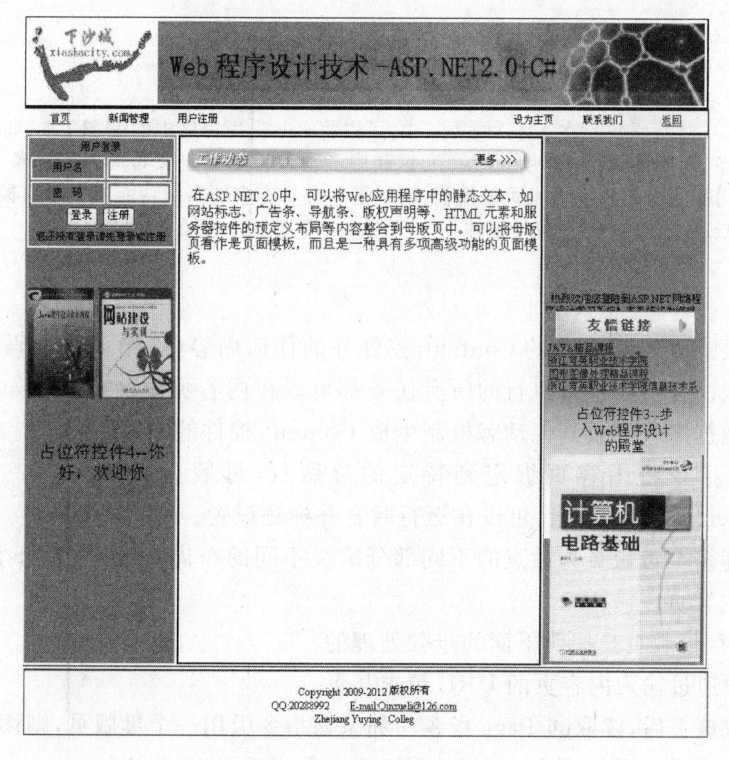

图 5-7　生成的内容页 index. aspx

index. aspx 页面源程序：

```
<%@ Page Language="C#" AutoEventWireup="true" CodeFile="index.aspx.cs" Inherits=
```

```
"index" MasterPageFile="~/Page.master" Title="Web程序设计技术-(Asp.net2.0+C#)"%>
<asp: Content ID = " Content2" ContentPlaceHolderID = " ContentPlaceHolder2" runat =
"server">
    <div style="text-align: left">
         <asp:Label ID="Label2" runat="server" Height="160px" Width="416px"
style="vertical-align: top; color: blue; font-style: normal; text-align: left; font-
variant: normal" Font-Size="12pt"></asp:Label></div>
</asp:Content>
<asp:Content ID="Content3" runat="server" ContentPlaceHolderID="ContentPlaceHolder3">
    <asp:Label ID="Label3" runat="server" Height="40px" Width="120px" Font-Size=
"12pt"></asp:Label> </asp:Content>

<asp:Content ID="Content4" runat="server" ContentPlaceHolderID="ContentPlaceHolder4">
    <br/>
    <br/>
     <asp:Label ID="Label1" runat="server" Height="32px" Width="152px"></asp:
    Label></asp:Content>
```

index. asp. cs 源程序：

```
public partial class index : System.Web.UI.Page
{
    protected void Page_Load(object sender, EventArgs e)
    {   //页面装入时执行
        Label1.Text="占位符控件 4--你好,欢迎你";
        Label2.Text="在 ASP.NET 2.0 中,可以将 Web 应用程序中的静态文本,如网站标志、广告
        条、导航条、版权声明等 HTML 元素和服务器控件的预定义布局等内容整合到母版页中。
        可以将母版页看做是页面模板,而且是一种具有多项高级功能的页面模板。";
        Label3.Text="占位符控件 3--步入 Web 程序设计的殿堂";
    }
}
```

在内容页 index. aspx 中的 Content 控件外的任何内容(除服务器代码的脚本块外)都将导致错误。在页面中所执行的所有任务都可以在内容页中执行。例如,可以使用服务器控件和数据库查询或其他动态机制生成 Content 控件的内容。

@ Page 指令将内容页绑定到特定的母版页,母版页必须包含一个具有属性 runat="server"的 head 元素,可以在运行时合并标题设置。

可以创建多个母版页为站点的不同部分定义不同的布局,并可以为每个母版页创建一组不同的内容页。

在运行时,母版页是按照下面的步骤处理的。

(1) 用户通过输入内容页的 URL 请求某页。

(2) 获取该页后,读取@ Page 指令。如果该指令引用一个母版页,则读取该母版页。如果这是第一次请求母版页和内容页,则这两个页面都要进行编译。

(3) 包含更新内容的母版页合并到内容页的控件树中。

(4) 各个 Content 控件的内容合并到母版页中相应的 ContentPlaceHolder 控件中。浏览器得到的合并页。

（5）母版页成为内容页的一部分。

5.1.4　母版页和内容页路径

当请求某个内容页时，其内容页与母版页合并为一个页面，并且该页在内容页的上下文中运行。母版页和内容页不必位于同一文件夹中。只要内容页的@ Page指令中的MasterPageFile属性解析为一个master页，ASP.NET就可以将内容页和母版页合并为一个单独的页。

内容页和母版页都可以包含引用外部资源的控件和元素。例如，两者都可以包含引用图像文件的图像控件，或包含引用其他页的定位点。

在母版页上的服务器控件中，ASP.NET动态修改引用外部资源的属性的URL。例如，可以将一个Image控件放置于一个母版页上并将其ImageUrl属性设置为相对于母版页。在运行时，ASP.NET会修改URL以便其在内容页的上下文中正确解析。

在母版页上使用元素时，建议使用服务器控件，即使是对不需要服务器代码的元素也是如此。例如，不使用Img元素，而使用Image服务器控件。

如果母版页和内容页在一个目录下，使用Img元素图标的解析不会出错，但如果母版页在根目录下，内容页在其他的子目录下，要增加runat＝"server"属性，使其成为服务器。

例如：

```
<img src="./imagerS/网站建设与实训 001.gif" runat="server"/>
```

这样，ASP.NET就可以正确解析URL，而且可以避免移动母版页或内容页时可能引发的维护问题。

5.1.5　母版页的配置

1. 在web.config设置统一的母版页

```
<configuration>
  <system.web>
  <pages master="~/Page.master"
</system.web>
</configuration>
```

这个设置对应用系统的全局页面有效。

利用web.config的location元素，设定了Admin目录下的页面采用的母版页是MasterPage。

```
<configuration>
  <location path="Admin">
    <system.web>
      <pages masterPageFile="~/my.master"/>
    </system.web>
  </location>
</configuration>
```

2. @ Page指令设置母版页

使用Page指令的MasterPageFile属性单独设置需要承载的母版页。这时会覆盖

web.config 设置的母版页。

例如：

```
<%@ Page Language="C#" AutoEventWireup="true" CodeFile="index.aspx.cs" Inherits=
"index" MasterPageFile="~/Page.master" Title="Web程序设计技术-(Asp.net2.0+C#)"%>
```

3. Page 的 PreInit 设置母版

通过 Page 的 PreInit 事件编程方式设置母版页。

例如：

```
protected void Page_PreInit (object sender, EventArgs e)
{
    Page.MasterPageFile="~/Page.master";
}
```

4. 页面请求的次序

当用户请求一个用 Master Page 构建的页面时，各种事件发生的次序如下。

(1) Master Page 子控件初始化。

(2) 内容页子控件初始化。

(3) Master Page 初始化。

(4) 内容页初始化。

(5) 内容页 Page_Load。

(6) Master Page 的 Page_Load。

(7) Master Page 子控件加载。

(8) 内容页子控件加载。

因为内容页的 Page_Load 先于 Master Page 的 Page_Load，如果要访问 Master Page 页的服务器控件，则必须在内容页的 Page_LoadComplete 方法里书写代码。

5.2 主题与外观的应用

5.2.1 主题与外观

1. 主题

主题(Theme)是属性设置的集合，使用这些设置可以定义页面和控件的外观，然后在某个 Web 应用中的所有页、整个 Web 应用或服务器上的所有 Web 应用中一致地应用此外观。主题可以独立于应用程序的页为站点中的控件和页定义样式设置，它是由一组元素外观、样式表 (CSS)、图像和其他资源组成的。主题可由多个支持文件组成，包括页外观样式表、定义服务器控件外观的控件外观，以及构成主题的任何其他支持图像或文件。主题是在网站或 Web 服务器上的特殊目录(App_Themes)中定义的，使用主题功能可以建立并维护网站外观的一致性，设计站点时可以不考虑样式。

主题是 ASP.NET 2.0 的一项新增功能，在 Visual Studio 2005 中，可以定义一些页主题，然后可以将这些页主题应用于一个或多个页。也可以创建计算机级的主题，这种主题可用在服务器上的多个应用程序中。

无论主题是定义为页主题还是全局主题，主题的内容都是相同的。

2. 外观

外观文件是用来描述Web服务器控件外观属性的设置集合，扩展名是.skin，它包含各个控件(例如，Button、Label、TextBox或Calendar控件)的属性设置。控件外观设置类似于控件，下面是Button控件的控件外观。

```
<asp:button runat="server" BackColor="lightblue" ForeColor="black"/>
```

在主题文件夹中创建.skin文件。一个.skin文件可以包含一个或多个控件类型的一个或多个控件外观。可以为每个控件在单独的文件中定义外观，也可以在一个文件中定义所有主题的外观。有"默认外观"和"已命名外观"两种类型的控件外观。

当向页应用主题时，默认外观自动应用于同一类型的所有控件。如果控件外观没有SkinID属性，则是默认外观。例如，如果为Calendar控件创建一个默认外观，则该控件外观适用于使用本主题的页面上的所有Calendar控件。默认外观严格按控件类型来匹配，因此Button控件外观适用于所有Button控件，但不适用于LinkButton控件或从Button对象派生的控件。

3. 样式表CSS

CSS是Cascading Style Sheets(层叠样式表)的简称，样式表可描述文档在屏幕上的显示方式。

主题可以包含样式表(.css文件)。将.css文件放在主题文件夹中时，样式表自动作为主题的一部分加以应用。

4. 主题图形和其他资源

主题还可以包含图形和其他资源，例如脚本文件或声音文件。例如，页面主题的一部分可能包括TreeView控件的外观。可以在主题中包括用于表示展开按钮和折叠按钮的图形。

通常，主题的资源文件与该主题的外观文件位于同一个文件夹中，但它们也可以位于Web应用程序中的其他地方，例如，主题文件夹的某个子文件夹中。若要引用主题文件夹的某个子文件夹中的资源文件，请使用类似于该Image控件外观中显示的路径。

```
<asp:Image runat="server" ImageUrl="ThemeSubfolder/filename.ext"/>
```

也可以将资源文件存储在主题文件夹以外的位置。如果使用波形符(～)语法来引用资源文件，Web应用程序将自动查找相应的图像。例如，如果将主题的资源放在应用程序的某个子文件夹中，则可以使用格式为～/子文件夹/文件名.ext的路径来引用这些资源文件，如下面的示例所示。

```
<asp:Image runat="server" ImageUrl="~/AppSubfolder/filename.ext"/>
```

5.2.2 主题的创建

1. 主题的创建

在解决方案资源管理器中，右击要为其创建页主题的网站名称，在弹出的快捷菜单中选择“添加ASP.NET文件夹”命令，然后单击“主题”命令，如图5-8所示。

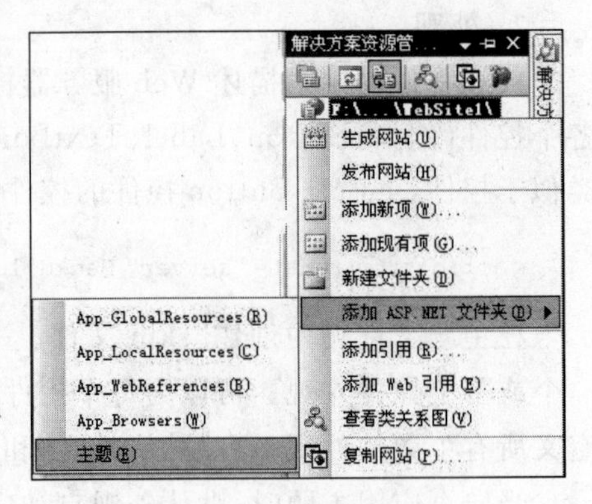

图 5-8 主题的创建

如果App_Themes文件夹不存在，系统会自动创建该文件夹。为主题创建一个新的子文件夹，此文件夹的名称也是页主题的名称。例如，如果创建一个名为\App_Themes\MyTheme的子文件夹，则主题的名称为MyTheme。将构成主题的控件外观、样式表和图像的文件添加到新文件夹中。

2. 添加外观文件和外观到页主题

(1) 在解决方案资源管理器中，右击主题的名称，在弹出的快捷菜单中选择“添加新项”命令。

(2) 在“添加新项”对话框中，单击“外观文件”图标。

(3) 在“名称”框中输入.skin文件的名称，然后单击“添加”按钮。

通常的做法是为每个控件创建一个.skin文件，如Button.skin或Calendar.skin，也可以根据需要创建任意数量的.skin文件。

在.skin文件中，使用声明性语法添加标准控件定义，但仅包含主题设置的属性。控件定义必须包含runat="server"属性，但不能包含ID=""属性。

下面的代码示例演示Button控件的默认控件外观，其中定义了主题中所有Button控件的颜色和字体。

```
<asp:Button runat="server"
  BackColor="Red"
  ForeColor="White"
  Font-Name="Arial"
  Font-Size="9px"/>
```

此Button控件外观不包含skinID属性。它将应用于使用主题的应用程序中所有未指定skinID属性的Button控件。

5.2.3 主题的应用范围

可以定义单个Web应用程序的主题，也可以定义供Web服务器上的所有应用程序使用的全局主题。定义主题之后，可以使用@ Page指令的Theme或StyleSheetTheme属性将该主题放置在各页上，或者通过在应用程序配置文件中设置<pages>元素，将该主题应用于应用程序中的所有页。如果在Machine.config文件中定义了<pages>元素，主题将应用于服务器上Web应用程序中的所有页。

1. 页面主题

页面主题是一个主题文件夹，其中包含控件外观、样式表、图形文件和其他资源，该文件夹是作为网站中的\App_Themes 文件夹的子文件夹创建的。每个主题都是\App_Themes 文件夹的一个不同的子文件夹。下面的示例演示了一个典型的页面主题，它定义了两个分别名为 BlueTheme 和 PinkTheme 的主题。

```
MyWebSite
  App_Themes
    BlueTheme
      Controls.skin
      BlueTheme.css
    PinkTheme
      Controls.skin
      PinkTheme.css
```

2. 全局主题

全局主题是可以应用于服务器上的所有网站的主题。当维护同一个服务器上的多个网站时，可以使用全局主题定义域的整体外观。

全局主题与页面主题类似，因为它们都包括属性设置、样式表设置和图形。但是，全局主题存储在对 Web 服务器具有全局性质的名为 Themes 的文件夹中。服务器上的任何网站以及任何网站中的任何页面都可以引用全局主题。

5.2.4 主题设置优先级

1. 主题设置优先级

可以通过指定主题的应用方式来指定主题设置相对于本地控件设置的优先级。如果设置了页的 Theme 属性，则主题和页中的控件设置将进行合并，以构成控件的最终设置。如果同时在控件和主题中定义了控件设置，则主题中的控件设置将重写控件上的任何页设置。即使页面上的控件已经具有各自的属性设置，此策略也可以使主题在不同的页面上产生一致的外观。例如，它可以将主题应用于在 ASP. NET 的早期版本中创建的页面。

也可以通过设置页面的 StyleSheetTheme 属性将主题作为样式表主题来应用。在这种情况下，本地页设置优先于主题中定义的设置（如果两个位置都定义了设置）。这是级联样式表使用的模型。如果希望能够设置页面上的各个控件的属性，同时仍然对整体外观应用主题，则可以将主题作为样式表主题来应用。

全局主题元素不能由应用程序级主题元素进行部分替换。如果创建的应用程序级主题的名称与全局主题相同，应用程序级主题中的主题元素不会重写全局主题元素。

2. 可以使用主题来定义的属性

通常，可以使用主题来定义与某个页或控件的外观或静态内容有关的属性。只能设置那些其 ThemeableAttribute 属性（Attribute）设置为 true（在控件类中）的属性（Property）。

5.2.5 主题与级联样式表

1. 主题与级联样式表

主题与级联样式表类似，因为主题和样式表均定义一组可以应用于任何页的公共属性。但是，主题与样式表也有不同。

主题可以定义控件或页的许多属性，而不仅仅是样式属性。例如，使用主题可以指定TreeView控件的图形、GridView控件的模板布局等。

2. 主题可以包括图形

主题级联的方式与样式表不同。默认情况下，页面的Theme属性所引用主题中定义的任何属性值会重写控件上以声明方式设置的属性值，除非使用StyleSheetTheme属性显式应用主题。

每页只能应用一个主题。不能向一页应用多个主题，这与样式表不同，样式表可以向一页应用多个样式表。

3. 安全注意事项

在网站上使用主题时可能会引发安全问题。恶意主题可用于如下几方面。

(1) 改变控件的行为，导致它有异于预期行为。

(2) 插入客户端脚本，从而导致跨站点式脚本风险。

(3) 改变验证。

(4) 公开敏感信息。

4. 安全措施

使用正确的访问控制设置来保护全局和应用程序主题目录。应只允许受信任的用户将文件写入主题目录中。

不要使用来自不受信任的源的主题。若要在网站上使用来自单位外部的主题，始终都应先检查它是否包含恶意代码。

不要在查询数据中公开主题名称。恶意用户可以通过此信息来使用开发人员不知道的主题，从而公开敏感信息。

5.2.6 母版页与主题

1. 母版页与主题

不能直接将ASP.NET主题应用于母版页。如果向@ Master指令添加一个主题属性，则母版页在运行时会引发错误。

如果主题是在内容页中定义的，母版页在内容页的上下文中解析，因此内容页的主题也会应用于母版页。

如果通过在pages元素(ASP.NET设置架构)，元素中包含主题定义来将整个站点配置为使用主题。

2. 限定母版页的范围

可以在3种级别上将内容页附加到母版页。

(1) 页级

可以在每个内容页中使用页指令来将内容页绑定到一个母版页,如下面的代码。

```
<%@ Page Language="C#" MasterPageFile="Page.master"%>
```

(2) 应用程序级

通过在应用程序的配置文件(Web.config)的 pages 元素中进行设置,可以指定应用程序中的所有 ASP.NET 页(.aspx 文件)都自动绑定到一个母版页。该元素可能看起来类似于下面这样。

```
<pages masterPageFile="Page.master"/>
```

如果使用此策略,则应用程序中的所有具有 Content 控件的 ASP.NET 页都与指定的母版页合并。

(3) 文件夹级

此策略类似于应用程序级的绑定,不同的是只需在一个文件夹中的一个 Web.config 文件中进行设置。然后母版页绑定会应用于该文件夹中的 ASP.NET 页。

5.3 表单

表单是 Web 应用系统或网站的用户与服务器交流的一种屏幕输入界面,用于数据的显示、输入、修改。表单可以把用户(浏览者)输入的数据传送到服务器端的程序,服务器端程序可以处理表单传过来的数据,从而进行一些动作,比如,BBS、Blog 的登录系统,购物车系统等。

通常,Web 应用系统或网站用户在表单域中输入信息,或者通过选项按钮、复选框和下拉列表来选择输入需要的信息。使用表单可以完成以下工作。

(1) 用户输入检索信息的关键词。

(2) 接收相关的反馈信息。

(3) 输入联机注册信息。

(4) 输入用户登录的信息。

(5) 提交用户输入的信息(如留言、购物订单等信息)。

5.3.1 HTML 表单

HTML 表单(Form)是 HTML 的一个重要部分,主要用于采集和提交用户输入的信息。表单主要有文本框、下拉列表、单选按钮、复选框等输入信息的元素,HTML 表单运行在客户端,提交的信息必须由服务器端的处理程序完成信息的接收和处理。表单使用表单标记(<form>)定义。

用户输入姓名的 HTML 表单的示例代码如下:

```
<form action=" your_name.aspx" method="get">
请输入你的姓名:
    <input type="text" name="yourname">
```

```
    <input type="submit" value="提交">
</form>
```

HTML表单关键点有3个。

1. 表单控件(Form Control)

通过HTML表单的各种控件,用户可以输入文字信息,或者从选项中选择,以及做提交的操作。比如上面的例句里,input type="text"就是一个表单控件,表示一个单行输入框。常用控件如下:

```
input type="text"          //单行文本输入框
input type="submit"        //将表单(Form)里的信息提交给表单里 action 所指向的文件
input type="checkbox"      //复选框
input type="radio"         //单选按钮
select                     //下拉列表框
textArea                   //多行文本输入框
input type="password"      //密码输入框(输入的文字用*表示)
```

2. action

用户填入表单的信息是需要程序处理,表单里的action就指明了处理表单信息的文件。比如action="your_name.aspx"。

3. method

method表示了发送表单信息的方式。method有两个值:Get和Post。Get的方式是将表单控件的name/value信息经过编码之后,通过URL发送,可以在地址栏里看到,显码传送,不是保密信息可送出。Post则将表单的内容通过HTTP发送,在地址栏看不到表单的提交信息,可以实现批量传送。如果只是为取得和显示数据用Get,涉及数据的保密、保存和更新,建议用Post。

5.3.2 Web窗体

ASP.NET的Web窗体就是Web页面,采用了面向对象的编程技术,Web页面设计的应用程序代码与页面内容是分隔的。

Web窗体是在服务器端运行的,这是与HTML表单本质的区别。Web窗体的<form>标记必须包含runat="server"属性,runat="server"属性指示该窗体必须在服务器进行处理。<form runat="server">也被称为Form服务器控件,Web窗体的所有其他服务器控件必须出现在<form>服务器控件内。

例如:

```
<form runat="server">
    用户名:<asp:TextBox id="txt1" runat="server"/>
    <asp:Button  Id="Button1" OnClick="Button1_submit" Text="提交" runat="server"/>
    <p><asp:Label id="lbl1" runat="server"/></p>
</form>
```

该表单总是向自身页面进行提交。如果设定了一个action属性,它会被忽略,当省略了 method 属性，它将被默认设置为 method＝"post"，如果没有设定 name 和 id 属性，它们则由 ASP. NET 自动分配。

一个. aspx 页面文件只能包含一个＜form runat＝"server"＞控件。

5.4 站点导航系统

ASP. NET 2.0 导航系统的目标是创建一个可以吸引开发人员和 Web 站点设计人员的导航模型。

要为站点创建一致的、容易管理的导航解决方案，可以使用 ASP. NET 站点导航。ASP. NET 站点导航能够将指向所有页面的链接存储在一个位置，并在列表中呈现这些链接，或用一个特定 Web 服务器控件在每页上呈现导航菜单，ASP. NET 站点导航提供下列功能。

(1) 站点地图

站点地图描述站点的逻辑结构。可通过在添加或移除页面时修改站点地图(而不是修改所有网页的超链接)来管理页导航。

(2) Menu、TreeView 控件

Web 页面上使用导航控件(Menu、TreeView 和 SiteMapPath)。这些控件可以通过自定义改变感观效果。TreeView 和菜单导航控件绑定 SiteMapDataSource 控件，在 Web 导航控件和导航信息的底层程序之间提供一个抽象层。

5.4.1 站点地图

ASP. NET 站点地图的数据是基于 XML 的文本文件，使用. sitemap 的扩展名，站点地图文件必须保存在 Web 应用程序或网站的根目录下，一个站点可能会使用多个站点地图文件。Web 应用程序或网站启动时将其作为静态数据进行加载。当更改站点地图文件时，ASP. NET 会重新加载站点地图数据。因此要确保所有病毒扫描软件不会修改站点地图文件。

ASP. NET 提供了一个 XmlSiteMapProvider 程序，它使用一个具有特定结构的 XML 文件作为数据存储，可以独立于页面的实际物理布局定义站点的结构。

站点地图文件的根节点是 siteMap，包含有 siteMapNode 节点。根据网站结构，它可以包含若干 siteMapNode 节点。siteMapNode 标签具有 4 个重要的属性，如表 5-1 所示。

表 5-1 siteMapNode 标签的属性

属 性	描 述
title	显示页面的标题，由导航控件用于显示 URL 的标题
url	显示节点描述的页面的 URL
description	指定页面的描述。可以使用这个描述来显示提示内容
roles	指定允许存取页面的角色

使用 Visual Studio,可以通过添加新项目并从列表中选择站点地图向应用中添加站点地图。下面的代码是一个 Web 项目的站点地图文件 Web. sitemap 的源代码。

```
<?xml version="1.0" encoding="utf-8"?>
<siteMap xmlns="http://schemas.microsoft.com/AspNet/SiteMap-File-1.0">
  <siteMapNode url="~/ch05/default.aspx" title="时尚都市" description="杭州都市新闻">
    <siteMapNode url="~/ch05/5_1.aspx" title="都市新闻" description="频道 1">
      <siteMapNode url="~/ch04/4_2.aspx" title="栏目 1" description="栏目 1 描述"/>
      <siteMapNode url="~/ch04/4_3.aspx" title="栏目 2" description="栏目 2 描述"/>
      <siteMapNode url="~/ch04/4_4.aspx" title="栏目 3" description="栏目 3 描述"/>
    </siteMapNode>
    <siteMapNode url="~/ch04/4_5.aspx" title="都市生活" description="杭州都市生活">
      <siteMapNode url="~/ch04/4_6.aspx" title="栏目 1" description="栏目 1 描述"/>
      <siteMapNode url="~/ch04/4_7.aspx" title="栏目 2" description="栏目 2 描述"/>
      <siteMapNode url="~/ch04/4_8.aspx" title="栏目 3" description="栏目 3 描述"/>
    </siteMapNode>
  </siteMapNode>
</siteMap>
```

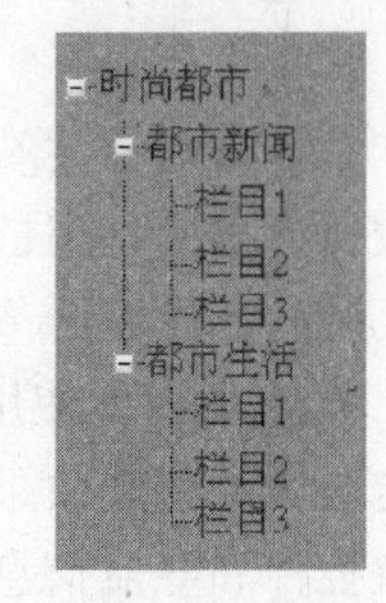

图 5-9 站点地图的显示结果

程序注释:

(1) <siteMap>为根节点,一个站点地图有且仅有一个根节点。

(2) <siteMapNode>为页面节点,上面的代码有两个页面节点。每个页面节点又有 3 个子节点。图 5-9 是站点地图显示结果。

可以用 3 种常见方式来使用所创建的站点地图文件:SiteMapPath 控件、SiteMap 数据源控件和 SiteMap 类。

5.4.2 站点导航控件 SiteMapPath

创建一个反映站点结构的站点地图只完成了 ASP. NET 站点导航系统的一部分。导航系统的另一部分是在 ASP. NET 网页中显示导航结构,这样用户就可以在站点内自由地移动。通过使用下列 ASP. NET 站点导航控件,可以在页面中建立导航信息。

SiteMapPath 控件显示导航路径(也称为面包屑或眉毛链接),向用户显示当前页面的位置,并以链接的形式显示返回主页的路径。此控件提供了许多可供自定义链接的外观选项。

【例 5-1】 使用"SiteMapPath"控件在页面上建立一个"当前位置"的导航条。

创建方法如下。

(1) 新建 Web 窗体 5_1. aspx。

(2) 至于设计界面,在工具箱中找到"SiteMapPath"控件,并拖至 Web 窗体中,如图 5-10 所示。

(3) 通过"自动套用格式"来快速设置 SiteMapPath 的样式。

(4) SiteMapPath 默认调用站点根目录下的 Web. sitemap 作为数据源。

(5) 5_1. aspx 的运行页面如图 5-11 所示。

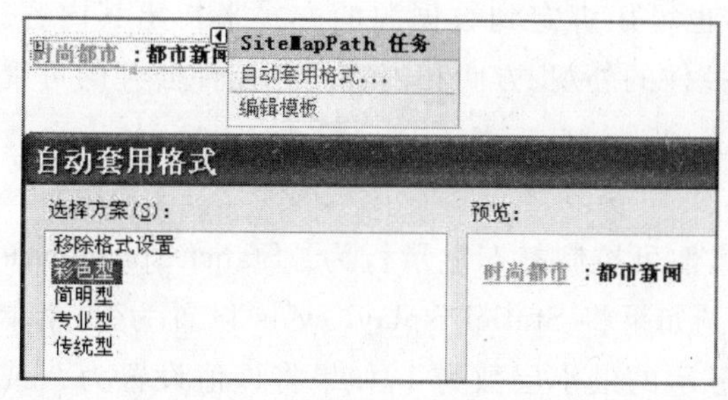

图 5-10　SiteMapPath 的样式

图 5-11　5_1.aspx 的运行页面

源程序(ASPNET_JC(C#)\WebSites\WebSite1\ch05\5_1.aspx)：

```
<%@ Page Language="C#" AutoEventWireup="true" CodeFile="5_1.aspx.cs"
Inherits="ch05_5_1"%>

<!DOCTYPE html PUBLIC "-//W3C//DTD XHTML 1.0 Transitional//EN" "http://www.w3.org/TR/
xhtml1/DTD/xhtml1-transitional.dtd">

<html xmlns="http://www.w3.org/1999/xhtml">
<head runat="server">
    <title>站点导航控件 SiteMapPath</title>
</head>
<body>
    <form id="form1" runat="server">
    <div>
        <asp:SiteMapPath ID="SiteMapPath1" runat="server" Font-Names="Verdana"
Font-Size="0.8em" PathSeparator=":">
            <PathSeparatorStyle Font-Bold="True" ForeColor="#990000"/>
            <CurrentNodeStyle ForeColor="#333333"/>
            <NodeStyle Font-Bold="True" ForeColor="#990000"/>
            <RootNodeStyle Font-Bold="True" ForeColor="#FF8000"/>
        </asp:SiteMapPath>
         </div>
    </form>
</body>
</html>
```

5.5　Menu 控件应用

5.5.1　Menu 控件

Menu 控件具有两种显示模式：静态模式和动态模式。静态显示意味着 Menu 控件始终是完全展开的，整个结构都是可视的，用户可以单击任何部位。在动态显示的菜单中，只有指定的部分是静态的，当用户将鼠标指针放置在父节点上时才会显示其子菜单项。

可以在 Menu 控件中直接配置其内容，也可用绑定到数据源的方式来指定其内容。无须编写代码，便可控制 ASP.NET Menu 控件的外观、方向和内容。除控件公开的可视属性外，还支持 ASP.NET 控件外观和主题。

(1) 静态显示行为

使用 Menu 控件的 StaticDisplayLevels 属性可控制静态显示行为。StaticDisplayLevels 属性指示从根菜单算起的静态显示的层数。如果将 StaticDisplayLevels 设置为 3，菜单将以静态显示的方式展开其前三层。静态显示的最小层数为 1，如果将该值设置为 0 或负数，控件将会引发异常。

(2) 动态显示行为

MaximumDynamicDisplayLevels 属性指定在静态显示层后应显示的动态显示菜单节点层数。例如，如果菜单有 3 个静态层和 2 个动态层，则菜单的前三层静态显示，后两层动态显示。

如果将 MaximumDynamicDisplayLevels 设置为 0，则不会动态显示任何菜单节点。如果将 MaximumDynamicDisplayLevels 设置为负数，则会引发异常。

5.5.2 使用 Menu 控件显示导航菜单

无论网站的复杂性如何，都可以使用 ASP.NET 中的 Menu 控件设置复杂的导航菜单，而无须编写任何代码。

可以在设计器中为 ASP.NET Menu 控件配置一些指向网页的静态链接，也可以自动将该控件绑定到一个分层数据源(如 XmlDataSource 或 SiteMapDataSource 控件)。

(1) 定义菜单内容

可以通过两种方式来定义 Menu 控件的内容。添加单个 MenuItem 对象(以声明方式或编程方式)；用数据绑定的方法将该控件绑定到 XML 数据源。

(2) 手动添加菜单项

可以通过在 Items 属性中指定菜单项的方式向控件添加单个菜单项。Items 属性是 MenuItem 对象的集合。

【例 5-2】 使用 Menu 控件显示导航菜单，控件有“文件操作”、“文件编辑”和“文件浏览”3 个菜单项，每个菜单项有两个子项，5_2.aspx 的运行页面如图 5-13 所示。

创建方法如下。

(1) 新建 Web 窗体 5_2.aspx。

(2) 至于设计界面，在工具箱中找到 Menu 控件，并将其拖至 Web 窗体中，再将属性 Orientation 设置为 Horizontal(水平显示)。

(3) 通过“自动套用格式”选择 Menu 的样式为彩色型。

(4) 单击 Menu 控件右上方的小三角符号，选择“编辑菜单项”，打开菜单项编辑器对话框，设置 Menu 控件各属性的值，如图 5-12 所示。

(5) 设置 NavigateUrl 属性的值，为菜单项设置链接页面。

5_2.aspx 的运行页面如图 5-13 所示。

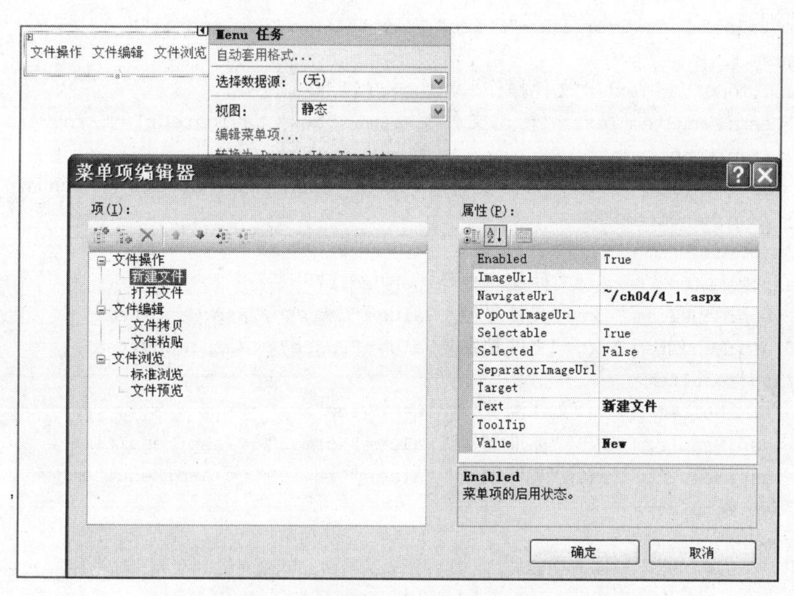

图 5-12　设置 Menu 控件各属性的值

图 5-13　5_2.aspx 的运行页面

源程序(ASPNET_JC(C#)\WebSites\WebSite1\ch05\5_2.aspx):

```
<%@ Page Language="C#" AutoEventWireup="true" CodeFile="5_2.aspx.cs" Inherits=
"ch05_5_2"%>

<!DOCTYPE html PUBLIC "-//W3C//DTD XHTML 1.0 Transitional//EN" "http://www.w3.org/TR/
xhtml1/DTD/xhtml1-transitional.dtd">

<html xmlns="http://www.w3.org/1999/xhtml">
<head runat="server">
    <title>使用 Menu 控件显示导航菜单</title>
</head>
<body>
    <form id="form1" runat="server">
    <div>
    <asp:Menu ID="Menu1" runat="server"  Height="40px" Width="96px" BackColor=
"#FFFBD6" DynamicHorizontalOffset="2" Font-Names="宋体" Font-Size="10" ForeColor=
"#990000" StaticSubMenuIndent="10px" StaticEnableDefaultPopOutImage="False" Font-
```

```
Italic="False" Font-Overline="False" Orientation="Horizontal">
  <Items>
    <asp:MenuItem Text="文件操作" Value="File">
      <asp:MenuItem Text="新建文件" Value="New" NavigateUrl="~/ch04/4_1.aspx">
      </asp:MenuItem>
      <asp:MenuItem Text="打开文件" Value="Open" NavigateUrl="~/ch04/4_2.aspx">
      </asp:MenuItem>
    </asp:MenuItem>
    <asp:MenuItem Text="文件编辑" Value="Edit">
      <asp:MenuItem Text="文件复制" Value="Copy"></asp:MenuItem>
      <asp:MenuItem Text="文件粘贴" Value="Paste"></asp:MenuItem>
    </asp:MenuItem>
    <asp:MenuItem Text="文件浏览" Value="View">
      <asp:MenuItem Text="标准浏览" Value="Normal"></asp:MenuItem>
      <asp:MenuItem Text="文件预览" Value="Preview"></asp:MenuItem>
    </asp:MenuItem>
  </Items>
        <StaticMenuItemStyle HorizontalPadding="5px" VerticalPadding="2px"/>
        <DynamicHoverStyle BackColor="#990000" ForeColor="White"/>
        <DynamicMenuStyle BackColor="#FFFBD6"/>
        <StaticSelectedStyle BackColor="#FFCC66"/>
        <DynamicSelectedStyle BackColor="#FFCC66"/>
        <DynamicMenuItemStyle HorizontalPadding="5px" VerticalPadding="2px"/>
        <StaticHoverStyle BackColor="#990000" ForeColor="White"/>
    </asp:Menu>
    </div>
    </form>
</body>
</html>
```

【例 5-3】 Menu 控件绑定到 SiteMapDataSource 控件，数据源为 Web.sitemap。5_3.aspx 运行页面如图 5-14 所示。

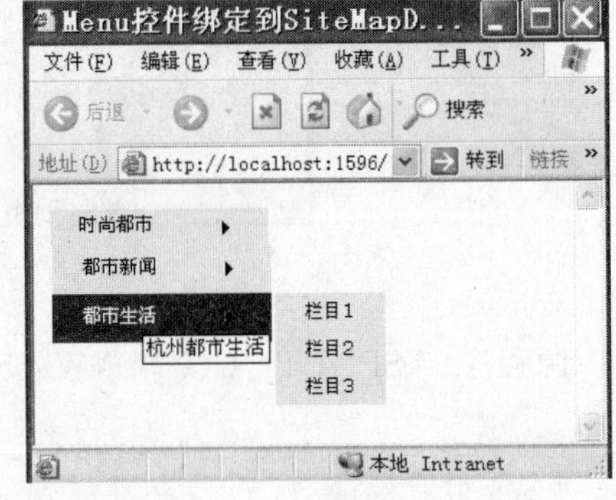

图 5-14 5_3.aspx 的运行页面

源程序(ASPNET_JC(C#)\WebSites\WebSite1\ch05\5_3.aspx)：

```
<%@ Page Language="C#" AutoEventWireup=
"true" CodeFile="5_3.aspx.cs" Inherits="ch05_5_3"%>

<!DOCTYPE html PUBLIC "-//W3C//DTD XHTML 1.0 Transitional//EN"
"http://www.w3.org/TR/xhtml1/DTD/xhtml1-transitional.dtd">

<html xmlns="http://www.w3.org/1999/xhtml">
<head runat="server">
    <title>Menu 控件绑定到 SiteMapDataSource 控件</title>
</head>
<body>
    <form id="form1" runat="server">
    <div id="DIV1" runat="server">
```

```
        <asp:Menu ID="Menu1" runat="server" DataSourceID="SiteMapDataSource1"
Orientation="Horizontal" Width="88px" BackColor="#FFFBD6" DynamicHorizontalOffset="2"
Font-Names="Verdana" Font-Size="12px" ForeColor="#990000" StaticSubMenuIndent="10px">
            <StaticMenuItemStyle HorizontalPadding="20px" VerticalPadding="4px"/>
            <DynamicHoverStyle BackColor="#990000" ForeColor="White"/>
            <DynamicMenuStyle BackColor="#FFFBD6"/>
            <DynamicSelectedStyle BackColor="#FFCC66"/>
            <DynamicMenuItemStyle HorizontalPadding="20px" VerticalPadding="4px"/>
            <StaticHoverStyle BackColor="#990000" ForeColor="White"/>
      </asp:Menu>
      <asp:SiteMapDataSource ID="SiteMapDataSource1" runat="server"/>
    </div>
    </form>
</body>
</html>
```

程序注释：

(1) 定义了 SiteMapDataSource ID="SiteMapDataSource1"控件。

(2) Menu 控件的 DataSourceID="SiteMapDataSource1"，数据源使用了 Web.sitemap。

5.6 TreeView 控件概述

TreeView 控件和 Menu 控件具有相同的功能，只是外观不同。TreeView 控件以树状结构显示菜单的节点，单击包含子节点的节点可将其展开或折叠。

TreeView 控件菜单可以绑定的 SiteMapDataSource 控件，在 Web 导航控件和导航信息的底层提供程序之间提供一个抽象层。

使用 TreeView 控件，可以为用户显示节点层次结构，就像在 Windows 操作系统的 Windows 资源管理器功能的左窗格中显示文件和文件夹一样。树视图中的各个节点可能包含其他节点，称为“子节点”。可以按展开或折叠的方式显示父节点或包含子节点的节点。通过将树视图的 CheckBoxes 属性设置为 true，还可以显示在节点旁边带有复选框的树视图。通过将节点的 Checked 属性设置为 true 或 false，可以采用编程方式来选择或清除节点。

【例 5-4】 使用 TreeView 控件的导航菜单，控件有“文件操作”、“文件编辑”和“文件浏览”3 个菜单项，每个菜单项有两个子项。

创建方法如下。

(1) 新建 Web 窗体 5_4.aspx。

(2) 至于设计界面，在工具箱中找到 TreeView 控件，并拖至 Web 窗体中，将属性 Orientation 设置为 Horizontal(水平显示)。

(3) 单击 TreeView 控件右上方的小三角符号，选择“自动套用格式”命令，在打开“自动套用格式”对话框中选择新闻样式，如图 5-15 所示。选择“编辑菜单项”打开菜单项编辑对话框，设置 TreeView 控件各属性的值。

(4) 设置 NavigateUrl 属性的值，为菜单项设置链接页面。

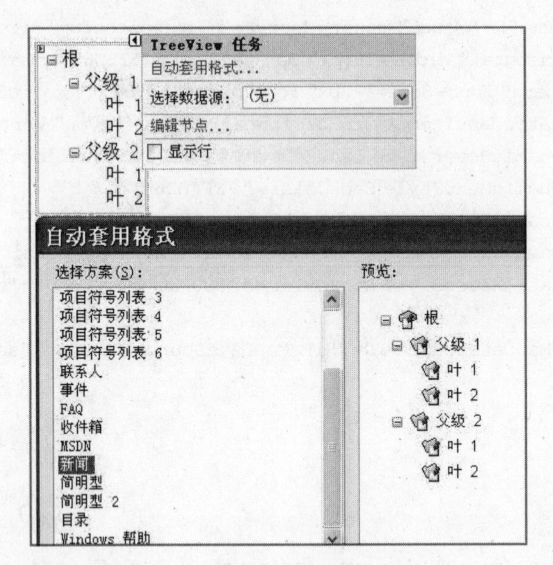

图 5-15　编辑窗口选择新闻样式

5_4.aspx 的运行页面如图 5-16 所示。

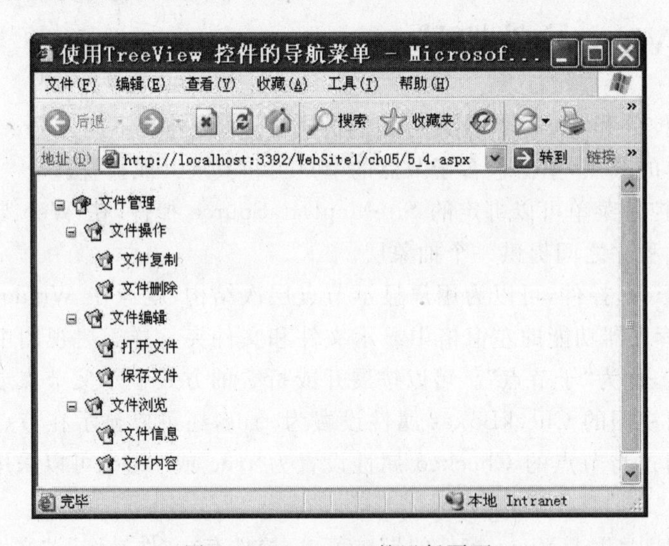

图 5-16　5_4.aspx 的运行页面

源程序(ASPNET_JC(C#)\WebSites\WebSite1\ch05\5_4.aspx):

```
<%@ Page Language="C#" AutoEventWireup="true" CodeFile="5_4.aspx.cs" Inherits="ch05_5_4"%>

<!DOCTYPE html PUBLIC "-//W3C//DTD XHTML 1.0 Transitional//EN"
"http://www.w3.org/TR/xhtml1/DTD/xhtml1-transitional.dtd">

<html xmlns="http://www.w3.org/1999/xhtml">
<head runat="server">
    <title>使用 TreeView 控件的导航菜单</title>
</head>
```

```
<body>
    <form id="form1" runat="server">
    <div>
        <asp:TreeView ID="TreeView1" runat="server" ImageSet="News" NodeIndent="10">
            <ParentNodeStyle Font-Bold="False"/>
            <HoverNodeStyle Font-Underline="True"/>
            <SelectedNodeStyle Font-Underline="True" HorizontalPadding="0px"
            VerticalPadding="0px"/>
            <Nodes>
                <asp:TreeNode Checked="True" Text="文件管理" Value="文件管理">
                    <asp:TreeNode Text="文件操作" Value="文件操作">
                        <asp:TreeNode Text="文件复制" Value="文件复制"></asp:TreeNode>
                        <asp:TreeNode Text="文件删除" Value="文件删除"></asp:TreeNode>
                    </asp:TreeNode>
                    <asp:TreeNode Text="文件编辑" Value="文件编辑">
                        <asp:TreeNode Text="打开文件" Value="打开文件"></asp:TreeNode>
                        <asp:TreeNode Text="保存文件" Value="保存文件"></asp:TreeNode>
                    </asp:TreeNode>
                    <asp:TreeNode Text="文件浏览" Value="文件浏览">
                        <asp:TreeNode Text="文件信息" Value="文件信息"></asp:TreeNode>
                        <asp:TreeNode Text="文件内容" Value="文件内容"></asp:TreeNode>
                    </asp:TreeNode>
                </asp:TreeNode>        </Nodes>
            <NodeStyle Font-Names="Arial" Font-Size="10pt" ForeColor="Black"
            HorizontalPadding="5px" NodeSpacing="0px" VerticalPadding="0px"/>
        </asp:TreeView>

    </div>
    </form>
</body>
</html>
```

5.7　综合实训——母版页的设计和母版页的用法

1. 实训目的

掌握母版页的设计和母版页的用法。

2. 实训内容

(1) 创建如图5-17所示结构的母版页～\ch05\MyPage. master。

(2) 新建页面程序～\ch05\5_5. aspx。

3. 实训步骤

(1) 启动 Visual Studio. NET 2005。

(2) 新建母版页～\ch05\MyPage. master。在母版页 LOGO 区插入站标～\imagerS\aspnet_jpks. gif、旗帜广告～\imagerS\my_titel. jpg。

LOGO	旗帜广告
左导航栏	信息显示区
版权信息	

图 5-17　母版页结构图

(3) 在左导航栏插入 SiteMapDataSource ID＝"SiteMapDataSource1"控件，插入"TreeView"控件绑定到 SiteMapDataSource 控件，数据源为 Web.sitemap。

(4) 在信息显示区插入 ContentPlaceHolder2 自定义占位符控件。

(5) 在版权信息区填入信息。

(6) 新建内容页程序～\ch05\5_5.aspx。在 ContentPlaceHolder2 创建 Label(标签)控件，并在～\ch05\5_5.aspx.cs 后台处理程序给 Label(标签)控件赋值。

(7) 运行～\ch05\5_5.aspx，结果页面如图 5-18 所示。

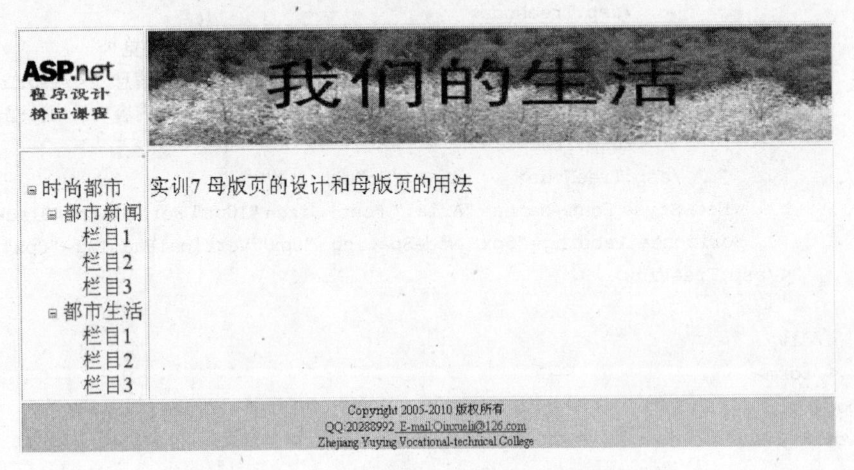

图 5-18　运行～\ch05\5_5.aspx 的结果页面

5.8　练习

(1) 简述母版页。

(2) 简述主题。

(3) 简述 Web 窗体。

(4) 简述 Menu 控件。

第6章

ASP.NET 2.0常用控件

6.1 文本框控件 TextBox

TextBox 控件可以用于用户输入或显示文本，文本模式默认是一个单行的输入框，但是用户可以根据自己的需要把它改成密码输入模式或者多行输入模式。如果设置为多行输入模式，它将自动换行，除非 wrap 属性设置为 false。表 6-1 列出了 TextBox 控件常用属性和事件。

表 6-1 TextBox 控件常用属性和事件

名　称	含　义
AutoPostBack 属性	指定控件中文本内容修改后是否自动回发到服务器。该属性默认值为 false，则修改文本后不立即回发到服务器。若属性值为 true，则每次修改文本框的内容并且焦点离开控件时，会自动回发到服务器
TextMode 属性	设置文本框接受文本的模式。该属性有 3 种属性值：MultiLine(多行输入模式)、Password(密码输入模式)、SingleLine(单行输入模式)。默认值为 SingleLine
Text 属性	设置或获取控件上的显示文本
TextChanged 事件	文本框中的内容发生更改并且失去焦点时，若 AutoPostBack 属性设置为 true，TextBox 控件触发该事件

【例 6-1】 应用文本框控件的 TextChanged 事件，运行结果如图 6-1 所示。

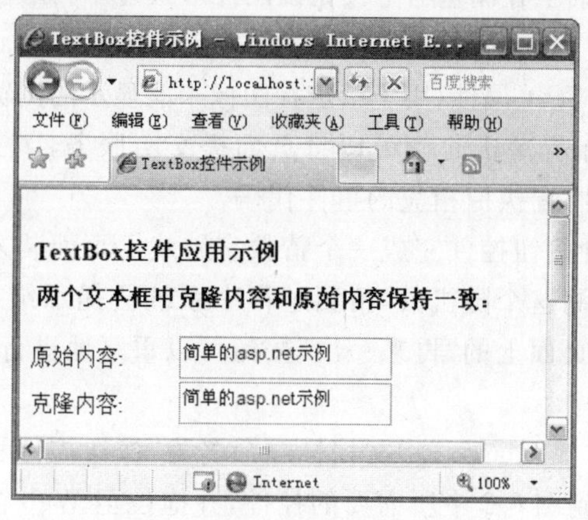

图 6-1 文本框控件应用示例

(1) 新建 Web 窗体 6_1. aspx，将文档标题命名为"TextBox 控件示例"。

(2) 在工具箱中找到图 6-1 中所需要的控件，并拖拉至 Web 窗体相应位置，重要控件类型及其属性设置如表 6-2 所示。

表 6-2　重要控件类型及其属性设置

控件类型	ID	属性设置	说　明
TextBox	txtoriginal	AutoPostBack="true"	内容更改失去焦点后，将触发 TextChanged 事件
TextBox	txtcopy	ReadOnly="false"	

(3) 源程序(ASPNET_JC(C＃)\WebSites\WebSite1\ch06\6_1. aspx. cs)：

```
public partial class ch05_6_1 : System.Web.UI.Page
{
    protected void txtoriginal_TextChanged(object sender, EventArgs e)
    {
        //txtoriginal 控件内容发生变化时，将 txtoriginal 控件内容写入 txtcopy 控件
        txtcopy.Text=txtoriginal.Text;
    }
}
```

程序注释：

txtoriginal_TextChanged()事件，在 txtoriginal 文本框内容发生变化时调用该事件。

6.2　按钮控件

按钮控件将表单提交到服务器，Visual Studio 2005 中有以下 3 种按钮控件。

(1) Button 控件：标准按钮，与 Windows 窗体的 Button 控件用法相同。

(2) LinkButton 控件：以超链接形式显示的按钮，外观与 HyperLink 控件相同，但功能与 Button 控件相同。

(3) ImageButton 控件：在浏览器上按钮以图片形式显示，该控件和标准按钮完成一样的功能，可以通过设置其 ImageUrl 属性指定所要显示的图片。ImageButton 控件没有 Text 属性，但是包含 AlternateText 属性，用于指定在图像未能显示的浏览器上显示文本。

3 种类型的按钮在鼠标单击时都可以将页面提交给服务器，并触发服务器端对应的 Click 事件，然后在服务器端执行相应的事件代码。

【例 6-2】 使用 3 种按钮控件完成一个猜数字游戏。页面装入时产生一个随机数，用户通过页面中的控件猜测这个随机数，猜测过程中系统会提示结果是否猜对或猜测结果是过大还是过小。通过页面上的"再来一次"按钮可以重复地进行游戏。程序运行结果如图 6-2 所示。

(1) 新建 Web 窗体 6_2. aspx，将文档标题命名为"按钮控件示例"。

(2) 在工具箱中找到图 6-2 中所需要的控件，并拖拉至 Web 窗体的相应位置，重要控件类型及其属性设置如表 6-3 所示。

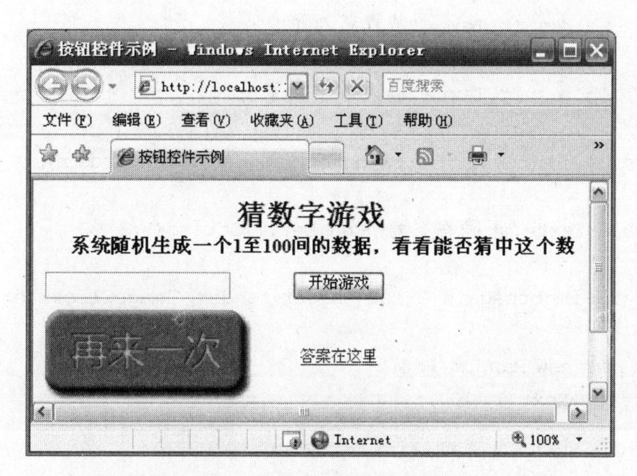

图 6-2　按钮控件应用示例

表 6-3　重要控件类型及其属性设置

控件类型	ID	属性设置	说　明
TextBox	txtanswer		用户输入猜测的数字
Button	Btnbegin	Text＝"开始游戏"	单击进行判断猜测的情况
ImageButton	imgbtnagain	ImageUrl＝"～/imagerS/button.gif"	单击重新产生随机数可以再一次游戏
LinkButton	Lbtnresult	Text＝"答案在这里"	单击可以知道当前的随机数值
Label	lblresult		显示提示信息

(3) 源程序(ASPNET_JC(C＃)\WebSites\WebSite1\ch06\6_2.aspx.cs)：

```
public partial class ch06_6_2 : System.Web.UI.Page
{
  static int number;
   protected void Page_Load(object sender, EventArgs e)
   {
       if (!Page.IsPostBack)
       {
           Random ran=new Random();
           number=ran.Next(1, 100);
       }
   }
   protected void Button1_Click(object sender, EventArgs e)
   {
       if (txtanswer.Text=="")
           lblremind.Text="请输入内容!";
       else
           if (int.Parse(txtanswer.Text)<number)
               lblresult.Text="输入数字小了";
           else
               if (int.Parse(txtanswer.Text)==number)
```

```
                lblresult.Text="恭喜猜对了!";
                else
                lblresult.Text="输入数字大了";
        }
        protected void Lbtnresult_Click(object sender, EventArgs e)
        {
            lblresult.Text="正确答案是"+number.ToString();
        }
        protected void imgbtnagain_Click(object sender, ImageClickEventArgs e)
        {
            Random ran=new Random();
            number=ran.Next(1, 100);
        }
    }
```

程序注释：

(1) number 变量根据需要设置为一个全局变量，所以定义为 static 类型。

(2) 在 C# 中要产生随机数，需通过随机数生成器 Random 产生，Random ran＝new Random()，实例化一个 Random 对象，number＝ran.Next(1,100)，设置产生随机数大小的范围。

(3) 要猜测文本框中输入的数据是否猜中，要与生成的随机数进行大小比较，但是文本类型数据与整数无法进行比较，所以用 int.Parse(txtanswer.Text)方法进行数据类型转换。

6.3 CheckBox 控件与 CheckBoxList 控件

CheckBox 控件与 CheckBoxList 控件分别用于向用户提供选项和选项列表。当用户希望灵活地控制界面布局、定义不同的显示效果时，或只适用较少的几个复选框时可以使用 CheckBox 控件，当使用较多的复选框或在运行时动态地决定有哪些选项时，使用 CheckBoxList 控件比较方便。表 6-4、表 6-5 分别列出了 CheckBox 与 CheckBoxList 控件常用属性和事件。

表 6-4 CheckBox 控件常用属性和事件

名　称	含　义
AutoPostBack 属性	指定控件状态更改后是否自动回发到服务器。该属性默认值为 false，则状态更改后不立即回发到服务器。若属性值为 true，则每次更改 CheckBox 控件状态时，会自动回发到服务器，并且使服务器处理 CheckBox 控件相应的 CheckedChanged 事件
Text 属性	设置或获取控件的显示文本
Checked 属性	设置或获取 CheckBox 控件是否被选中，设置为 true 时控件呈选中状态
CheckChanged 事件	CheckBox 控件状态发生更改时，若 AutoPostBack 属性设置为 true，CheckBox 控件触发该事件

表 6-5　CheckBoxList 控件常用属性和事件

名　称	含　义
AutoPostBack 属性	指定控件状态更改后是否自动回发到服务器。该属性默认值为 false,则状态更改后不立即回发到服务器。若属性值为 true,则每次更改 CheckBoxList 控件状态时,会自动回发到服务器,并且使服务器处理 CheckBoxList 控件相应的 SelectedIndexChanged 事件
DataSource 属性	获取或设置填充控件的数据源
DataTextField 属性	获取或设置为控件列表项提供文本内容的数据源字段
DataValueField 属性	获取或设置为控件列表项提供值的数据源字段
Items 属性	表示控件对象中所有项的集合。该属性是由 ListItem 对象组成的 ListItemCollection 集合,它有以下常用属性和方法: Count 属性:获取集合中的 ListItem 对象数 Item 属性:获取集合中指定索引处的 ListItem Add 方法:将 ListItem 追加到集合的结尾 Clear 方法:从集合中移除所有 ListItem 对象 Remove 方法:从集合中移除 ListItem
RepeatColumns 属性	指示控件中选项显示的列数
RepeatDirection 属性	决定控件中各选项的排列方式。Horizontal 表示按水平方式排列显示。默认值是 Vertical,表示按垂直方式排列显示
RepeatLayout 属性	Flow 表示不以表格形式显示项。Table 表示以表格形式显示项,默认为 Table
Selected 属性	设置或获取控件中各选项是否选中。设置为 true 时选项呈选中状态
SelectedIndex 属性	获取或设置列表中选定项的序号索引。−1 表示未选定任何项
SelectedItem 属性	获取控件中的选定项
SelectedValue 属性	获取控件中的选定项的值,或者将指定值的项作为控件的选中项
DataBind 方法	将数据源绑定到被调用的控件及其所有子控件
SelectedIndexChanged 事件	更改控件中选项状态时,若控件 AutoPostBack 属性设置为 true,触发该事件

CheckBoxList 控件中可以通过 Items 属性访问全部的复选框对象,用以下代码可以循环检查每一个复选框的状态:

```
for(int i=0;i<控件名.Items.Count;i++)
    if(控件名.Items[i].Selected)
    {
        //处理代码
    }
```

【例 6-3】　本例用 CheckBoxList 和 CheckBox 控件,提供给用户选择喜欢的国内外旅游景点。程序运行结果如图 6-3 所示。

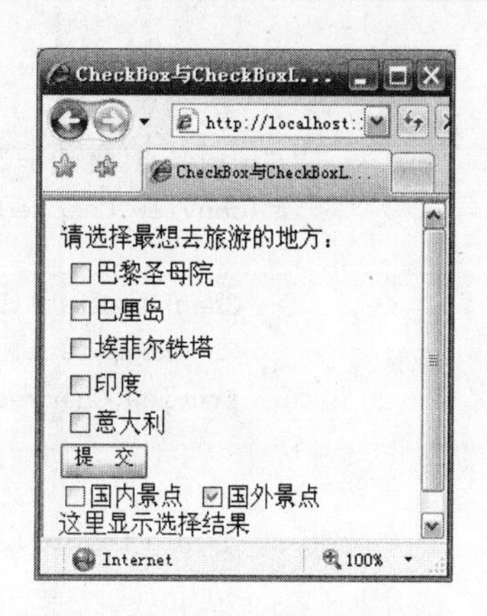

图 6-3　CheckBox 和 CheckBoxList 控件应用示例

(1) 新建 Web 窗体 6_3.aspx,将文档标题命名为

“CheckBox 和 CheckBoxList 控件示例”。

(2) 在工具箱中找到图 6-3 中所需要的控件,并拖拉至 Web 窗体的相应位置,重要控件类型及其属性设置如表 6-6 所示。

表 6-6 重要控件类型及其属性设置

控件类型	ID	属性设置	说明
CheckBoxList	CheckBoxList1		显现选项组
CheckBox	chnview	autoPostBack="true"	显示国内景点选项
CheckBox	frnview	autoPostBack="true"	显示国外景点选项
Label	Information		显示提示信息

(3) 源程序(ASPNET_JC(C#)\WebSites\WebSite1\ch06\6_3.aspx.cs):

```
public partial class ch06_6_3 : System.Web.UI.Page
{
    //两个数组定义为全局变量
    string[] china;
    string[] foreign;

    protected void Page_Load(object sender, EventArgs e)
    {
      china=new string[]{"河南嵩山", "安徽黄山", "山东泰山", "陕西华山","湖南衡山"};
      foreign=new string[] {"巴黎圣母院", "巴厘岛", "埃菲尔铁塔", "印度", "意大利"};
    //页面没发生回发时,复选列表中显示国内景点对应的选项信息,同时“国内景点”设置为选中项
        if (Page.IsPostBack!=true)
        {
            CheckBoxList1.DataSource=china;
            CheckBoxList1.DataBind();
            chnview.Checked=true;
        }
    }
    protected void chnview_CheckedChanged(object sender, EventArgs e)
    {
        //“国内景点”复选框选中后,复选列表中显示国内景点对应的选项信息
        if (chnview.Checked==true)
        {
            CheckBoxList1.DataSource=china;
            CheckBoxList1.DataBind();
            frnview.Checked=false;
        }
    }
    protected void frnview_CheckedChanged(object sender, EventArgs e)
    {
        //“国外景点”复选框选中后,复选列表中显示国外景点对应的选项信息
      if(frnview.Checked==true)
```

```
        {
            CheckBoxList1.DataSource= foreign;
            CheckBoxList1.DataBind();
            chnview.Checked= false;
        }
    }
    protected void result_Click(object sender, EventArgs e)
    {
        int i;
        if (frnview.Checked==true)
            information.Text="您最想去的国外景点是:";
         if (chnview.Checked==true)
            information.Text="您最想去的国内景点是:";
  //当提交信息时,如果两个复选框都没有选中,先确定复选列表框中显示的景点是国内还是国外的
        if (frnview.Checked==false||chnview.Checked==false)
            if (CheckBoxList1.Items[0].Text=="河南嵩山")
                information.Text="您最想去的国内景点是:";
            else
                information.Text="您最想去的国外景点是:";
        for (i=0; i<CheckBoxList1.Items.Count; i++)
            if (CheckBoxList1.Items[i].Selected==true)
               information.Text=information.Text+CheckBoxList1.Items[i].Text+" ";
    }
}
```

程序注释：

frnview、chnview 控件要能够发生 CheckedChanged 事件必须把 autoPostBack 属性设置为 true。

6.4　RadioButton 控件与 RadioButtonList 控件

RadioButton 控件用于从一个或多个选项中选择一项，属于多选一控件。RadioButton 使用 GroupName 分组，且在组中同时只有一个 RadioButton 可以选中。默认情况下，Web 窗体会将同一容器中的所有 RadioButton 控件视为不同组，可以多选。若要使同一容器中的多个 RadioButton 作为一组，需要设置 GroupName 属性。

RadioButtonList 控件是封装了一组 RadioButton 的列表控件，当要使用多个 RadioButton 时，最好使用 RadioButtonList。RadioButtonList 控件其主要的属性、事件与 CheckBoxList 控件相同。唯一不同的是，RadioButtonList 控件同时只能选择一项。

RadioButtonList 控件可以通过 SelectedItem 属性返回被选中项的信息。如要获取 RadioButtonList 控件被选中项的文本信息，实现方法如下：控件名. SelectedItem. Text。

RadioButton 其他属性可参考表 6-4 CheckBox 控件常用属性和事件，RadioButtonList 控件其他属性可参考表 6-5 CheckBoxList 控件常用属性和事件。

【例 6-4】 本例说明如何使用 RadioButtonList 创建一组单选按钮并确定用户选择了哪项。程序运行结果如图 6-4 所示。

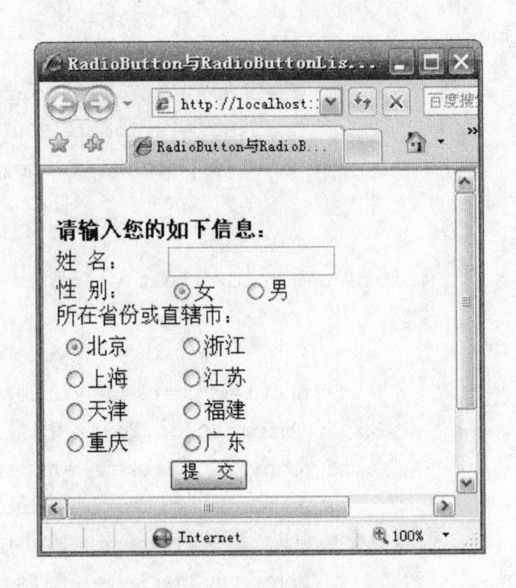

图 6-4 RadioButton 与 RadioButtonList 控件应用示例

(1) 新建 Web 窗体 6_4.aspx，将文档标题命名为"RadioButton 与 RadioButtonList 控件示例"。

(2) 在工具箱中找到图 6-4 中所需要的控件，并拖拉至 Web 窗体的相应位置，重要控件类型及其属性设置如表 6-7 所示。

(3) 选中 ID 名称为 city 的下拉列表控件，在属性列表中单击 Items 属性后面的"…"按钮，在弹出的"ListItem 集合编辑器"对话框中，添加 8 个 Item 成员并设置相应的 Text 属性，如图 6-5 所示。

表 6-7 重要控件类型及其属性设置

控 件 类 型	ID	属 性 设 置	说 明
RadioButtonList	city		显示选项组
RadioButton	chnview	Groupname="sex"	显示"男"选项
RadioButton	frnview	Groupname="sex"	显示"女"选项
Label	warning		提示信息框

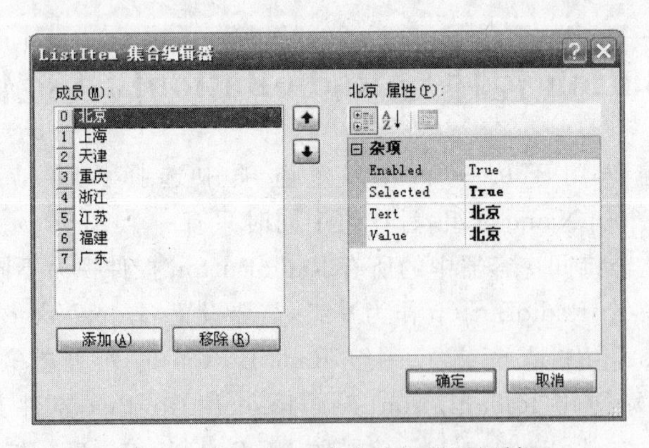

图 6-5 "ListItem 集合编辑器"对话框

(4) 源程序(ASPNET_JC(C#)\WebSites\WebSite1\ch06\6_4.aspx.cs)：

```
public partial class ch06_6_4 : System.Web.UI.Page
{
  protected void Button1_Click(object sender, EventArgs e)
    {
       string str1;
```

```
        str1="您提供的信息是：姓名"+usernametxt.Text;
        if (male.Checked==true)
            str1=str1+"性别：男";
        else
            str1=str1+"性别：女";
          //获取单选按钮组中的选中项值
        str1=str1+"所在省份或直辖市："+city.SelectedItem.Text;
        result.Text=str1;
    }
    protected void usernametxt_TextChanged(object sender, EventArgs e)
    {
        if (usernametxt.Text=="")
          warning.Text="用户姓名不能为空！";
    }
}
```

程序注释：

"男"和"女"两个单选按钮的 Groupname 属性值必须设置为相同。

6.5 ListBox 控件与 DropDownList 控件

ListBox 控件(列表框控件)用来显示一组选项,并且能显示所有的选项。用户可以选择一项或多项内容。ListBox 控件常用属性和事件如表 6-8 所示。

表 6-8　ListBox 控件常用属性和事件

名　称	含　义
AutoPostBack 属性	指定控件状态更改后是否自动回发到服务器。该属性默认值为 false,则状态更改后不立即回发到服务器。若属性值为 true,则每次更改 ListBox 控件状态时,会自动回发到服务器
Items 属性	表示控件对象中所有项的集合。该属性是由 ListItem 对象组成的 ListItemCollection 集合,它有以下常用属性和方法: Count 属性:获取集合中的 ListItem 对象数 Item 属性:获取集合中指定索引处的 ListItem Add 方法:将 ListItem 追加到集合的结尾 Clear 方法:从集合中移除所有 ListItem 对象 Remove 方法:从集合中移除 ListItem
SelectionMode 属性	用于设置是否只能选择一个选项。该属性值设置为 Single,则只能有一个选项被选中;若该属性值设置为 Multiple,用户可以通过按住 Ctrl 或 Shift 键同时选中多个选项
Text 属性	设置或获取控件的显示文本
Selected 属性	设置或获取控件中各选项是否选中。设置为 true 时选项呈选中状态
SelectedIndexChanged 事件	ListBox 控件状态发生更改时,若 AutoPostBack 属性设置为 true,ListBox 控件触发该事件

ListBox 控件 SelectionMode 属性值为 Single 时,可以通过 SelectedItem 属性返回被选中项的信息。当 SelectionMode 属性值为 Multiple 时,要获取被选中项信息的方法同

CheckBoxList 控件相同,必须通过循环判断整个 Items 集合。

DropDownList 控件允许用户从选项中选择一项内容。该控件的常用属性有 AutoPostBack 属性和 Items 属性,常用事件为 SelectedIndexChanged 事件,可以通过 SelectedItem 属性返回被选中项的信息。

ListBox 与 DropDownList 控件其他属性可参考表 6-5 CheckBoxList 控件常用属性和事件。

【例 6-5】 本例演示 ListBox 控件的使用方法。当在一个列表框中选择一项或多项数据并单击“>”或“<”按钮时,所选择的项被移至另一个列表框;当单击“》”或“《”按钮时一个列表框中的所有选项全部移至另一个列表框,ListBox 控件程序运行结果如图 6-6 所示。

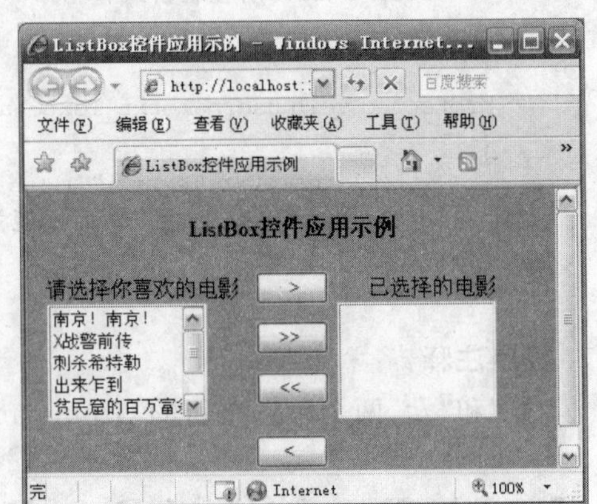

图 6-6 ListBox 控件应用示例

(1) 新建 Web 窗体 6_5.aspx,将文档标题命名为“ListBox 控件应用示例”。

(2) 在工具箱中找到图 6-6 中所需要的控件,并拖拉至 Web 窗体的相应位置,重要控件类型及其属性设置如表 6-9 所示。

表 6-9 重要控件类型及其属性设置

控件类型	ID	属性设置	说明
ListBox	ListBox1	Selectionmode="multiple"	用于提供一些电影
ListBox	ListBox2	Selectionmode="multiple"	用于存储选定的电影
Button	addbtn	Tooltip="添加"	用于添加选定电影
Button	addallbtn	Tooltip="全部添加"	用于添加全部电影
Button	removebtn	Tooltip="删除"	用于删除选定电影
Button	removeallbtn	Tooltip="全部删除"	用于删除全部电影

(3) 选中 ID 名为 ListBox1 的下拉列表控件,在属性列表中单击 Items 属性后面的“…”按钮,在弹出的“ListItem 集合编辑器”对话框中,添加 Item 成员并设置相应的 Text 属性,操作方法与例 6-4 中相同。

(4) 源程序(ASPNET_JC(C#)\WebSites\WebSite1\ch06\6_5.aspx.cs):

```
public partial class ch06_6_6 : System.Web.UI.Page
{
    protected void add_click(object sender, EventArgs e)
    {
        //从 ListBox1 往 ListBox2 添加数据时,先判断 ListBox1 里面有没有数据和选中项,有
        //就可以进行数据移动
```

```
    if ((ListBox1.Items.Count>0) && (ListBox1.SelectedIndex!=-1))
    {
        //从 ListBox1 中把选中项数据添加到 ListBox2,然后删除 ListBox1 中的这项数据
        for (int i=0; i<ListBox1.Items.Count; )
            if (ListBox1.Items[i].Selected==true)
            {
                ListBox2.Items.Add(ListBox1.Items[i]);
                ListBox1.Items.Remove(ListBox1.Items[i]);
            }
            else
                i=i+1;
    }
}
protected void addallbtn_Click(object sender, EventArgs e)
{
    if (ListBox1.Items.Count>0)
    {
        //把 ListBox1 中所有数据项添加到 ListBox2,然后删除 ListBox1 中所有的数据项
        foreach(ListItem li in ListBox1.Items)
            ListBox2.Items.Add(li);
        ListBox1.Items.Clear();
    }
}
protected void removeallbtn_Click(object sender, EventArgs e)
{
    if (ListBox2.Items.Count>0)
    {
        //把 ListBox2 中所有数据项添加到 ListBox1,然后删除 ListBox2 中所有的数据项
        foreach (ListItem li in ListBox2.Items)
            ListBox1.Items.Add(li);
        ListBox2.Items.Clear();
    }
}
protected void RemoveBtn_Click(object sender, EventArgs e)
{
    //从 ListBox2 往 ListBox1 添加数据时,先判断 ListBox2 里面有没有数据和选中项,有
    //就可以进行数据移动
    if (ListBox2.Items.Count>0 && ListBox2.SelectedIndex!=-1)
    {
        //从 ListBox2 中把选中项数据添加到 ListBox1,然后删除 ListBox2 中的这项数据
        for (int i=0; i<ListBox2.Items.Count; )
            if (ListBox2.Items[i].Selected==true)
            {
              //从 ListBox2 控件中判断到第 i+1 项被选中时,这个选中项从 ListBox2 中
              //移除,原来的第 i+2 项的变为第 i+1 项,所以继续判断这项是否被选中
                ListBox1.Items.Add(ListBox2.Items[i]);
                ListBox2.Items.Remove(ListBox2.Items[i]);
            }
            else
```

```
                //从 ListBox2 控件中判断到第 i+1 项没被选中时,取第 i+2 项继续判断
                //是否被选中
                i=i+1;
            }
        }
    }
```

程序注释：

ListBox 控件的各选项可以利用 Items 属性的 Add 方法动态添加，利用 Remove 方法动态删除，如程序中的如下语句：

```
ListBox1.Items.Add(ListBox2.Items[i]);
ListBox2.Items.Remove(ListBox2.Items[i]);
```

6.6 HyperLink 超链接控件

HyperLink 控件用来设定超链接，相当于 HTML 元素的<A>标记，HyperLink 控件常用属性如表 6-10 所示。

表 6-10 HyperLink 控件常用属性

名　称	含　义
ImageUrl 属性	指定要显示的图片路径
NavigateUrl 属性	要链接的目标 URL
Text 属性	显示在浏览器中的链接文本
Target 属性	定义加载链接到页面的目标窗口或框架，可以取得如下值：_blank 将内容呈现在一个没有框架的新窗口中；_parent 将内容呈现在上一个 HyperLink 所在窗口或框架的父级窗口或框架中；_self 在当前窗口或框架呈现内容并得到焦点，默认为该值；_top 在当前整个窗口中呈现内容

6.7 Panel 控件

Panel 控件作为一个容器控件使用，即 Panel 控件可以用于包含其他控件，它提供以下几个功能。

(1) 控制所包含控件的可见性，可以通过设置 Panel 控件的 Visible 属性来隐藏或显示该 Panel 控件中的一组控件。

(2) 控制所包含控件的外观。

(3) 方便以编程方式生成控件。

【例 6-6】 本例用 Panel 控件演示一个用户申请的页面。申请分为 4 步，第一步输入用户名，第二步输入用户信息，第三步显示确认信息，第四步确认。程序运行结果分别如图 6-7～图 6-10 所示。

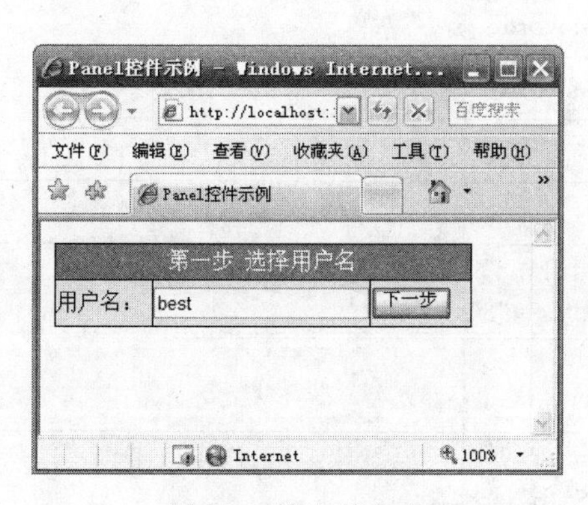

图 6-7　输入用户名

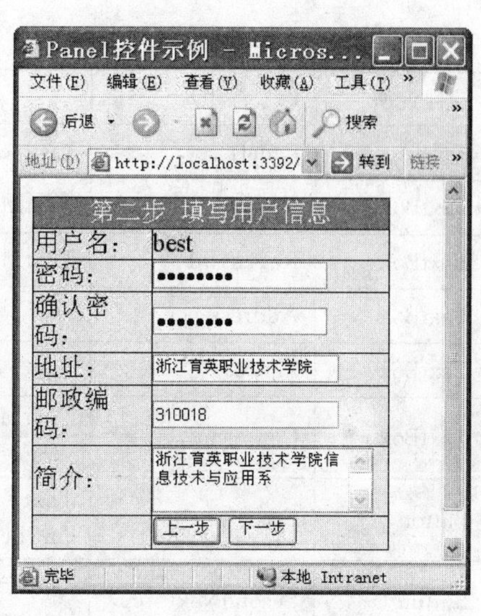

图 6-8　输入用户信息

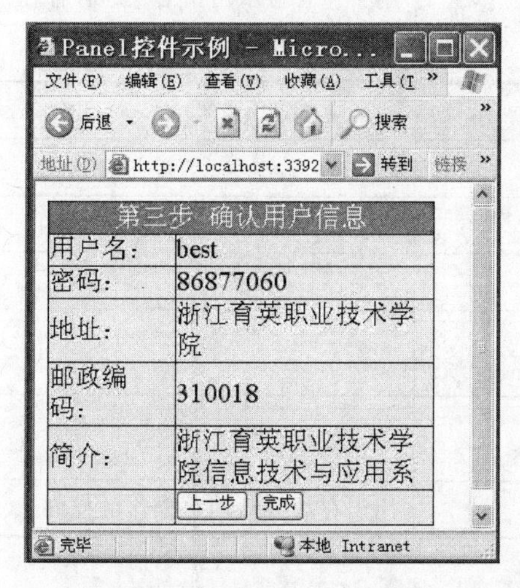

图 6-9　确认用户信息

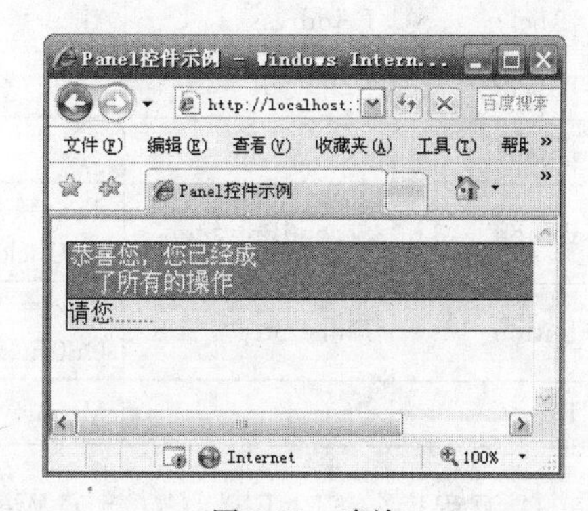

图 6-10　确认

(1) 新建 Web 窗体 6_6.aspx，将文档标题命名为“Panel 控件示例”。

(2) 在工具箱中首先找到例 6-6 效果图中所需要的 4 个 Panel 控件，放到 Web 窗体的相应位置，然后分别依据图 6-7～图 6-10 中每个 Panel 控件的内容，将相应的控件拖拉到各个 Panel 控件里面，重要控件类型及其属性设置如表 6-11 所示。

表 6-11　重要控件的属性设置

控件类型	ID	属性设置	说　明
Panel	Panel0	Visible="true"	用于包含输入用户名的控件
TextBox	UserName		
Button	FristNextStep	Text="下一步" OnClick="NextStep"	

续表

控件类型	ID	属性设置	说　明
Panel	Panel1	Visible="false"	用于包含输入用户信息的各种控件
TextBox	Passwd	TextMode="Password"	
TextBox	RePasswd	TextMode="Password"	
TextBox	Address		
TextBox	ZipCode		
TextBox	Comment	TextMode="MultiLine" Wrap="True" Rows="3"	
Button	FristPrevStep	Text="上一步" OnClick="PrevStep"	
Button	SecondNextStep	Text="下一步" OnClick="NextStep"	
Panel	Panel2	Visible="false"	用于包含显示用户信息的各种控件
Label	FUserName		
Label	FPasswd		
Label	FAddress		
Label	FZipCode		
Label	FComment		
Button	SecondPrevStep	Text="上一步" OnClick="PrevStep"	
Button	FinishStep	Text="完成" OnClick="NextStep"	
Panel	Panel3	Visible="false"	用于存放确认用户操作的控件

(3) 源程序(ASPNET_JC(C#)\WebSites\WebSite1\ch06\6_6.aspx.cs):

```
public partial class ch06_6_6 : System.Web.UI.Page
{
    static int PanelSeed;
    protected void Page_Load(object sender, EventArgs e)
    {
        if(!Page.IsPostBack)
        {
            //初始化 Panel
            PanelSeed=0;
            Panel0.Visible=true;
            Panel1.Visible=false;
            Panel2.Visible=false;
            Panel3.Visible=false;
        }
```

```
    }
    protected void NextStep(object sender, EventArgs e)
    {
        //当单击“下一步”或“完成”按钮时,首先需要得到该按钮所在的 Panel 控件的名字,然
        //后需要得到下一个要显示的 Panel 控件名字
        string CurrentPanel="Panel"+PanelSeed.ToString();
        PanelSeed=(int)PanelSeed+1;
        string NextPanel="Panel"+PanelSeed.ToString();
        //在页面中找到以 CurrentPanel、NextPanel 变量所存的值为 ID 名的 Panel 控件,设置
        //控件是否显示
        Panel p=(Panel)FindControl(CurrentPanel);
        p.Visible=false;
        p=(Panel)FindControl(NextPanel);
        p.Visible=true;
        if (PanelSeed==2)
        {
            FUserName.Text=UserName.Text;
            FPasswd.Text=Passwd.Text;
            FAddress.Text=Address.Text;
            FZipCode.Text=ZipCode.Text;
            FComment.Text=Comment.Text;
        }
    }
    protected void PrevStep(object sender, EventArgs e)
    {
        //当单击“上一步”按钮时,首先需要得到该按钮所在 Panel 控件的名字,然后需要得到
        //下一个要显示的 Panel 控件名字
        string CurrentPanel="Panel"+PanelSeed.ToString();
        PanelSeed=(int)PanelSeed-1;
        string PrevPanel="Panel"+PanelSeed.ToString();

        //这里注意 FindControl 的用法
        Panel p=(Panel)FindControl(CurrentPanel);
        p.Visible=false;

        p=(Panel)FindControl(PrevPanel);
        p.Visible=true;
    }
}
```

程序注释：

(1) Panel1 容器控件中“用户名”的内容在 6_6.aspx 文件的显示“用户名”的位置通过<%=UserName.Text%>方法写上去。

(2) 程序中所有 Panel 控件的“下一步”和“完成”按钮的 Onclick 事件都调用 NextStep(object sender, EventArgs e),“上一步”按钮的 Onclick 事件都调用 PrevStep(object sender, EventArgs e)。

6.8 图片控件 ImageMap

利用 ASP.NET ImageMap 控件可以创建一个能与用户交互的图像，该图像包含许多用户可以单击的区域，这些区域被称为作用点(热点区域)。每一个作用点都可以是一个单独的超链接或回发事件。

ImageMap 控件主要由两部分组成。第一部分是图像，可以是任何标准 Web 图形格式的图形如.gif、.jpg 或.png 图形文件。第二部分是作用点控件的集合。每个作用点控件都是一个不同的元素。对于每个作用点控件，需要定义形状(圆形、矩形或多边形)以及用于指定作用点的位置和大小的坐标。例如，如果创建一个圆形作用点，则应定义圆心的 X 坐标和 Y 坐标以及圆的半径。

可以根据需要为图像定义任意数目的作用点。不需要定义覆盖整个图形的作用点。ImageMap 控件常用属性和事件如表 6-12 所示。

表 6-12 ImageMap 控件常用属性和事件

名　称	含　义
AlternateText 属性	该文本在图片无效时显示
HotSpotMode 属性	指定默认的热点模式，单击热点时的动作。不同的热点可以指定不同的模式：Navigate 模式将链接到由 NavigateUrl 属性指定的 URL；PostBack 模式会引起回发到服务器；Inactive 模式无任何操作；NotSet 模式默认情况下会定向到由 NavigateUrl 指定的 URL
HotSpots 属性	ImageMap 控件所包含 HotSpot 对象的集合
Onclick 事件	单击 ImageMap 控件上的作用点时，若将该作用点的 HotSpotMode 设置为 PostBack，则发生该事件

ImageMap 控件包含一个 HotSpot 对象集合。如果将 HotSpotMode 设置为 PostBack，则 HotSpot 将引发服务器的 Click 事件。如果将 HotSpotMode 设置为 Navigate，将立即链接到由 NavigateUrl 属性指定的 URL。

HotSpot 对象集合中有 3 种类型的 HotSpot。

(1) RectangleHotSpot，由 Top、Bottom、Left 和 Right 属性定义矩形的图片区域，它们都是以像素为单位的相对于图片左上角的值。

(2) CircleHotSpot，由 X、Y 和 Radius 属性定义圆形图片区域，X 和 Y 属性指定圆的中心，它们是相对于图片左上角的值。Radius 属性定义了以像素为单位的圆的半径。

(3) PolygonHotSpot，以逗号分隔的 X 和 Y 坐标列表定义多边形图片区域，X 和 Y 是表示构成该区域线段的端点的坐标，它们是以像素为单位相对图片左上角的值。

所有 HotSpot 对象相同的属性如表 6-13 所示。

表 6-13 HotSpot 对象属性

名 称	含 义
AlternateText 属性	该文本在图片无效时显示
HotSpotMode 属性	指定默认的热点模式，单击热点时的动作。不同的热点可以指定不同的模式：Navigate 模式将链接到由 NavigateUrl 属性指定的 URL；PostBack 模式会引起回发到服务器
NavigateUrl 属性	指定当 HotSpotMode 设置为 Navigate 的热点被单击时，要链接到的 URL，其可以是相对位置或绝对位置
PostBackValue 属性	被单击的 HotSpot 对象的值，由 ImageMapEventArgs 事件参数传递。如果 HotSpotMode 设置为 PostBack，才会使用该属性

【例 6-7】 本例用 ImageMap 控件演示多种类型的作用点的使用方法。程序运行结果如图 6-11 所示。

(1) 新建 Web 窗体 6_7.aspx，将文档标题命名为“ImageMap 控件示例”。

(2) 在页面上添加 ImageMap1 控件。

(3) 选中 ImageMap1 控件，在属性列表中单击 HotSpots 属性后面“…”按钮，在弹出的“HotSpot 集合编辑器”对话框中，添加 4 个 HotSpot 成员如图 6-12 所示，设置 HotSpot 成员相应的属性如表 6-14 所示。

图 6-11 ImageMap 控件示例

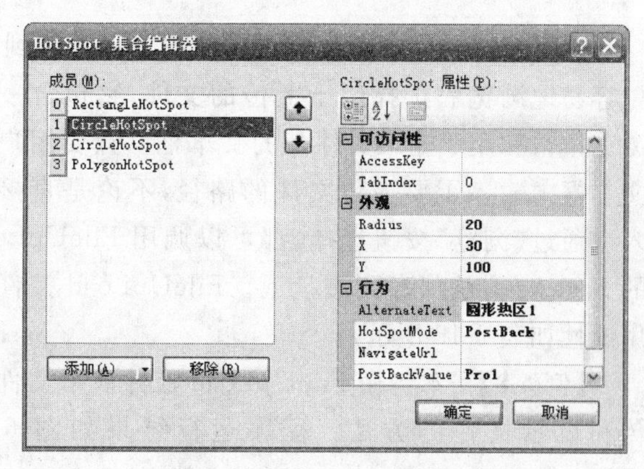

图 6-12 HotSpot 集合编辑器

表 6-14 HotSpot 成员属性设置

类 型	属 性 设 置	说 明
RectangleHotSpot	AlternateText="模块"	矩形的图片区域
CircleHotSpot	AlternateText="圆形热区 1" HotSpotMode="PostBack" PostBackValue="Pro1"	圆形图片区域
CircleHotSpot	AlternateText="圆形热区 2" HotSpotMode="PostBack" PostBackValue="Pro2"	圆形图片区域
PolygonHotSpot	AlternateText="引擎"	多边形图片区域

(4) 源程序(ASPNET_JC(C#)\WebSites\WebSite1\ch06\6_7.aspx.cs):

```
public partial class ch06_6_7 : System.Web.UI.Page
{
    protected void ImageMap1_Click(object sender, ImageMapEventArgs e)
    {
        String region="";
        switch (e.PostBackValue)
        {
            case "Pro1":
                region="第一个圆形热区";
                break;
            case "Pro2":
                region="第二个圆形热区";
                break;
        }
        LabMessage.Text="您单击的是<b>"+region+"</b>.";
    }
}
```

6.9 FileUpLoad 控件

应用程序中经常需要允许用户把文件上传到 Web 服务器。FileUpLoad 控件让用户更容易地浏览和选择用于上传的文件,它包含一个浏览按钮和用于输入文件名的文本框。只要用户在文本框中输入了要上传文件的路径,不论是直接输入或通过“浏览”按钮选择,都可以调用 FileUpLoad 的 SaveAs 方法保存到磁盘上。FileUpLoad 控件常用属性如表 6-15 所示。

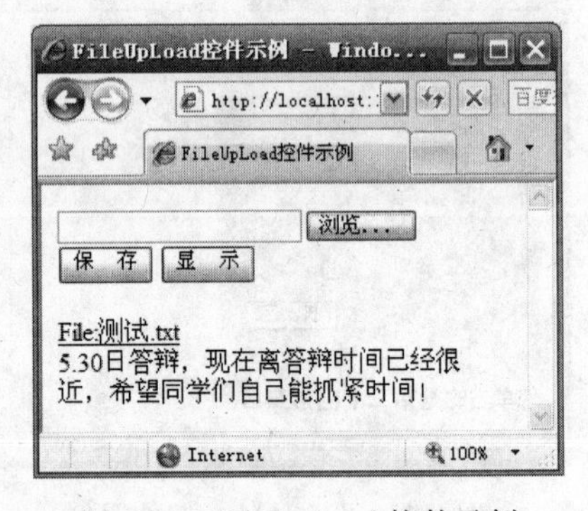

图 6-13 FileUpLoad 控件示例

【例 6-8】 本例用 FileUpLoad 控件演示文件上传和显示文件的方法。程序运行结果如图 6-13 所示。

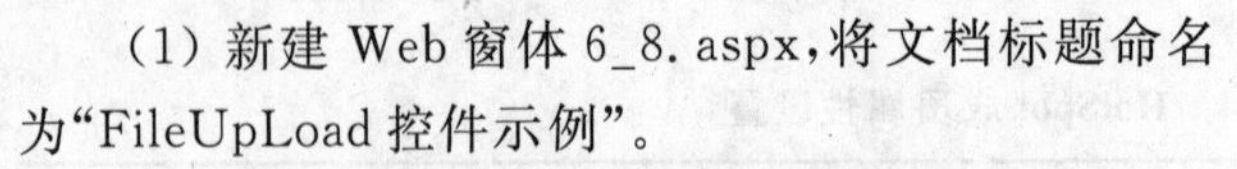

(1) 新建 Web 窗体 6_8.aspx,将文档标题命名为“FileUpLoad 控件示例”。

(2) 在工具箱中找到图 6-13 中所需要的控件,并拖拉至 Web 窗体的相应位置,重要控件类型及其属性设置如表 6-16 所示。

表 6-15 FileUpLoad 控件常用属性

属 性	含 义
FileContent	返回一个指向上传文件的流对象
FileName	返回要上传文件的名称,不包含路径信息

续表

属　性	含　义
HasFile	返回值如果为 true,则表示该控件有文件要上传
PostedFile	返回已经上传文件的引用。该属性可以引用多个只读属性,具体如下:ContentLength 返回上传文件的按字节表示的文件大小;ContentType 属性返回上传文件的类型;FileName 返回文件在客户端的存放路径;InputStream 返回一个指向上传文件的流对象

表 6-16　重要控件的属性设置

控件类型	ID	属性设置	说　明
FileUpLoad	FileUpLoad1		文件上传控件
Button	btnsave	Text="保存"	单击将保存文件
Button	btndisplay	Text="显示"	单击将显示选择的文件信息
Label	lblmessage		用于显示保存文件的相关信息
Label	lbldisplay		用于显示选择的文件内容

(3) 源程序(ASPNET_JC(C#)\WebSites\WebSite1\ch06\6_8.aspx.cs):

```
using System.IO;                    //使用 Stream 必须添加
using System.Text;                  //要转换编码方式必须添加

public partial class ch06_6_8 : System.Web.UI.Page
{
    protected void btnsave_Click(object sender, EventArgs e)
    {

        string str="";
        if (FileUpLoad1.HasFile)
        {
            str="文件名称: "+FileUpLoad1.FileName;
            //保存文件
            FileUpLoad1.SaveAs(Server.MapPath("uploadfile/")+FileUpLoad1.FileName);
            //显示文件信息
            str+="<br>客户端文件路径: "+FileUpLoad1.PostedFile.FileName ;
            str+="<br>文件类型:"+FileUpLoad1.PostedFile.ContentType;
            str+="<br>文件大小:"+FileUpLoad1.PostedFile.ContentLength+"字节" ;
        }
        else
            str="No File Upload!";
        lblmessage.Text=str;
    }
    protected void btndisplay_Click(object sender, EventArgs e)
    {
        string str="<u>File:"+FileUpLoad1.FileName+"</u><br>";
```

```
        if (FileUpLoad1.HasFile)
        {
            //读取文件内容
            Stream stream1=FileUpLoad1.FileContent;
            //"Encoding.Default"把从文件中读取的数据编码方式设置为同网页相同的编码方式
            StreamReader reader=new StreamReader(stream1,Encoding.Default );
            string strline;
            while ((strline=reader.ReadLine())!=null)
                  str+=strline;
        }
        else
           str="No File Upload!";
        lbldisplay.Text=str;
    }
}
```

6.10　MultiView 和 View 控件

有时可能要把 Web 页面分成不同的块，而每次只显示其中一块，同时又能方便地在块与块之间导航。ASP.NET 提供了 View 控件对块进行管理，每个块对应一个 View 控件，所有 View 对象包含在 MultiView 对象中，MultiView 中每次只显示一个 View 对象，这个对象称为活动视图。

MultiView 控件包含 ActiveViewIndex 属性，该属性可获取或设置以 0 开始的当前活动视图的索引。如果没有视图是活动的，那么 ActiveViewIndex 为默认值－1。

MultiView 控件支持添加到每个 View 控件的导航按钮。要创建导航按钮，可以向每个 View 控件添加一个按钮控件(Button、LinkButton 或 ImageButton)，设置每个按钮的 CommandName 和 CommandArgument 属性以使包含在 MultiView 控件中的 View 对象能够相互切换。表 6-17 列出了 MultiView 控件的 4 个 CommandName 值。例如，将 Button、LinkButton 或 ImageButton 控件的 CommandName 属性设置为 NextView，单击这些按钮后将自动导航到下一个视图，而不需要额外的代码。

表 6-17　MultiView 控件的 CommandName

CommandName 值	含　义
NextView	导航到下一个具有更高 ActiveViewIndex 值的视图。如果当前位于最后的视图，则设置 ActiveViewIndex 为－1，不显示任何视图
PreView	导航到低于 ActiveViewIndex 值的视图。如果当前位于第一个视图，则设置 ActiveViewIndex 为－1，不显示任何视图
SwitchViewByID	导航到指定 ID 的视图，使用 CommandArgument 指定 ID 值
SwitchViewByIndex	导航到指定索引的视图，使用 CommandArgument 指定索引

每次视图发生变化时，页面都会被提交到服务器，同时 MultiView 控件和 View 控件将触发多个事件。活动视图发生变化时，MultiView 控件将触发 ActiveViewChanged 事

件。同时,新的活动视图将触发 Activate 事件,原活动视图则触发 Deactivate 事件。

【例 6-9】 本例显示一个包含 4 个 View 控件的 MultiView 控件,每个 View 控件包含两个 Button 控件,通过这两个按钮可以移动到特定的 View 控件。程序运行结果如图 6-14 所示。

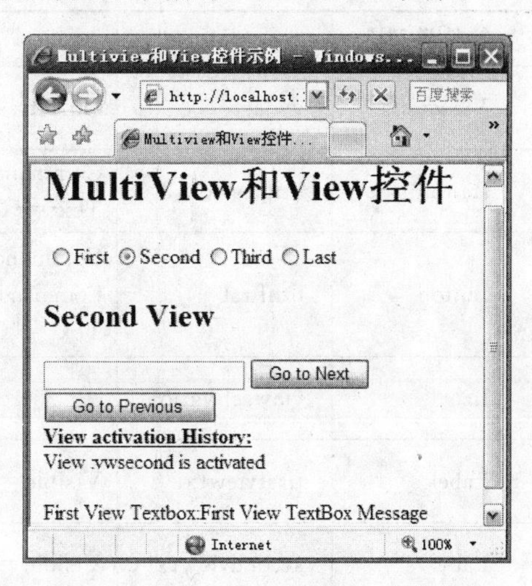

图 6-14　MultiView 和 View 控件示例

(1) 新建 Web 窗体 6_9.aspx,将文档标题命名为"MultiView 和 View 控件示例"。

(2) 在工具箱中找到 MultiView 控件,拖动至 Web 窗体,选中拖放进来的 MultiView 控件,再在工具箱中找到 View 控件,将 4 个 View 控件拖入选中的 MultiView 控件中,在 4 个 View 控件中放入表 6-18 中列出的相应控件,重要控件类型及其属性设置以及各个 View 控件包含的内容如表 6-18 所示。

表 6-18　重要控件的属性设置

控件类型	ID	属性设置	说　明
MultiView	MultiView1	ActiveViewIndex="2"	包含 4 个 View 控件
View	vmfirst	OnActivate="activateview"	第一个 View 控件及包含的内容
TextBox	txtfirstview		
Button	btnnext1	CommandName="NextView" Text="Go to Next"	
Button	btnlast	CommandArgument="vwlast" CommandName="SwitchViewByID" Text="Go to Last"	
View	vwsecond	OnActivate="activateview"	第二个 View 控件及包含的内容
TextBox	txtsecondview		
Button	btnnext2	CommandName="NextView" Text="Go to Next"	
Button	btnprevious	CommandName="PreView" Text="Go to Previous"	
View	vwthird	OnActivate="activateview"	第三个 View 控件及包含的内容
Button	btnnext3	CommandName="NextView" Text="Go to Next"	
Button	btnprevious1	CommandName="PreView" Text="Go to Previous"	

续表

控件类型	ID	属性设置	说　明
View	vwlast	OnActivate="activateview"	第四个 View 控件及包含的内容
Button	btnprevious2	CommandName="PreView" Text="Go to Previous"	
Button	btnfirst	CommandArgument="0" CommandName="SwitchViewByIndex" Text="Go to First"	
Label	viewactivation		用于显示当前显示的 View 控件名称
Label	firstviewtxt	Visible="False"	用于显示 vmfirst 中文本框的输入信息
Label	secondviewtxt	Visible="False"	用于显示 vwsecond 中文本框的输入信息

(3) 源程序(ASPNET_JC(C#)\WebSites\WebSite1\ch06\6_9.aspx.cs):

```
public partial class ch06_6_9 : System.Web.UI.Page
{
    protected void MultiView1_ActiveViewChanged(object sender, EventArgs e)
    {
        rblview.SelectedIndex=MultiView1.ActiveViewIndex;
    }
    protected void activateview(object sender, EventArgs e)
    {
        //显示当前显示的 View 控件名字
        View v= (View)sender;
        viewactivation.Text="<br>View :"+v.ID+" is activated<br>";

        //将 txtfirstview 或 txtsecondview 文本框中信息显示在 firstviewtxt 或 secondviewtxt
        //标签上,同时设置 firstviewtxt 或 secondviewtxt 标签属性,使得在某些情况下
        //能够隐藏
        if (MultiView1.ActiveViewIndex==1)
        {
            secondviewtxt.Visible=false;
            firstviewtxt.Text="First View Textbox:"+txtfirstview.Text;
            firstviewtxt.Visible=true;
        }
        if (MultiView1.ActiveViewIndex==2)
        {
            firstviewtxt.Visible=false ;
            secondviewtxt.Text="Second View Textbox:"+txtsecondview.Text;
            secondviewtxt.Visible=true;
        }
        if (MultiView1.ActiveViewIndex==0||MultiView1.ActiveViewIndex==3)
```

```
        {
            secondviewtxt.Visible= false;
            firstviewtxt.Visible= false;
        }
    }
    protected void rblview_SelectedIndexChanged(object sender, EventArgs e)
    {
        //显示 rblview 单选按钮组中选中的 View 控件内容
        MultiView1.ActiveViewIndex= rblview.SelectedIndex;
    }
}
```

程序注释:

View 控件中按钮控件的 CommandName 的值按表 6-18 书写时一定要严格区分字母大小写。

6.11 Wizard 控件

Wizard 控件为用户提供了呈现一连串步骤的基础框架,这样可以访问所有步骤中包含的数据,并方便地进行前后导航。Wizard 控件包含一个 WizardStep 对象集合,WizardStep 和 Wizard 控件之间的关系与 View 和 MultiView 的关系类似。

所有 WizardStep 中的所有控件都位于页面控件树中,无论哪个 WizardStep 可见,都可以在运行时通过代码实现控件访问。Wizard 控件负责导航,该控件能够自动创建合适的按钮,例如 Next、Previous 以及 Finish。第一步没有 Previous 按钮,最后一步没有 Next 按钮。默认情况下,Wizard 控件显示一个包含导航栏链接的工具栏,让用户可以从当前步骤转到其他步骤。

Wizard 控件有许多外观和行为属性,这些属性在 Visual Studio 2005 设计视图属性窗口都可以进行设置,表 6-19 列出了一些除与按钮外观相关的属性之外的、最重要的属性。

表 6-19 Wizard 控件重要属性

名　称	含　义
ActiveStep	WizardSteps 集合中当前显示的步骤
ActiveStepIndex	WizardSteps 集合中当前显示的从 0 开始的步骤
CancelDestinationPageUrl	当用户单击"取消"按钮时要链接到的 URL
DisplayCancelButton	如果为 true,则显示"取消"按钮。默认值为 false
DisplaySideBar	如果为 true,则显示一个工具条。默认值为 false
FinishDestinationPageUrl	当用户单击"完成"按钮时要链接到的 URL
FinishNavigationTemplate	用于指定完成步骤的导航区域的样式和内容模板,包括最后的步骤和 StepType=Finish 的步骤

续表

名　　称	含　　义
NavigationButtonStyle	导航区域按钮的样式属性
NavigationStyle	导航区域的样式属性
SiderBarButtonStyle	用于指定侧栏上按钮外观的样式属性
SiderBarStyle	侧栏区域的样式
SiderBarTemplate	用于指定侧栏区域内容和样式的模板
StartNavigationTemplate	用于指定 Start 步骤的导航区域的内容和样式的模板。Start 步骤是第一步或 StepType=Start 的步骤
StepNavigationTemplate	用于指定一般步骤(Start、Finish 或 Complete 以外的步骤)中导航区域内容和样式的模板
StepStyle	WizardStep 对象的样式属性
WizardSteps	WizardStep 对象的集合

WizardStep 有一个 StepType 属性，这个属性的值是一个 WizardStepType 枚举值，该枚举在表 6-20 中列出。StepType 默认为 Auto，这时导航界面由 WizardStep 集合中步骤的顺序决定。第一步只有一个 Next 按钮，最后一步只有一个 Previous 按钮，其他的 StepType 值是 Auto 的步骤包含 Previous 和 Next 两个按钮。

表 6-20　WizardStepType 的枚举值

成　员	含　　义
Auto	声明步骤时的顺序决定了导航的界面，是默认值
Complete	要显示的最后步骤，它不呈现导航按钮
Finish	最后的数据采集步骤，它只呈现“完成”和“上一步”两个按钮
Start	第一步，只呈现一个“下一步”按钮
Step	Start、Finish 和 Complete 之外的任何步骤，它呈现“上一步”和“下一步”按钮

Wizard 控件有 6 个事件，其中一个是 ActiveStepChanged 事件，在当前步骤改变时触发该事件。另外 5 个事件都由单击按钮触发，具体事件如表 6-21 所示。除了 CancelButtonClick，其他按钮单击事件都有一个 WizardNavigationEventArgs 类型的参数，它具有以下 3 个属性。

(1) Cancel：Boolean 类型值。如果取消链接到下一步，则该值为 true，默认值为 false。

(2) CurrentStepIndex：以 0 开始的 WizardSteps 集合中当前步骤的索引值。

(3) NextStepIndex：以 0 开始的将要显示的步骤的索引值。例如，如果单击 Previous 按钮，则 NextStepIndex 的值比 CurrentStepIndex 值小 1。

表 6-21　Wizard 事件

成　员	事件参数	含　义
ActiveStepChanged	EventArgs	显示新步骤时触发
CancelButtonClick	EventArgs	单击“取消”按钮时触发
FinishButtonClick	WizardNavigation EventArgs	单击“完成”按钮时触发
NextButtonClick	WizardNavigation EventArgs	单击“下一步”按钮时触发
PreviousButtonClick	WizardNavigation EventArgs	单击“上一步”按钮时触发
SiderBarButtonClick	WizardNavigation EventArgs	单击侧栏区域中的按钮时触发

【例 6-10】 本例显示一个 Wizard 控件，在 Wizard 控件内分 4 个步骤完成用户信息的添加。程序运行结果如图 6-15 所示。

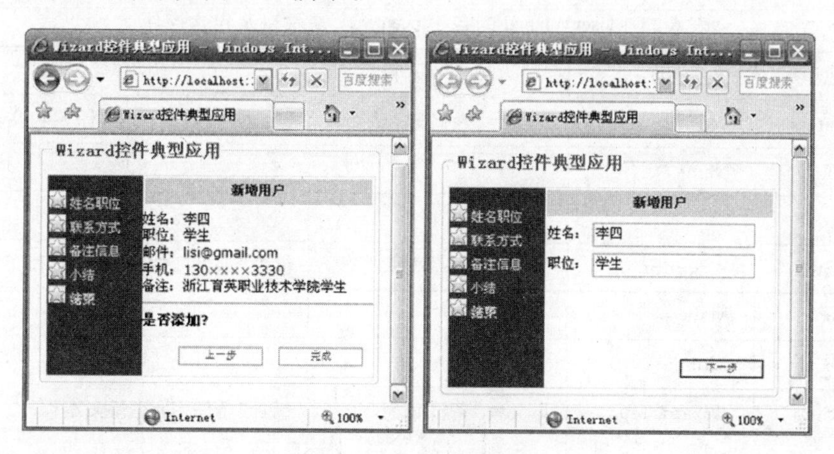

图 6-15　Wizard 控件示例

(1) 新建 Web 窗体 6_10.aspx，将文档标题命名为“Wizard 控件典型应用”。

(2) 在页面上添加一个 Wizard 服务器控件，其属性设置如表 6-22 所示。

表 6-22　重要控件属性设置

控件类型	ID	属 性 设 置
Wizard	UserWizard	HeaderText="新增用户" OnNextButtonClick="OnNext" OnFinishButtonClick="OnFinish" ActiveStepIndex="0" BackColor="#FFFBD6" BorderColor="#FFDFAD" BorderWidth="1px" Font-Names="Verdana"

(3) 选中 UserWizard 控件，在属性列表中单击 WizardSteps 属性后面的“…”按钮，在弹出的“WizardStep 集合编辑器”对话框中，添加 5 个 WizardStep 成员并设置相应的属性，如图 6-16 所示，5 个 WizardStep 成员的属性如表 6-23 所示。

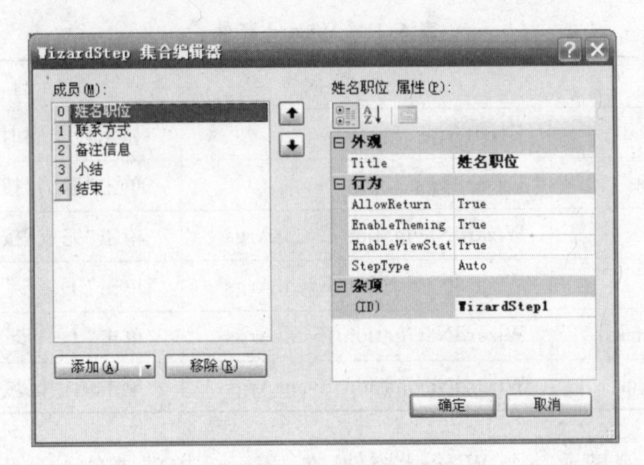

图 6-16 WizardStep 集合编辑器

表 6-23 UserWizard 的各 WizardStep 属性以及包含控件

类 型	ID	属 性 设 置	说 明
WizardStep	WizardStep1	Title="姓名职位"	包含"姓名"、"职位"标签和文本框
TextBox	Name		
TextBox	Seat		
WizardStep	WizardStep2	Title="联系方式"	包含"邮件"、"手机"标签和文本框
TextBox	Mail		
TextBox	Mobile		
WizardStep	WizardStep3	Title="备注信息"	包含"备注"标签和文本框
TextBox	Notes		
WizardStep	WizardStep4	StepType="Finish" Title="小结"	包含一个标签用于显示用户填写信息
Label	LabMessage		
WizardStep	WizardStep5	StepType="Complete" Title="结束"	包含一个标签用于显示添加成功
Label	LabFinish		

(4) 源程序(ASPNET_JC(C#)\WebSites\WebSite1\ch06\6_10.aspx.cs):

```
public partial class ch06_Default : System.Web.UI.Page
{

    protected void OnNext(object sender, WizardNavigationEventArgs e)
    {
        //在结束页面显示用户信息
        if(UserWizard.WizardSteps[e.NextStepIndex].StepType==WizardStepType.Finish)
        {
            string  sb;
```

```
            sb="姓名: "+Name.Text+"<br/>";
            sb+="职位: "+Seat.Text+"<br/>";
            sb+="邮件: "+Mail.Text+"<br/>";
            sb+="手机: "+Mobile.Text+"<br/>";
            sb+="备注: "+Notes.Text+"<br/><hr>";
            sb+="<b>是否添加?</b>";
            LabMessage.Text=sb;
        }
    }
    protected void OnFinish(object sender, WizardNavigationEventArgs e)
    {
        LabFinish.Text="添加成功.";
    }
}
```

6.12 用户控件

虽然 ASP.NET 服务器控件提供了大量的功能，但是它们并不能涵盖每一种情况。使用 Web 用户控件可以根据应用程序的需要方便地定义控件，所使用的编程技术与用于设计 Web 窗体的技术相同，甚至只需稍作修改即可将 Web 窗体转换为 Web 用户控件。为了确保用户控件不能作为单独的 Web 窗体运行，用户控件用文件扩展名.ascx 进行标识。

一个 Web 用户控件与一个完整的 Web 窗体相似，都包含一个用户界面页和一个代码隐藏文件。在用户控件上可以使用与标准 Web 窗体上相同的 HTML 元素和服务器控件。

用户控件文件与 Web 窗体文件有以下两个区别。

(1) 用户控件文件扩展名必须为.ascx，Web 窗体文件扩展名为.aspx。

(2) 用户控件文件中不包含<html>、<body>和<form>元素，这些元素位于包含用户控件的 Web 窗体中。

用户控件通过 Register 指令包括在 Web 窗体页中。

```
<%@ Register Tagprefix="Blast" Tagname="message" Src="pagelet1.ascx"%>
```

TagPrefix 确定用户控件的唯一命名空间，以便多个同名的用户控件可以相互区分。TagName 指定用户控件的名称。Src 属性是用户控件的虚拟路径。

定义了用户控件，可以像放置普通的服务器控件那样，将用户控件标记放置在 Web 窗体页中。若要将 Web 用户控件添加到 Web 窗体的设计视图中，则将该控件从解决方案资源管理器中拖出并将其放到希望它在页面上出现的位置。Web 窗体设计器会自动向 Web 窗体添加该控件的@Register 指令和标记。从此时开始，该控件便成为页的一个组成部分，并将在处理该页时呈现出来。

若要在 Web 窗体的 HTML 视图中添加用户控件，执行以下步骤。

(1) 打开将该控件添加到的 Web 窗体，然后切换到 HTML 视图。

(2) 在页面顶部<html>标记之前添加 Register 指令,以便在处理 Web 窗体时识别该控件。例如:

```
<%@ Register Tagprefix="uc1" Tagname="menu" Src="menu.ascx"%>
```

(3) 在文件<body>部分,为要显示用户控件的位置创建一个标记,使用在步骤(2)注册的 Tagprefix 和 Tagname,为该控件指定相关属性,例如:

```
<uc1:menu id="menu1" runat="server">
```

【例 6-11】 本例显示如何定义和使用用户控件。程序运行结果如图 6-17 所示。

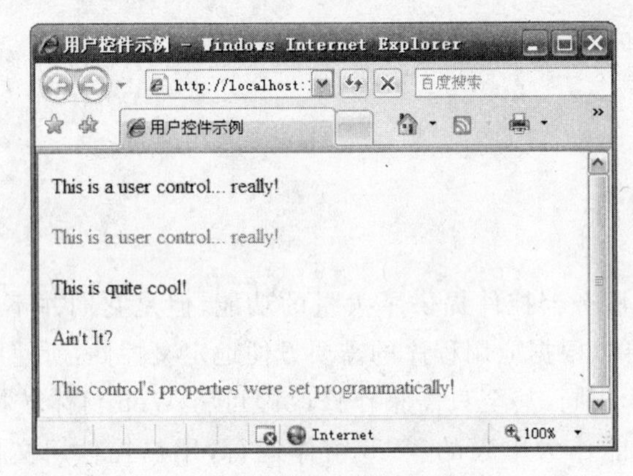

图 6-17　用户控件示例

(1) 新建 Web 窗体 6_11. aspx,将文档标题命名为"用户控件示例"。

(2) 新建用户控件源程序(ASPNET_JC(C#)\WebSites\WebSite1\ch06\6_11. ascx):

```
<%@ Control Language="C#" AutoEventWireup="true" CodeFile="6_11.ascx.cs" Inherits=
"ch06_6_11"%>
<script language="c#" runat="server">
    //定义 Color、Text 两个属性
    public string Color="black";
    public string Text="This is a user control... really!";
</script>
<p>
<font color="<%=Color%>">
<%=Text%>
</font>
</p>
```

(3) Web 窗体 6_11. aspx 源程序(ASPNET_JC(C#)\WebSites\WebSite1\ch06\6_11. aspx):

```
<%@ Page Language="C#" AutoEventWireup="true" CodeFile="6_11.aspx.cs" Inherits=
"ch06_6_11"%>
<%@ Register src="6_11.ascx" TagName="SomeText" TagPrefix="asp101samps"%>
<script language="C#" runat="server">
```

```
protected void Page_Load(object sender, EventArgs e)
    {
        UserCtrl1.Color="green";
        UserCtrl1.Text="This control's properties were set programmatically!";
    }
</script>
<html>
<head>
<title>用户控件示例</title>
</head>
<body bgcolor="#FFFFFF">
<asp101samps:SomeText ID="SomeText1" runat="server"/>
<asp101samps:SomeText ID="SomeText2" Color="red" runat="server"/>
<asp101samps:SomeText ID="SomeText3" Text="This is quite cool!" runat="server"/>
<asp101samps:SomeText ID="SomeText4" Color="blue" Text="Ain't It" runat="server"/>
<asp101samps:SomeText id="UserCtrl1" runat="server"/>
</body>
</html>
```

6.13 综合实训——常用控件的属性、事件的使用方法

1. 实训目的

掌握ASP.NET常用控件的属性、事件的使用方法。

2. 实训内容

实现注册页面,在页面中通过按钮事件对用户名检测信息输入是否合理,页面中用户也可以选择喜欢的图片文件作自己的头像。

3. 实训步骤

(1) 启动Visual Studio.NET 2005。

(2) 新建页面程序。

(3) 编程及调试。

(4) 运行结果如图6-18所示。

页面重要控件及属性设置如表6-24所示。

表6-24 重要控件及属性设置

ID	Type	Title	说　明
txtLoginName	TextBox		
btnTest	Button	Text="检测会员名" OnClick="btnTest_Click"	用于检测用户名输入是否符合要求
ddlCity	DropDownList		
FileUpload1	FileUpload		

续表

ID	Type	Title	说　明
btnTest	Button	Text="上传" OnClick="Button1_Click"	用于上传头像文件
btnRegister	TextBox	Text="注册" OnClick="btnRegister_Click"	
Mobile	TextBox		
WizardStep3	Auto	备注信息	包含"备注"标签和文本框
Notes	TextBox		
WizardStep4	Finish	小结	包含一个标签用于显示用户填写信息
LabMessage	Label		
WizardStep5	Complete	结束	包含一个标签用于显示添加成功
LabFinish	Label		

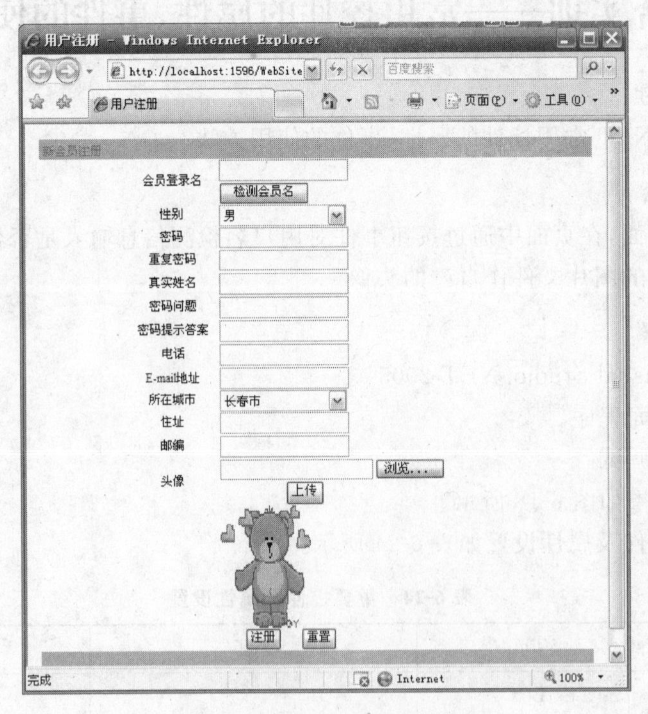

图 6-18　注册页面的运行结果

源程序(ASPNET_JC(C#)\WebSites\WebSite1\ch06\6_12. aspx. cs):

```
using System.Text;
public partial class_Default : System.Web.UI.Page
{
```

```
static string mPath;
static bool value;

protected void Button1_Click(object sender, EventArgs e)
{
    string filePath="";
    if (""!=FileUpLoad1.PostedFile.FileName)
    {
        filePath=FileUpLoad1.FileName;
        try
        {
            mPath=Server.MapPath("uploadfile/")+filePath ;
            FileUpLoad1.PostedFile.SaveAs(mPath);
            mPath="uploadfile/"+filePath;
            imgPhoto.ImageUrl=mPath;
        }
        catch (Exception error)
        {
            Response.Write("<script>alert('"+error.ToString()+"')</script>");
        }
    }
}
protected void btnTest_Click(object sender, EventArgs e)
{
    String strInB=txtLoginName.Text;
    int sum=0;
    int i;

    value=true;
    //基本 ASCII 码以 Unicode 方式编码时存储占 2 个字节,其中一个字节为 0,另外一个字
    //节的内码和其 ASCII 值相同
    byte[] bytes=Encoding.BigEndianUnicode.GetBytes(strInB);
    for (i=1; i<bytes.Length; i=i+2)
    {
        sum=bytes[i];
        if (sum<48||(sum>57 && sum<65)||(sum>90 && sum<97)||sum>122)
        {
            lblmessage.Text="用户名只能包含字母数字!";
            txtLoginName.Text="";
            value=false;
            break;
        }
    }

}
protected void btnRegister_Click(object sender, EventArgs e)
{
    if (value==true)
    {
```

```
            Label3.Text="来自于"+ddlCity.SelectedItem.Text+"的会员"+
            txtLoginName.Text+"欢迎您的注册,希望您以后多光临本站!";
        }
    }
}
```

6.14 练习

1. 问答题

如何在 Web 窗体上添加 Web 用户控件?

2. 填空题

(1) 若希望每次修改 TextBox 服务器控件文本内容后都能立刻被服务器处理,则应将________属性值更改为 True。

(2) 若不采用任何容器控件,要将页面的若干个 RadioButton 服务器控件分为两组进行单选,则应该设置的属性是________。

3. 判断题

(1) 两个 RadioButton 控件的 GroupName 的属性值不同,则可以同时选中。( )

(2) LinkButton 控件与 HyperLink 控件的用法和功能完全相同。( )

(3) CheckBoxList 控件中的选项不能同时选中多个。( )

4. 操作题

设计一个 ASP.NET Web 应用程序,包含一个网页。该网页用一个 TextBox 控件输入内容,当内容输入完毕后,立即将输入的内容在标签上显示出来,并将该内容添加到下拉列表框中去。添加一个按钮,当单击该按钮时,将下拉列表框中的每一项内容变成复选列表框列表中的一个选项。

第7章

数据验证控件

7.1 Web验证控件

编写更安全的应用程序的一个关键规则是：在使用数据前必须确保数据是正确的，确保数据正确要求对任何外部输入进行验证。在ASP.NET中，验证控件提供了一种易于使用的机制来执行各种验证任务，包括验证有效的类型、值是否在指定范围内或者是否是必填字段。

页面上定义的所有验证控件自动地集中在Page类的Validators集合中。可以使用Page类中的Validate方法一次性验证它们，也可以通过调用每个验证控件上的Validate方法逐个进行验证。Validate方法设置页面和各验证控件上的IsValid属性。IsValid属性指出用户的输入是否满足验证控件的需求。除了使用Validate方法，每次页面回发时也会自动地验证用户的输入。

7.1.1 Web验证控件的分类

每个验证控件都对应一个输入控件进行验证。在即将提交页面时，受监控的服务器控件的内容传递到验证控件做进一步处理。.NET Framework支持的验证控件类型如下。

(1) CompareValidator控件。通过使用比较运算符，将用户输入与一个固定值进行比较，也可以将用户输入与同一页上另一个控件的属性值进行比较。

(2) RangeValidator控件。确保用户的输入落在指定的范围内。下限和上限可以表示为数字、字符串或数据。

(3) RegularExpressionValidator控件。用于验证相关输入控件的值是否匹配正则表达式指定的模式。

(4) RequiredFieldValidator控件。确保用户为字段指定一个值。

(5) CustomValidator控件。利用一个以编程方式定义的验证逻辑检验用户输入的有效性。在其他验证控件不能执行必要的验证，并且需要提供定制代码对输入进行验证时，就使用这种验证控件。

一个输入控件可以使用多个验证控件，根据不同的标准进行验证。例如，可以把多个验证控件应用于一个包含E-mail地址的文本框，利用RequiredFieldValidator控件可以强制要求该字段不能忽略，并且利用 RegularExpressionValidator 控件要求其内容匹配 E-mail 地址的典型格式。

7.1.2 Web 验证控件的基本属性

验证控件除了具有 ASP.NET 服务器控件具有的基本属性外，还具有以下一些基本属性。

(1) ControlToValidate 属性

用于获得或设置要验证的输入控件。该控件由名称标识，即通过使用 ID 属性的值。

(2) Display 属性

如果支持客户端验证并被启用，则获得或设置应如何为错误消息分配空间——要么是静态的，要么是动态的。要是服务器端验证，该属性可以忽略。默认设置为 Dynamic。

(3) EnableClientScript 属性

用于获得或设置客户端验证是否被启用，默认值设置为 True。

(4) Enabled 属性

用于获得或设置是否启用验证控件。

(5) ErrorMessage 属性

用于获得或设置错误消息的文本。

(6) IsValid 属性

用于获得或设置关联的输入控件是否通过验证。

(7) SetFocusOnError 属性

指出是否把焦点移到没有通过验证的控件。

(8) Text 属性

用于获得或设置为验证控件显示的代替错误消息的描述。

可验证的标准控件包括：TextBox、ListBox、DropDownList、RadioButtonList、FileUpload 以及大量 HTML 控件。

7.2 简单验证

7.2.1 RequiredFieldValidator 控件

RequiredFieldValidator 控件用于强制用户对页面上的输入控件输入信息。RequiredFieldValidator 控件通常用于在用户输入信息时，对必选字段进行验证。RequiredFieldValidator 控件的语法形式如下：

```
<asp:RequiredFieldValidator
    Id="控件名称"
    ControlToValidate="要被验证的控件名称"
    InitialValue="被验证控件初始值"
    ErrorMessage="验证控件不通过时显示的错误信息"
    Text="控件中显示的信息"
    Runat="server"/>
```

在页面中添加 RequiredFieldValidator 控件并将其连接到必选字段控件。InitialValue 属性指定输入控件的初始值，在输入控件失去焦点时，如果输入控件的值等于 InitialValue 时，验证失败并且触发 RequiredFieldValidator 控件。在默认情况下，InitialValue 用空串进行初始化。

【例 7-1】 本例演示如何使用 RequiredFieldValidator 控件使文本框和列表框控件成为强制字段，如果省略文本框信息的输入，将显示错误信息。程序运行结果如图 7-1 所示。

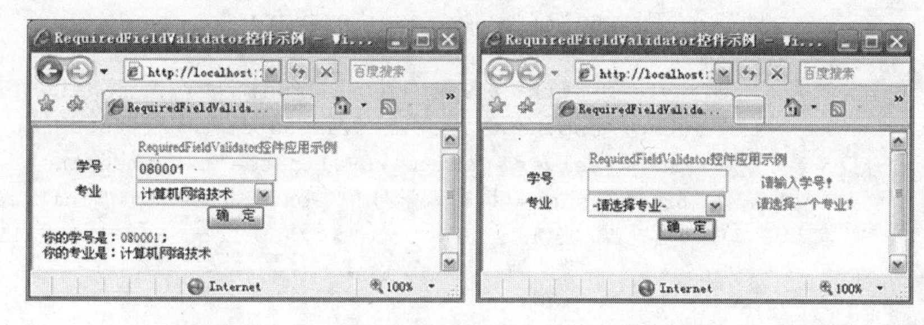

图 7-1　RequiredFieldValidator 控件应用示例

(1) 新建 Web 窗体 7_1.aspx，将文档标题命名为"RequiredFieldValidator 控件应用示例"。

(2) 在工具箱中找到图 7-1 中所需要的控件，并拖拉至 Web 窗体相应位置，重要控件类型及其属性设置如表 7-1 所示。

表 7-1　重要控件的属性设置

控件类型	ID	属性设置
TextBox	txtstudentno	
RequiredFieldValidator	rfvstudentno	ControlToValidate="txtstudentno" ErrorMessage="请输入学号！"
RadioButtonList	ddlSpeciality	
RequiredFieldValidator	rfvspeciality	ControlToValidate="ddlSpeciality" ErrorMessage="请选择一个专业！" InitialValue="－请选择专业－"
Button	btnok	

(3) 7_1.aspx 窗体控件代码：

```
<html>
<head runat="server">
    <title>RequiredFieldValidator 控件示例</title>
</head>
<body>
    <form id="form1" runat="server">
    <div style="text-align: center">
        <asp:Label ID="Label2" runat="server" Font-Size="9pt" ForeColor="Red"
```

```
        Text="RequiredFieldValidator控件应用示例" Width="191px"/>
            <table align="center" cellpadding="0" cellspacing="0" >
              <tr>
                <td style="width: 94px; text-align: center; height: 23px;">
                  <asp:Label ID="labLoginName" runat="server" Text="学号"
                  Font-Size="9pt" Width="66px"></asp:Label>
                </td>
                <td style="width: 169px; text-align: left; height: 23px;">
                  <asp:TextBox ID="txtstudentno" runat="server" Font-Size=
                  "9pt" Width="123px"></asp:TextBox>
                </td>
                <td style="width: 149px; text-align: left; height: 23px;">
                   <asp:RequiredFieldValidator ID="rfvstudentno"
                  runat="server" ControlToValidate="txtstudentno"
                  ErrorMessage="请输入学号!" Font-Size="9pt" InitialValue=
                  "" SetFocusOnError="True"></asp:RequiredFieldValidator>
                </td>
              </tr>
              <tr>
                <td style="width: 94px; text-align: center;">
                  <asp:Label ID="labSex" runat="server" Text="专业" Font-
                  Size="9pt" Width="27px"></asp:Label></td>
                <td style="width: 169px; text-align: left;">
                  <asp:DropDownList ID="ddlSpeciality" runat="server"
                  Width="127px" Font-Size="9pt">
                      <asp:ListItem>-请选择专业-</asp:ListItem>
                      <asp:ListItem>计算机网络技术</asp:ListItem>
                      <asp:ListItem>计算机应用技术</asp:ListItem>
                      <asp:ListItem>移动通信技术</asp:ListItem>
                  </asp:DropDownList>
                </td>
                <td style="width: 149px; text-align: left;">
                  <asp:RequiredFieldValidator ID="rfvspeciality" runat=
                  "server" ControlToValidate="ddlSpeciality"
                      ErrorMessage="请选择一个专业!" Font-Size="9pt"
                      InitialValue="-请选择专业-">
                      </asp:RequiredFieldValidator>
                </td>
              </tr>
              <tr>
                <td colspan="3" rowspan="1" style="height: 22px; text-align:
                center">
                  <asp:Button ID="btnok" runat="server" Text="确定" Font-
                  Size="9pt" OnClick="btnok_Click"/>
                </td>
              </tr>
              <tr>
                <td style="text-align:left;height: 22px;" colspan="3"
                rowspan="12">
```

```
                <asp:Label ID="lblmessage" runat="server" Font-Size="9pt"/>
            </td>
        </tr>
    </table>  
    </div>
    </form>
</body>
</html>
```

(4) 源程序(ASPNET_JC(C#)\WebSites\WebSite1\ch07\7_1.aspx.cs):

```
public partial class _Default : System.Web.UI.Page
{
    protected void btnok_Click(object sender, EventArgs e)
    {
        lblmessage.Text="你的学号是:" + txtstudentno.Text+"; <br>你的专业是:
        "+ddlSpeciality.SelectedItem.Text;
    }
}
```

7.2.2 CompareValidator 控件

CompareValidator 控件用于将用户输入的值和其他控件的值或一个常量进行比较。CompareValidator 控件的语法形式如下:

```
<asp: CompareValidator
    Id="控件名称"
    ControlToValidate="要被验证的控件名称"
    ValueToCompare="要被比较的常数值"
    ControlToCompare="要被比较的控件名称"
    Type="比较的数据类型"
    Operator="比较操作值"
    ErrorMessage="验证控件不通过时显示的错误信息"
    Text="控件中显示的信息"
    Runat="server"/>
```

(1) ControlToCompare 属性。表示用来与当前用户输入进行比较的控件 ID。不要同时设置 ControlToCompare 和 ValueToCompare 属性,因为它们是互斥的。如果同时设置,则优先取 ControlToCompare 属性。

(2) Operator 属性。指定要执行的比较运算。默认的运算符是 Equal,可取的运算符还包括 LessThan、GreaterThan。

(3) Type 属性。指定两个比较值的数据类型。在执行比较操作前,两个值都自动转换为此数据类型。可以比较的各种数据类型有 String、Integer、Double、Date、Currency。

(4) ValueToCompare 属性。指出用来比较用户输入的值。如果设置了 Type 属性,则 ValueToCompare 属性必须遵循它。

【例 7-2】 本例演示如何使用 CompareValidator 控件对用户输入的内容进行检查。当两次输入的密码不一致时,将显示错误信息。程序运行结果如图 7-2 所示。

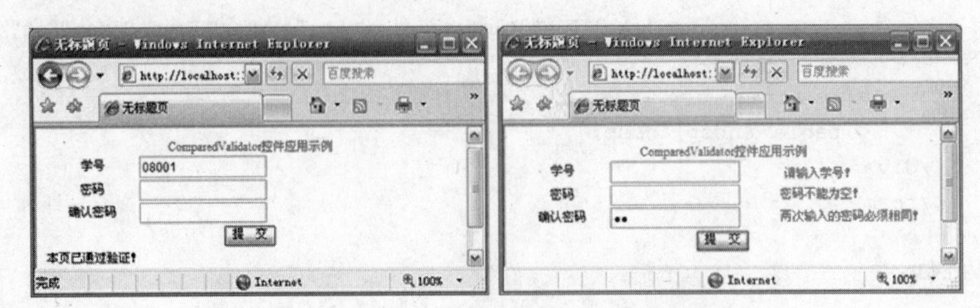

图 7-2 CompareValidator 控件应用示例

(1) 新建 Web 窗体 7_2.aspx,将文档标题命名为"CompareValidator 控件应用示例"。

(2) 在工具箱中找到图 7-2 中所需要的控件,并拖拉至 Web 窗体相应位置,重要控件类型及其属性设置如表 7-2 所示。

表 7-2 重要控件的属性设置

控 件 类 型	ID	属 性 设 置
TextBox	txtstudentno	
RequiredFieldValidator	rfvstudentno	ControlToValidate="txtstudentno" ErrorMessage="请输入学号!"
TextBox	txtpassword	Mode="password"
RequiredFieldValidator	rfvpassword	ControlToValidate="txtpassword" ErrorMessage="密码不能为空!"
TextBox	retxtpassword	ControlToValidate="ddlSpeciality" ErrorMessage="请选择一个专业!" InitialValue="-请选择专业-"
CompareValidator	cvrepassword	ControlToCompare="txtpassword" ControlToValidate="retxtpassword" Text="两次输入的密码必须相同!"

(3) 7_2.aspx 窗体控件代码:

```
<html>
<head runat="server">
    <title>CompareValidator 控件示例</title>
</head>
<body>
    <form id="form1" runat="server">
    <div style="text-align: center">
       <asp:Label ID="Label2" runat="server" Font-Size="9pt" ForeColor=
      "Red" Text="ComparedValidator 控件应用示例"Width="191px"></asp:Label>
      <table align="center" cellpadding="0" cellspacing="0">
          <tr>
              <td style="width: 94px; height: 23px; text-align: center">
                  <asp:Label ID="labLoginName" runat="server" Font-Size="9pt"
```

```
            Text="学号" Width="66px"></asp:Label></td>
        <td style="width: 169px; height: 23px; text-align: left">
            <asp:TextBox ID="txtusername" runat="server" Font-Size="9pt"
            Width="123px"></asp:TextBox>
        </td>
        <td style="width: 149px; height: 23px; text-align: left"> 
            <asp:RequiredFieldValidator ID="rfvusername" runat="server"
            ControlToValidate="txtusername" Font-Size="9pt" SetFocusOnError=
            "True"Display="Dynamic">请输入学号!
            </asp:RequiredFieldValidator></td>
    </tr>
    <tr>
        <td style="width: 94px; text-align: center; height: 22px;">
            <asp:Label ID="labSex" runat="server" Font-Size="9pt" Text=
           "密码" Width="27px"></asp:Label></td>
        <td style="width: 169px; text-align: left; height: 22px;">
            <asp:TextBox ID="txtpassword" runat="server" Font-Size="9pt"
                Width="123px" TextMode="Password"></asp:TextBox></td>
        <td style="width: 149px; text-align: left; height: 22px;">
            <asp:RequiredFieldValidator ID="RequiredFieldValidator1"
            runat="server" ControlToValidate="txtusername"
                Display="Dynamic" Font-Size="9pt" SetFocusOnError="True">请
                输入密码!</asp:RequiredFieldValidator></td>
    </tr>
    <tr>
         <td colspan="3" rowspan="1" style="height: 22px; text-align:
         center">
            <table align="center" cellpadding="0" cellspacing="0">
                <tr>
                <td style="width: 94px; text-align: center; height: 22px;">
                  <asp:Label ID="labSex" runat="server" Font-Size="9pt"
                  Text="确认密码" Width="67px"></asp:Label></td>
                <td style="width: 169px; text-align: left; height: 22px;">
                  <asp:TextBox ID="retxtpassword" runat="server"
                  Font-Size="9pt" TextMode="Password"
                  Width="123px"></asp:TextBox></td>
                <td style="width: 149px; text-align: left; height: 22px;">
                  <asp:CompareValidator ID="CompareValidator1"
              runat="server" ControlToCompare="txtpassword"
              ControlToValidate="retxtpassword" ErrorMessage="两次输入密
              码必须相同!" Font-Size="9pt"></asp:CompareValidator></td>
                </tr>
              </table>
        </td>
    </tr>
    <tr>
  <td colspan="3" rowspan="1" style="height: 22px; text-align: center">
      <asp:Button ID="btnsubmit" runat="server" Font-Size="9pt"
      OnClick="btnsubmit_Click" Text="提交"/>
```

```
                </td>
            </tr>
            <tr>
                <td colspan="3" rowspan="12" style="height: 22px; text-align: left">
                    <asp:Label ID="lblmessage" runat="server"
                    Font-Size="9pt"></asp:Label></td>
            </tr>
        </table>
          

    </div>
    </form>
</body>
</html>
```

(4) 源程序(ASPNET_JC(C#)\WebSites\WebSite1\ch07\7_2.aspx.cs):

```
public partial class ch07_7_2 : System.Web.UI.Page
{
    protected void btnsubmit_Click(object sender, EventArgs e)
    {
        if (Page.IsValid )
            lblmessage.Text ="本页已通过验证!";
    }
}
```

7.2.3 RangeValidator 控件

RangeValidator 控件用于测试输入控件的值是否在指定范围内。检验中涉及的数值类型动态指定,并且可以从一个包含字符串、数字和日期的简短列表中选取。RangeValidator 控件的语法形式如下:

```
<asp: RangeValidator
    Id="控件名称"
    ControlToValidate="要被验证的控件名称"
    MinimumValue="最大值"
    MaximumValue="最小值"
    Type="比较的数据类型"
    ErrorMessage="验证控件不通过时显示的错误信息"
    Runat="server"/>
```

该控件的关键属性是 MinimumValue 和 MaximumValue,它们表示了区间的上限和下限。注意,如果赋给 MinimumValue 和 MaximumValue 的字符串不能根据 Type 属性的值转换为数值或日期,则会抛出一个异常。

【例 7-3】 本例演示如何使用 RangeValidator 控件检查输入的成绩是否在 0～100 之间,如果超出这个范围,将显示错误信息。程序运行结果如图 7-3 所示。

(1) 新建 Web 窗体 7_3.aspx,将文档标题命名为"RangeValidator 控件应用示例"。

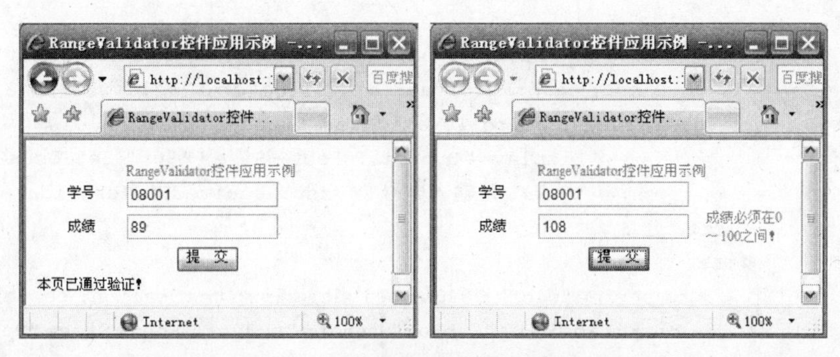

图 7-3　RangeValidator 控件应用示例

(2) 在工具箱中找到图 7-3 中所需要的控件,并拖拉至 Web 窗体相应位置,重要控件类型及其属性设置如表 7-3 所示。

表 7-3　重要控件的属性设置

控 件 类 型	ID	属 性 设 置
TextBox	txtstudentno	
RequiredFieldValidator	rfvstudentno	ControlToValidate="txtstudentno" ErrorMessage="请输入学号!"
TextBox	Txtgrade	
RangeValidator	rvscore	ControlToValidate="txtgrade" ErrorMessage="成绩必须在 0～100 之间!" MaximumValue="100" MinimumValue="0" Type="Integer"

(3) 7_3.aspx 窗体控件代码:

```
<html xmlns="http://www.w3.org/1999/xhtml" >
<head runat="server">
    <title>RangeValidator 控件应用示例</title>
</head>
<body>
    <form id="form1" runat="server">
    <div style="text-align: center">
            < asp: Label  ID = " Label2 "  runat = " server "  Font - Size = " 9pt "
          ForeColor="Red" Text="RangeValidator 控件应用示例"
            Width="191px"></asp:Label>
        <table align="center" cellpadding="0" cellspacing="0">
            <tr>
                <td style="width: 94px; height: 23px; text-align: center">
                  <asp:Label ID="labLoginName" runat="server" Font-Size="9pt"
                  Text="学号" Width="66px"></asp:Label></td>
                <td style="width: 169px; height: 23px; text-align: left">
                  <asp:TextBox ID="txtusername" runat="server" Font-Size="9pt"
                  Width="123px"></asp:TextBox>
```

```
                </td>
                <td style="width: 149px; height: 23px; text-align: left">
                   <asp:RequiredFieldValidator ID="rfvusername" runat=
                 "server" ControlToValidate="txtusername"
                        Display="Dynamic" Font-Size="9pt" SetFocusOnError=
                        "True">请输入学号!</asp:RequiredFieldValidator></td>
            </tr>
            <tr>
                <td style="width: 94px; height: 22px; text-align: center">
                  <asp:Label ID="labSex" runat="server" Font-Size="9pt" Text=
                 "成绩" Width="27px"></asp:Label></td>
                <td style="width: 169px; height: 22px; text-align: left">
                  <asp:TextBox ID="txtgrade" runat="server" Font-Size="9pt"
                  Width="123px"></asp:TextBox></td>
                <td style="width: 149px; height: 22px; text-align: left">
                  <asp:RangeValidator ID="rvscore" runat="server" ErrorMessage="成
                  绩必须在 0~100 之间!" Font-Size="9pt" ControlToValidate=
                 "txtgrade" MaximumValue="100" MinimumValue="0" Type="Integer">
                  </asp:RangeValidator></td>
            </tr>
            <tr>
                <td colspan="3" rowspan="1" style="height: 22px; text-align: center">
                  <asp:Button ID="btnsubmit" runat="server" Font-Size="9pt"
                  OnClick="btnsubmit_Click"
                        Text="提 交"/>
                  </td>
            </tr>
            <tr>
              <td colspan="3" rowspan="12" style="height: 22px; text-align: left">
                  <asp:Label ID="lblmessage" runat="server"
                  Font-Size="9pt"></asp:Label></td>
            </tr>
        </table>
    </div>
    </form>
</body>
</html>
```

(4) 源程序(ASPNET_JC(C#)\WebSites\WebSite1\ch07\7_3.aspx.cs):

```
public partial class ch07_7_3 : System.Web.UI.Page
{
    protected void btnsubmit_Click(object sender, EventArgs e)
    {
        if (Page.IsValid)
            lblmessage.Text ="本页已通过验证!";
    }
}
```

7.3　复杂验证

RegularExpressionValidator 控件用于验证相关输入控件的值是否匹配正则表达式指定的模式。在实际应用中，经常需要用户输入一些固定格式的信息，例如电话号码、邮政编码、网址等内容。为了保证用户输入的值符合规定的要求，例如电话号码在中国、美国和欧洲的表示方法都不相同，此时就需要使用 RegularExpressionValidator 控件进行验证。RegularExpressionValidator 控件的语法形式如下：

```
<asp: RegularExpressionValidator
    Id="控件名称"
    ControlToValidate="要被验证的控件名称"
    ValidationExpression="验证表达式"
    ErrorMessage="验证控件不通过时显示的错误信息"
    Runat="server"/>
```

ValidationExpression 是输入值应该符合的正则表达式。正则表达式是确保用户以一种可预测的并且众所周知的顺序输入字符的有效方法。正则表达式的定义非常复杂，可以使用 Visual Studio .NET 2005 集成环境中的属性窗口编辑正则表达式。首先选择窗体上的 RegularExpressionValidator 控件，然后在属性窗口中单击 ValidationExpression 属性的省略号按钮，打开“正则表达式编辑器”对话框，如图 7-4 所示。

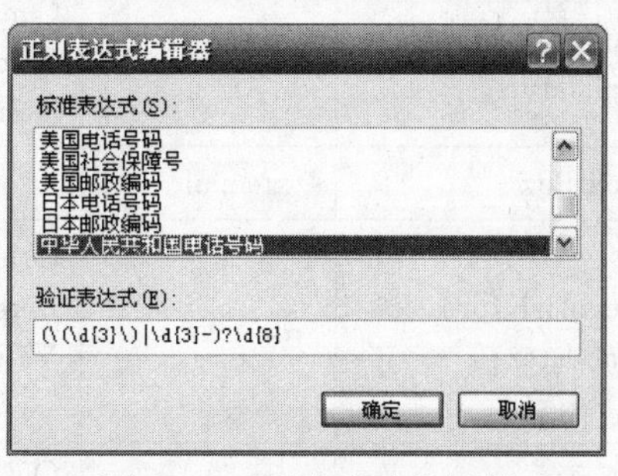

图 7-4　正则表达式编辑器

在“正则表达式编辑器”对话框中给出了已经预定义好的一些表达式。选择完成后，单击“确定”按钮，返回集成开发环境。

【例 7-4】　本例演示如何使用 RegularExpressionValidator 控件对用户输入的身份证号码、邮政编码、电话号码以及电子邮件地址的格式进行检查。程序运行结果如图 7-5 所示。

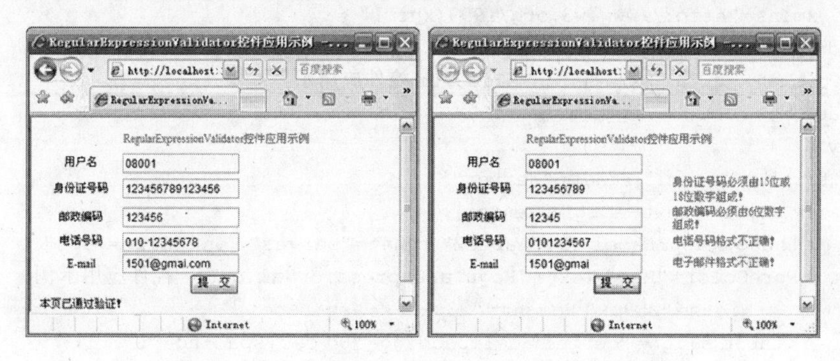

图 7-5　RegularExpressionValidator 控件应用示例

(1) 新建 Web 窗体 7_4.aspx，将文档标题命名为“RegularExpressionValidator 控件应用示例”。

(2) 在工具箱中找到图 7-5 中所需要的控件,并拖拉至 Web 窗体相应位置,RegularExpressionValidator 控件的正则表达式可以通过图 7-4 的"正则表达式编辑器"设置,重要控件及其属性设置如表 7-4 所示。

表 7-4 重要控件属性设置

控件类型	ID	属性设置
TextBox	txtuserno	用户名
TextBox	txtidcard	身份证号码
RegularExpression-Validator	revidcard	ControlToValidate="txtidcard" ErrorMessage="身份证号码必须由 15 位或 18 位数字组成!" ValidationExpression="\d{17}[\d|X]|\d{15}"
TextBox	txtpostcode	邮政编码
RegularExpression-Validator	revpostcode	ControlToValidate="txtpostcode" ErrorMessage="邮政编码必须由 6 位数字组成!" ValidationExpression="\d{6}"
TextBox	txtphone	电话号码
RegularExpression-Validator	revphone	ControlToValidate="txtphone" ErrorMessage="电话号码格式不正确!" ValidationExpression="(\(\d{3}\)|\d{3}-)?\d{8}"
TextBox	txtemail	
RegularExpression-Validator	revemail	ControlToValidate="txtemail" ErrorMessage="电子邮件格式不正确!" ValidationExpression="\w+([-+.']\w+)*@\w+([-.]\w+)*\.\w+([-.]\w+)*"
Button	btnsubmit	OnClick="btnsubmit-Click" Text="提　交"

(3) 7_4.aspx 窗体控件代码:

```
<html xmlns="http://www.w3.org/1999/xhtml" >
<head runat="server">
    <title>RegularExpressionValidator 控件应用示例</title>
</head>
<body>
    <form id="form1" runat="server">
    <div style="text-align: center">
         <asp:Label ID="Label2" runat="server" Font-Size="9pt"
        ForeColor="Red" Text="RegularExpressionValidator 控件应用示例"
            Width="259px" Height="23px"></asp:Label>
        <table align="center" cellpadding="0" cellspacing="0">
            <tr>
                <td style="width: 94px; height: 23px; text-align: center">
                  <asp:Label ID="labLoginName" runat="server" Font-Size="9pt"
                  Text="用户名" Width="66px"></asp:Label></td>
```

```
        <td style="width: 169px; height: 23px; text-align: left">
          <asp:TextBox ID="txtusername" runat="server" Font-Size="9pt"
          Width="123px"></asp:TextBox>
        </td>
        <td style="width: 149px; height: 23px; text-align: left">
           </td>
    </tr>
    <tr>
        <td style="width: 94px; height: 22px; text-align: center">
          <asp:Label ID="labSex" runat="server" Font-Size="9pt" Text=
          "身份证号码" Width="71px"></asp:Label></td>
        <td style="width: 169px; height: 22px; text-align: left">
           <asp:TextBox ID="txtidcard" runat="server" Font-Size="9pt"
           Width="123px"></asp:TextBox></td>
        <td style="width: 149px; height: 22px; text-align: left">
          <asp:RegularExpressionValidator ID="revidcard" runat=
          "server" ControlToValidate="txtidcard"
                   ErrorMessage="身份证号码必须由 15 位或 18 位数字组成!"
                   Font-Size="9pt" ValidationExpression="\d{17}[\d|X]|\
                   d{15}"></asp:RegularExpressionValidator></td>
    </tr>
    <tr>
        <td style="width: 94px; height: 22px; text-align: center">
          <asp:Label ID="Label1" runat="server" Font-Size="9pt" Text=
          "邮政编码" Width="71px"></asp:Label></td>
        <td style="width: 169px; height: 22px; text-align: left">
          <asp:TextBox ID="txtpostcode" runat="server" Font-Size="9pt"
          Width="123px"></asp:TextBox></td>
        <td style="width: 149px; height: 22px; text-align: left">
          <asp:RegularExpressionValidator ID="revpostcode" runat=
          "server" ControlToValidate="txtpostcode"ErrorMessage="邮政编
          码必须由 6 位数字组成!" Font-Size="9pt" ValidationExpression=
          "\d{6}">
          </asp:RegularExpressionValidator></td>
    </tr>
    <tr>
        <td style="width: 94px; height: 22px; text-align: center">
          <asp:Label ID="Label3" runat="server" Font-Size="9pt" Text=
          "电话号码" Width="71px"></asp:Label></td>
        <td style="width: 169px; height: 22px; text-align: left">
          <asp:TextBox ID="txtphone" runat="server" Font-Size="9pt"
          Width="123px"></asp:TextBox></td>
        <td style="width: 149px; height: 22px; text-align: left">
          <asp:RegularExpressionValidator ID="revphone" runat="server"
          ControlToValidate="txtphone" ErrorMessage="电话号码格式不
          正确!"
          Font-Size="9pt"
          ValidationExpression="(\(\d{3}\)|\d{3}-)?\d{8}">
          </asp:RegularExpression-Validator></td>
```

```
            </tr>
            <tr>
                <td style="width: 94px; height: 22px; text-align: center">
                  <asp:Label ID="Label4" runat="server" Font-Size="9pt" Text=
                  "E-mail" Width="71px"></asp:Label></td>
                <td style="width: 169px; height: 22px; text-align: left">
                  <asp:TextBox ID="txtemail" runat="server" Font-Size="9pt"
                  Width="123px"></asp:TextBox></td>
                <td style="width: 149px; height: 22px; text-align: left">
                  <asp:RegularExpressionValidator ID="revemail" runat="server"
                  ControlToValidate="txtemail" ErrorMessage="电子邮件格式不正
                  确!" Font-Size="9pt"
                  ValidationExpression="\w+([-+.']\w+)*@\w+([-.]\w+)*\.\w+
                  ([-.]\w+)*"></asp:RegularExpressionValidator></td>
            </tr>
            <tr>
                <td colspan="3" rowspan="1" style="height: 22px; text-align:
                center">
                  <asp:Button ID="btnsubmit" runat="server" Font-Size="9pt"
                  OnClick="btnsubmit_Click"
                          Text="提 交"/>
                </td>
            </tr>
            <tr>
                <td colspan="3" rowspan="12" style="height: 22px; text-align: left">
                  <asp:Label ID="lblmessage" runat="server" Font-Size="9pt">
                  </asp:Label></td>
            </tr>
        </table>
    </div>
    </form>
</body>
</html>
```

7.4 自定义格式验证

CustomValidator 控件用于计算输入控件的值，以确定它是否通过自定义的验证逻辑。

CustomValidator 控件的语法形式如下：

```
<asp: CustomValidator
    Id="控件名称"
    ControlToValidate="要被验证的控件名称"
    ClientValidationFunction="ClientValidateID"
    OnserverValidate="ServerValidateID"
    ErrorMessage="验证控件不通过时显示的错误信息"
```

```
Runat="server"/>
```

CustomValidator 控件验证可在服务器端或者客户端执行，所以该控件具有可指定在服务器端和客户端验证的属性。

ClientValidationFunction 属性用于获取或设置验证的自定义客户端脚本函数的名称。

ServerValidate 事件，在服务器上执行验证时发生，该事件处理程序接受一个 ServerValidateEventArgs 类型参数，该参数具有下列属性值：Value 属性用于获取来自验证的输入控件的值，即要在 ServerValidate 事件的自定义事件处理程序中验证的值；IsValid 属性用于获取或设置由 Value 属性指定的值是否通过验证。

【例 7-5】 本例演示如何使用 CustomValidator 控件对用户输入的姓名和密码进行检查。如果输入的用户名包含非汉字字符，以及密码长度小于 6 或大于 12，则显示出错信息。程序运行结果如图 7-6 所示。

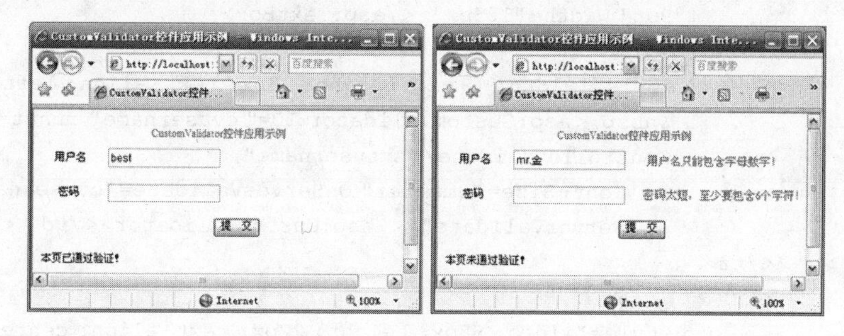

图 7-6　CustomValidator 控件应用示例

(1) 新建 Web 窗体 7_5.aspx，将文档标题命名为“CustomValidator 控件应用示例”。

(2) 在工具箱中找到图 7-6 中所需要的控件，并拖拉至 Web 窗体相应位置，重要控件类型及其属性设置如表 7-5 所示。

表 7-5　重要控件的属性设置

控件类型	ID	属性设置
TextBox	txtusername	
CustomValidator	cvusername	ControlToValidate="txtusername" OnServerValidate="cvusername_ServerValidate"
TextBox	txtpassword	
CustomValidator	cvpassword	ControlToValidate="txtpassword" OnServerValidate="cvpassword_ServerValidate"
Button	btnsubmit	OnClick="btnsubmit_Click"

(3) 7_5.aspx 窗体控件代码：

```
<html xmlns="http://www.w3.org/1999/xhtml" >
<head runat="server">
    <title>CustomValidator 控件应用示例</title>
</head>
<body>
```

```
<form id="form1" runat="server">
 <div style="text-align: center">
     <asp:Label ID="Label2" runat="server" Font-Size="9pt"
    ForeColor="Red" Text="CustomValidator控件应用示例"
        Width="191px"></asp:Label>
    <table align="center" cellpadding="0" cellspacing="0" style="width:
    452px; height: 150px">
        <tr>
            <td style="width: 63px; height: 23px; text-align: center"align=
            "right">
                <asp:Label ID="labLoginName" runat="server" Font-Size=
                "9pt" Text="用户名" Width="66px"></asp:Label></td>
            <td style="width: 32px; height: 23px; text-align: left">
                <asp:TextBox ID="txtusername" runat="server" Font-Size=
                "9pt" Width="123px"></asp:TextBox>
            </td>
            <td style="width: 197px; height: 23px; text-align: left">
                 <asp:CustomValidator ID="cvusername" runat="server"
                ControlToValidate="txtusername"
                    Font-Size="Smaller" OnServerValidate="cvusername_
                    ServerValidate"></asp:CustomValidator></td>
        </tr>
        <tr>
            <td style="width: 63px; height: 22px; text-align: center">
                <asp:Label ID="labSex" runat="server" Font-Size="9pt" Text
                ="密码" Width="27px"></asp:Label></td>
            <td style="width: 32px; height: 22px; text-align: left">
                <asp:TextBox ID="txtpassword" runat="server" Font-Size=
                "9pt" Width="123px" TextMode="Password"></asp:TextBox>
                </td>
            <td style="width: 197px; height: 22px; text-align: left">
                    <asp:CustomValidator ID="cvpassword" runat="server"
                    ControlToValidate="txtpassword"
                        Font-Size="Smaller" OnServerValidate="cvpassword_
                        ServerValidate"></asp:CustomValidator></td>
        </tr>
        <tr>
            <td colspan="3" rowspan="1" style="height: 22px; text-align:
            center">
                <asp:Button ID="btnsubmit" runat="server" Font-Size="9pt"
                OnClick="btnsubmit_Click"
                    Text="提  交"/> </td>
        </tr>
        <tr>
            <td colspan="3" rowspan="12" style="height: 22px; text-align:
            left">
                <asp:Label ID="lblmessage" runat="server"
                Font-Size="9pt"></asp:Label></td>
```

```
            </tr>
        </table>
    </div>
    </form>
</body>
</html>
```

(4) 源程序(ASPNET_JC(C#)\WebSites\WebSite1\ch07\7_5.aspx.cs):

```
protected void cvusername_ServerValidate(object source, ServerValidateEventArgs args)
{
    String strInB=txtusername.Text;
    int sum=0;
    int i;
    //基本 ASCII 码以 Unicode 方式编码时存储占 2 个字节,其中一个字节为 0,另外一个字节
    //的内码和其 ASCII 值相同
    byte[] bytes=Encoding.BigEndianUnicode.GetBytes(strInB);
    for (i=1; i <bytes.Length; i=i+2)
    {
        sum=bytes[i] ;
        if (sum<48||(sum>57 && sum<65)||(sum>90 && sum<97)||sum>122)
        {
            cvusername.Text="用户名只能包含字母数字!";
            args.IsValid=false;
            break;
        }
    }
    if (i>=bytes.Length)
        args.IsValid=true;
}
protected void cvpassword_ServerValidate(object source, ServerValidateEventArgs args)
{
    string pwd=args.Value;
    int len=pwd.Length;
    args.IsValid=true;
    if (len<6)
    {
        args.IsValid=false;
        cvpassword.Text="密码太短,至少要包含 6 个字符!";
    }
    if (len>12)
    {
        args.IsValid=false;
        cvpassword.Text="密码太长,至多包含 12 个字符!";
    }
}

protected void btnsubmit_Click(object sender, EventArgs e)
{
```

```
        if (Page.IsValid)
            lblmessage.Text="本页已通过验证！";
        else
            lblmessage.Text="本页未通过验证！";
    }
```

7.5 页面统一验证

ValidationSummary 控件用于显示页面中所有验证错误的摘要。当页面上有很多验证控件时，可以使用一个 ValidationSummary 控件在一个位置总结来自于 Web 页上所有验证程序的错误信息。ValidationSummary 控件的语法形式如下：

```
<asp: ValidationSummary
    Id="控件名称"
    DisplayMode="BulletList|List|SingleParagraph"
    ShowSummary="True|False"
    ShowMessageBox="True|False"
    HeaderText="标题文本"
    Runat="server"/>
```

DisplayMode 属性用于设置验证摘要的显示模式，可以是列表(List)、项目列表(BulletList)、单个段落(SingleParagraph)。在默认情况下，是项目列表显示方式。

ShowSummary 属性用于指定是显示还是隐藏 ValidationSummary 控件，如果属性值为 true，则显示 ValidationSummary 控件，否则隐藏该控件。

ShowMessageBox 属性用于指定是否在消息框中显示验证摘要。若将该属性设置为 True，则在消息框中显示摘要。

ValidationSummary 控件中为页面上每个验证控件显示的错误信息，是由每个验证控件的 ErrorMessage 属性指定的。如果没有设置验证控件的 ErrorMessage 属性，则在 ValidationSummary 控件中将不为该验证控件显示错误信息。

ValidationSummary 控件通常与其他验证控件一起使用，可以分别设置各个验证控件的 ErrorMessage 属性，并将它们的 Display 属性设置为 None，而通过 ValidationSummary 控件来收集所有验证错误，并在网页区域中或以对话框形式显示错误信息。

【例 7-6】 本例演示如何使用 ValidationSummary 控件通过对话框显示输入过程中出现的所有验证控件的错误信息。程序运行结果如图 7-7 所示。

(1) 新建 Web 窗体 7_6.aspx，将文档标题命名为"ValidationSummary 控件应用示例"。

(2) 在工具箱中找到图 7-7 中所需要的控件，并拖拉至 Web 窗体相应位置，重要控件类型及其属性设置如表 7-6 所示。

图 7-7　ValidationSummary 控件应用示例

表 7-6　重要控件的属性设置

控 件 类 型	ID	属 性 设 置
TextBox	txtstudentno	
RequiredFieldValidator	rfvstudentno	ControlToValidate＝"txtstudentno" ErrorMessage＝"请输入学号!"
TextBox	txtusername	
RequiredFieldValidator	rfvusername	ControlToValidate＝"txtstudentno" ErrorMessage＝"请输入姓名!"
TextBox	txtbirthdate	
CompareValidator	Cpbirthdate	Operator＝"DataTypeCheck" Type＝"Date" ControlToValidate＝"txtbirthdate" ErrorMessage＝"日期格式不对!"

(3) 7_6.aspx 窗体控件代码:

```
<html>
<head runat="server">
    <title>ValidationSummary控件应用示例</title>
</head>
<body>
    <form id="form1" runat="server">
    <div style="text-align: center">
         <asp:Label ID="Label2" runat="server" Font-Size="9pt"
        ForeColor="Red" Text="ValidationSummary控件应用示例"
            Width="191px"></asp:Label>
        <table align="center" cellpadding="0" cellspacing="0">
            <tr>
                <td style="width: 94px; height: 22px; text-align: center">
                    <asp:Label ID="labLoginName" runat="server" Font-Size=
                   "9pt" Text="学号" Width="66px"></asp:Label></td>
                <td style="width: 169px; height: 22px; text-align: left">
```

```
            <asp:TextBox ID="txtuserno" runat="server" Font-Size="9pt"
            Width="123px"></asp:TextBox>
        </td>
        <td style="width: 149px; height: 22px; text-align: left">
             <asp:RequiredFieldValidator ID="rfvstudentno"
            runat="server" ControlToValidate="txtuserno"
                Display="None" Font-Size="9pt" SetFocusOnError="True"
                ErrorMessage="请输入学号!">
                </asp:RequiredFieldValidator></td>
    </tr>
    <tr>
        <td style="width: 94px; height: 22px; text-align: center">
            <asp:Label ID="labSex" runat="server" Font-Size="9pt"
            Text="姓名" Width="27px"></asp:Label></td>
        <td style="width: 169px; height: 22px; text-align: left">
            <asp:TextBox ID="txtusername" runat="server" Font-Size=
            "9pt" Width="123px"></asp:TextBox></td>
        <td style="width: 149px; height: 22px; text-align: left">
            <asp:RequiredFieldValidator ID="rfvusername" runat=
            "server" ControlToValidate="txtusername"
                Display="None" Font-Size="9pt" SetFocusOnError="True"
                ErrorMessage="请输入姓名!">
                </asp:RequiredFieldValidator></td>
    </tr>
    <tr>
        <td style="width: 94px; height: 22px; text-align: center">
            <asp:Label ID="Label1" runat="server" Font-Size="9pt"
            Text="出生日期" Width="63px"></asp:Label></td>
        <td style="width: 169px; height: 22px; text-align: left">
            <asp:TextBox ID="txtbirthdate" runat="server" Font-Size=
            "9pt" Width="123px"></asp:TextBox></td>
        <td style="width: 149px; height: 22px; text-align: left">
            <asp:CompareValidator ID="Cpbirthdate" runat="server"
                ErrorMessage="日期格式不对!" Font-Size="9pt"
                Operator="DataTypeCheck" Type="Date"
                ControlToValidate="txtbirthdate">
                </asp:CompareValidator></td>


    </tr>
    <tr>
        <td colspan="3" rowspan="1" style="height: 22px; text-align:
        center">
            <asp:Button ID="btnsubmit" runat="server" Font-Size="9pt"
            OnClick="btnsubmit_Click"
                Text="提  交"/>
        </td>
    </tr>
    <tr>
        <td colspan="3" rowspan="12" style="height: 22px; text-align:
```

```
                left">
                    <asp:ValidationSummary ID="ValidationSummary1"runat="server"
                    Font-Size="9pt" HeaderText="输入数据时发生错误!"
                    EnableViewState="False" ShowMessageBox="True"/>
                    <asp:Label ID="lblmessage" runat="server"></asp:Label></td>
            </tr>
        </table>
    </div>
    </form>
</body>
</html>
```

7.6 综合实训——验证控件的用途及属性的设置

1. 实训目的

掌握 ASP. NET 各个验证控件的用途以及控件属性的设置方法。

2. 实训内容

注册页面用户输入信息时,必须保证输入信息的合理性,通过 ASP. NET 验证控件保障信息输入的合理性。

3. 实训步骤

(1) 启动 Visual Studio. NET 2005。

(2) 新建页面程序。

(3) 编程及调试。

(4) 运行结果如图 7-8 所示。

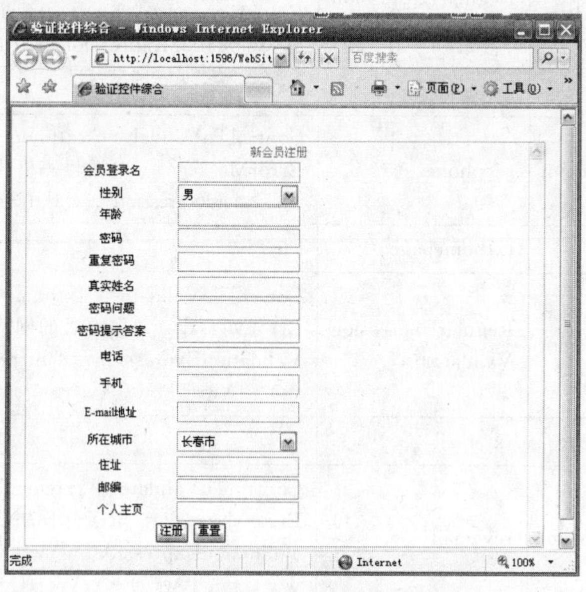

图 7-8 注册页面运行结果

页面重要控件及属性设置如表7-7所示。

表7-7 重要控件及其属性设置

控件类型	ID	属性设置
txtLoginName	TextBox	
RequiredFieldValidator	RequiredFieldValidator1	ControlToValidate="txtLoginName" ErrorMessage="注册名不能为空"
TextBox	txtage	
RangeValidator	RangeValidator1	ControlToValidate="txtage" ErrorMessage="输入的年龄不在指定范围内" MaximumValue="200" MinimumValue="0"
TextBox	txtPwd	
RequiredFieldValidator	RequiredFieldValidator2	ControlToValidate="txtPwd" ErrorMessage="密码不能为空"
TextBox	txtSecPwd	
CompareValidator	CompareValidator1	ControlToCompare="txtPwd" ControlToValidate="txtSecPwd" ErrorMessage="输入的密码不一致,请重新输入"
TextBox	txtpostcode	
RegularExpressionValidator	revpostcode	ControlToValidate="txtpostcode" ErrorMessage="邮政编码必须由6位数字组成!" ValidationExpression="\d{6}"
TextBox	txtmobile	
RegularExpressionValidator	RegularExpressionValidator2	ControlToValidate="Txtmobile" ErrorMessage="您输入的手机号码有误,请重新输入"ValidationExpression="^[1]\d{10}"
TextBox	txtphone	
RegularExpressionValidator	revphone	ControlToValidate="txtphone" ErrorMessage="电话号码格式不正确!" ValidationExpression="(\(\d{3}\)|\d{3}-)? \d{8}"
TextBox	txthomepage	
RegularExpressionValidator	RegularExpressionValidator1	ControlToValidate="txthomepage" ErrorMessage="您输入的网络地址有误" ValidationExpression="http(s)?://([\w-]+\.)+[\w-]+(/[\w-./?%&=]*)?"
TextBox	txtemail	
RegularExpressionValidator	revemail	ControlToValidate="txtemail" ErrorMessage="电子邮件格式不正确!" ValidationExpression="\w+([-+.']\w+)*@\w+([-.]\w+)*\.\w+([-.]\w+)*"

7.7 练习

1. 问答题

验证控件的 ErrorMessage 和 Text 属性都可以设置验证失败时显示的错误信息，两者有何区别？

2. 选择题

(1) 验证用户输入的值在 18～60 的范围内，要使用(　　)验证控件。

A. RegularExpressionValidator　　B. CompareValidator

C. RangeValidator　　D. RequiredFieldValidator

(2) 在 CompareValidator 控件的 Operator 属性，要指定了大于等于比较操作符，应选择以下(　　)比较操作符。

A. GreaterThanEqual　　B. Equal

C. NotEqual　　D. GreaterThan

第 8 章

ADO.NET 数据库操作

ADO.NET 是一组向.NET 程序员公开数据访问服务的类。ADO.NET 为创建分布式数据共享应用程序提供了一组丰富的组件。它提供了对关系数据、XML 和应用程序数据的访问，是.NET Framework 中不可缺少的重要部分。ADO.NET 支持多种开发需求，包括创建由应用程序、工具、语言或 Internet 浏览器使用的数据库客户端和中间层业务对象。

8.1 ADO.NET 简述

ADO.NET 对 Microsoft SQL Server 和 XML 等数据源以及通过 OLE DB 和 XML 公开的数据源提供一致的访问。数据共享使用者应用程序可以使用 ADO.NET 来连接到这些数据源，并检索、处理和更新所包含的数据。

ADO.NET 包含用于连接到数据库、执行命令和检索结果的.NET Framework 数据提供程序。可以直接处理检索到的结果，或将其放入 DataSet 对象，以便与来自多个数据源的数据或在层之间进行远程处理的数据组合在一起，以特殊方式向用户公开。DataSet 对象也可以独立于.NET Framework 数据提供程序使用，以管理应用程序本地的数据或源自 XML 的数据。

ADO.NET 类在 System.Data.dll 中，与 System.Xml.dll 中的 XML 类集成。当编译使用 System.Data 命名空间的代码时，就会引用 System.Data.dll 和 System.Xml.dll。

8.1.1 .NET Framework 数据提供程序

.NET Framework 数据提供程序是专门为数据处理以及快速地只进、只读访问数据而设计的组件。Connection 对象提供与数据源的连接。Command 对象使访问用于返回数据、修改数据、运行存储过程以及发送或检索参数信息的数据库命令。DataReader 从数据源中提供高性能的数据流。DataAdapter 提供连接 DataSet 对象和数据源的桥梁。DataAdapter 使用 Command 对象在数据源中执行 SQL 命令，以便将数据加载到 DataSet 中，使对 DataSet 中数据的更改与数据源保持一致。

DataSet 专门为独立于任何数据源的数据访问而设计。DataSet 包含一个或多个 DataTable 对象的集合，这些对象由数据行和数据列以及有关 DataTable 对象中数据的主键、外键、约束和关系信息组成。图 8-1 说明了.NET Framework 数据提供程序与 DataSet 之间的关系。

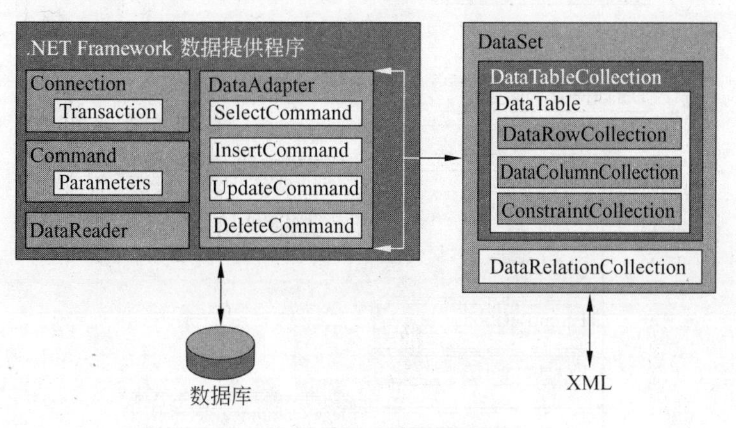

图 8-1　ADO.NET 结构

.NET Framework 数据提供程序用于连接到数据库、执行命令和检索结果。表 8-1 列出了.NET Framework 中包含的数据提供程序。

表 8-1　.NET Framework 数据提供程序

.NET Framework 数据提供程序	说　明
SQL Server .NET Framework 数据提供程序	提供对 Microsoft SQL Server 7.0 版或更高版本的数据访问。使用 System.Data.SqlClient 命名空间
OLEDB .NET Framework 数据提供程序	适合于使用 OLE DB 公开的数据源。使用 System.Data.OleDb 命名空间
ODBC .NET Framework 数据提供程序	适合于使用 ODBC 公开的数据源。使用 System.Data.Odbc 命名空间
Oracle .NET Framework 数据提供程序	适用于 Oracle 数据源。Oracle .NET Framework 数据提供程序支持 Oracle 客户端软件 8.1.7 版和更高版本，使用 System.Data.OracleClient 命名空间

8.1.2　DataSet

DataSet 对象是支持 ADO.NET 的断开式、分布式数据方案的核心对象。DataSet 是数据的内存驻留表示形式，无论数据源是什么，它都会提供一致的关系编程模型。它可以用于多种不同的数据源，用于 XML 数据，或用于管理应用程序本地的数据。DataSet 包括相关表、约束和表间关系在内的整个数据集。图 8-2 显示了 DataSet 对象模型。

一个 DataSet 对象可以包含多个 DataTable 对象表的集合。DataTableCollection 包含有 DataSet 中的所有的 DataTable 对象。

DataTable 定义在 System.Data 命名空间中，表示驻留内存的数据表。其中包含由 DataColumnCollection 表示的列集合以及由 ConstraintCollection 表示的约束集合，这两个集合共同定义了表的架构。DataTable 还包含 DataRowCollection 所表示的行的集合。

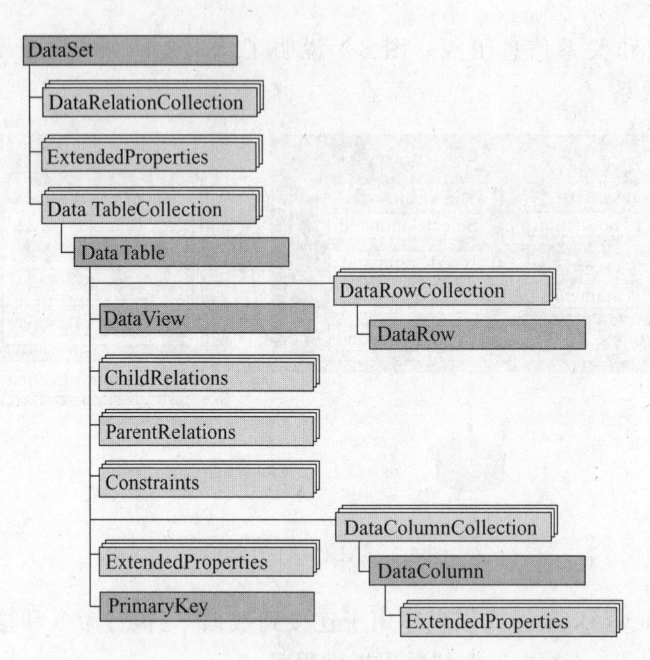

图 8-2　DataSet 对象模型

DataSet 在其 DataRelationCollection 对象中包含关系。关系由 DataRelation 对象来表示，它使一个 DataTable 中的行与另一个 DataTable 中的行相关联。类似于关系数据库中的主键列和外键列之间的连接路径。DataRelation 标识 DataSet 中两个表的匹配列。

8.2 ADO.NET 访问数据库

8.2.1 数据库准备

在进行数据库编程之前，要进行数据库的准备工作，本书主要使用的数据库是 Microsoft Office Access 2003。

通过 Access 2003 创建一个数据库命名为 db1.mdb，并建立一个用户表，保存为"userTable"，表结构如表 8-2 所示。

表 8-2　userTable 表结构

字段名称	类　型	字段大小	必填字段	说　明
userId	自动编号	长整型	是	主键、用户编号
userName	文本	10	是	用户名
userPwd	文本	50	是	用户密码
sex	文本	2	否	用户性别
tel	文本	14	否	联系电话

续表

字段名称	类　型	字段大小	必填字段	说　明
email	文本	50	否	电子邮件
career	文本	50	否	职业
introducation	备注		否	简介

在 userTable 表中添加如表 8-3 所示的记录(表内数据供演示使用,没有真实意义)。

表 8-3　userTable 表记录

userId	userName	userPwd	sex	tel	email	career	introducation
1	陈杰	chj	男	571-86345672	chj@126. com	教育	教授、高级工程师
2	汪斌	7064	女	571-86562345	wb@sina. com	医生	临床医学专业
3	张达	1234	男	010-85698745	zd@sohu. com	IT	软件测试
4	陈富	6666	男	021-75689541	chfusina. com	心理咨询	提供心理咨询服务
5	方芳	8974	女	027-89745682	ff@sohu. com	律师	捷达律师事务所律师

将建立好的 db1. mdb 数据库放在 App_Data 文件夹下。

8. 2. 2　ADO. NET 的对象

ASP. NET Framework 数据提供程序的核心对象是执行数据操作的重要组件,表 8-4 概括了组成. NET Framework 数据提供程序的 4 个核心对象。

表 8-4　. NET Framework 数据提供程序核心对象

对　象	说　明
Connection	建立与特定数据源的连接。所有 Connection 对象的基类均为 DbConnection 类
Command	对数据源执行命令。所有 Command 对象的基类均为 DbCommand 类
DataReader	从数据源中读取只进且只读的数据流。所有 DataReader 对象的基类均为 DbDataReader 类
DataAdapter	用数据源填充 DataSet 并解析更新。所有 DataAdapter 对象的基类均为 DbDataAdapter 类

System. Data. SqlClient 命名空间中的对象以及 System. Data. OleDb 命名空间中对象的对应关系见表 8-5。

表 8-5　两种命名空间中对象的名字及其对应关系

对　象	System. Data. OleDb 命名空间	System. Data. SqlClient 命名空间
Connection	OleDbConnection	SqlConnection
Command	OleDbCommand	SqlCommand
DataReader	OleDbDataReader	SqlDataReader
DataAdapter	OleDbDataAdapter	SqlDataAdapter

8.2.3 ADO.NET两种读取数据库的方式

ADO.NET数据处理的流程一般有两种方式,如图8-3所示。

第一种方式在对数据的操作过程中和数据库的连接一直都保持着,又叫连接模型。使用连接模型的流程如下。

(1) 创建一个数据库连接。

(2) 查询一个数据集合,即执行SQL语句或者存储过程。

(3) 对数据集合进行需要的操作。

(4) 关闭数据库连接。

第二种方式在对数据的操作过程中和数据库的连接可以断开,又叫断开模型。使用断开模型的流程如下。

(1) 创建一个数据库连接。

(2) 新建一个记录集。

(3) 将记录集保存到DataSet。

(4) 根据需要重复第(2)步,因为一个DataSet可以容纳多个数据集合。

(5) 关闭数据库连接。

(6) 对DataSet进行各种操作。

(7) 将DataSet的信息更新到数据库。

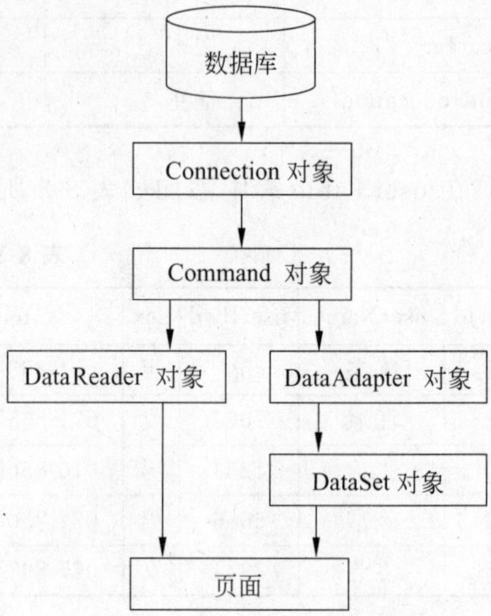

图8-3 ADO.NET数据访问流程

8.2.4 Connection对象

Connection提供了两种构造函数,要连接Access数据库,必须使用OLE DB数据源,使用OLE DB.NET Framework数据提供程序的OleDbConnection对象,语法格式如下。

(1) 格式1

```
OleDbConnection myConnection=new OleDbConnection();
myConnection.ConnectionString="Provider=Microsoft.Jet.OLEDB.4.0;
Data Source=db1.mdb";
```

(2) 格式2

```
OleDbConnection myConnection=new OleDbConnection("Provider=
Microsoft.Jet.OLEDB.4.0;Data Source=db1.mdb");
```

注意,如果数据库使用加密,语法如下:

```
Provider=Microsoft.Jet.OLEDB.4.0; Data Source=db1.mdb;User ID=Admin;
Password=;
```

Connection对象常用的属性和方法如表8-6所示。

表 8-6　Connection 对象常用的属性和方法

	名　称	说　明
属性	ConnectionString	获取或设置数据库的连接字符串
	ConnectionTimeout	获取在尝试建立连接时终止尝试并生成错误之前所需的时间
	Database	获取当前数据库或连接打开后要使用的数据库的名称
	DataSource	对于 SQL Server 数据提供程序，代表要连接的 SQL Server 实例的名称；对于 OLE DB、ODBC 数据提供程序，代表数据源的服务器名或文件名；对于 Oracle 数据提供程序，代表要连接的 Oracle 服务器的名称
	State	获取连接的当前状态
方法	BeginTransaction	开始数据库事务
	CreateCommand	创建并返回一个与该 Connection 关联的 Command 对象
	Close	关闭与数据库的连接。这是关闭任何打开连接的首选方法
	Open	打开数据库连接

【例 8-1】　利用 Connection 对象，使用绝对地址，连接 Access 数据库并显示连接状态（源程序：ASPNET_JC(C#)\WebSites\WebSite1\ch08\8_1. aspx）。运行结果如图 8-4 所示。

图 8-4　8_1. aspx 的运行结果

(1) 在 8_1. aspx. cs 页面中引用 OleDb，输入 using System. Data. OleDb。

(2) 在页面空白处双击，进入页面的 Page_Load 事件，输入如下代码。

```
OleDbConnection myConnection=new OleDbConnection("Provider=Microsoft.Jet.
    OLEDB.4.0;Data Source=F:/lesson/asp.net/ASP.NET 教材/WebSites/WebSite1
    /App_Data/db1.mdb");
myConnection.Open();
Response.Write(myConnection.State.ToString());
```

完成后，运行结果如图 8-4 所示。

程序注释：

(1) 要连接 Access 数据库，必须引用 OleDb 对象，因此要在页面中输入 using System. Data. OleDb。

(2) 本例中演示的是绝对地址连接数据库，读者可以根据自己程序的数据库所在地址更改使用。

(3) OleDbConnection对象负责连接数据库，myConnection.Open()方法表示打开数据库连接，因为只有打开数据库连接才能对数据库进行操作。

(4) myConnection.State可以取出所连接数据库的状态，是Open还是Close。

例8-1中连接字符串的数据库地址是绝对地址，当网站或者数据库的地址发生变化时往往会出数据库连接错误，因此，可以使用Server.MapPath()方法来获取数据库的相对地址，连接字符串改成如下格式。

```
OleDbConnection myConnection=new OleDbConnection("Provider=Microsoft.Jet.
OLEDB.4.0;Data Source="+Server.MapPath("../App_Data/db1.mdb"));
```

还有一种方法可以把连接数据库的字符串存储在配置文件中。为了方便调用，可以将连接字符串存储在ASP.NET应用程序的web.config文件中。一般存储在配置文件的<connectionStrings>元素中。连接字符串存储为键/值对的形式，可以在运行时使用名称查找存储在connectionString属性中的值。例如：

```
<connectionStrings>
    <add name="accessCon" connectionString="Provider=Microsoft.Jet.OLEDB.4.0;
    Data Source=|DataDirectory|\db1.mdb;Persist Security Info=True"
    providerName="System.Data.OleDb"/>
</connectionStrings>
```

然后在程序中使用WebConfigurationManager类读取web.config文件中的connectionString属性值。

【例8-2】 采用在应用程序web.config文件中设置连接字符串的方法连接Access数据库，显示连接状态（源程序：ASPNET_JC(C#)\WebSites\WebSite1\ch08\8_2.aspx）。运行结果与例8-1相同，如图8-5所示。

图8-5　例8-2的运行结果

(1) 在网站web.config文件中添加如下代码。

```
<connectionStrings>
    <add name="accessCon" connectionString="Provider=Microsoft.Jet.OLEDB.4.0;
    Data Source=|DataDirectory|\db1.mdb;Persist Security Info=True"
    providerName="System.Data.OleDb"/>
</connectionStrings>
```

(2) 在8_2.aspx.cs页面中添加引用。

```
using System.Data.OleDb;
using System.Web.Configuration;
```

(3) 在页面空白处双击，进入页面的 Page_Load 事件，输入如下代码。

```
String ConStr=WebConfigurationManager.ConnectionStrings["accessCon"].ToString();
OleDbConnection myConnection=new OleDbConnection(ConStr);  //建立数据库连接
myConnection.Open();                                        //打开数据库连接
Response.Write(myConnection.State.ToString());
```

完成后，运行结果如图 8-5 所示。

程序注释：

(1) web.config 文件中的数据库地址|DataDirectory|表示 App_Data 文件夹。

(2) WebConfigurationManager.ConnectionStrings["accessCon"]是取得 web.config 文件中的连接数据库字符串 accessCon。

(3) 使用 WebConfigurationManager 类，需要先引用 System.Web.Configuration。

如果要连接 SQL Server，使用 SQL Server 数据提供程序的 SQLConnection 对象，建立一个 SQL Server 连接的典型方法如下：

```
string ConStr="server=.;user id=sa;pwd=sa;database=pubs";
SqlConnection conn=new SqlConnection(ConStr);
```

其中，server=.表示本地服务器，user id 是连接 SQL Server 服务器的用户名，pwd 是密码，可以为空，database 表示所连接的数据库名称。

也可以在 web.config 文件中添加连接字符串，需要提供 Provider、Data Source、Initial Catalog、user id 和 password 等参数信息。其中 Provider 给出了驱动的类型，Data Source 给出了要连接的 SQL Server 服务器的名称，Initial Catalog 给出了数据库的名字。user id 给出了要连接的数据库的合法用户名，password 给出了连接数据库的用户密码。如果连接的是本地的 SQL Server(采用信任连接方式)，那么连接字符串如下：

```
Provider=SQLOLEDB;Data Source=.;Initial Catalog=Northwind;Integrated
Security=True;
```

如果采用非信任连接的方式，那么采用如下的连接字符串。

```
Provider=SQLOLEDB;Data Source=数据库服务器名;user id=用户名;password=密码;
```

如连接 SQL Server 中的 pubs 数据库，在 web.config 文件中添加代码如下：

```
<connectionStrings>
    <add name="pubsConnectionString" connectionString="Data Source=.; Initial
    Catalog=pubs;Integrated Security=True" providerName="System.Data.SqlClient"/>
</connectionStrings>
```

【例 8-3】 连接 SQL Server 数据库中提供的默认数据库 pubs，显示连接状态(源程序：ASPNET_JC(C#)\WebSites\WebSite1\ch08/8_3.aspx)。运行结果如图 8-6 所示。

图 8-6 例 8-3 的运行结果

(1) 在网站 web.config 文件中添加如下代码。

```
<connectionStrings>
    <add name="pubsConnectionString" connectionString="Data Source=.;Initial
    Catalog=pubs;Integrated Security=True" providerName="System.Data.SqlClient"/>
</connectionStrings>
```

(2) 在 8_3.aspx.cs 页面中添加引用。

```
using System.Data.SqlClient;          //使用 SQL Server 数据库,引用空间
using System.Web.Configuration;       //使用 WebConfigurationManager
```

(3) 在页面空白处双击,进入页面的 Page_Load 事件,输入如下代码。

```
string ConStr="server=.;user id=sa;pwd=sa;database=pubs";  //第一种方法
//String ConStr=WebConfigurationManager.ConnectionStrings
["pubsConnectionString"].ToString();                        //第二种方法
SqlConnection conn=new SqlConnection(ConStr);
string SqlStr="select * from jobs";
SqlDataAdapter da=new SqlDataAdapter(SqlStr, conn);
conn.Open();
Response.Write(conn.State.ToString());
```

完成后,运行结果如图 8-6 所示。

程序注释:

(1) 使用 SQL Server 数据库,必须引用 System.Data.SqlClient。

(2) 本例中采用两种方法连接数据库 pubs,第一种是直接书写连接语句。第二种方法是在 web.config 文件中添加连接字符串,在程序中引用 System.Web.Configuration,使用 WebConfigurationManager 的 ConnectionStrings 属性取得连接字符串,效果是一样的。

8.2.5 Command 对象

当建立与数据源的连接后,可以使用 Command 对象来执行命令并从数据源中返回结果。使用 Command 构造函数来创建命令。使用 Connection 的 CreateCommand 方法来创建用于特定 Connection 对象的命令。使用 CommandText 属性来查询和修改 Command 对象的 SQL 语句。

当 Command 对象用于存储过程时,可以将 Command 对象的 CommandType 属性设

置为 StoredProcedure，就可以使用 Command 的 Parameters 属性来访问输入及输出参数和返回值。

Command 对象公开了几种可用于执行所需操作的 Execute 方法。当以数据流的形式返回结果时，使用 ExecuteReader 可返回 DataReader 对象。使用 ExecuteScalar 可返回单个值。使用 ExecuteNonQuery 命令不返回行。

链接 Access 数据库使用 Command 对象的格式如下：

```
OleDbCommand cmd=new OleDbCommand("SELECT * FROM userTable", myConnection);
```

Command 对象常用的属性和方法如表 8-7 所示。

表 8-7 Command 对象常用的属性和方法

	名　称	说　明
属性	CommandText	获取或设置要对数据源执行的 Transact-SQL 语句或存储过程名
	CommandTimeout	获取或设置在终止执行命令的尝试并生成错误之前的等待时间
	CommandType	默认值为 Text；当 CommandType 属性设置为 StoredProcedure 时，CommandText 属性应设置为存储过程的名称
	Connection	获取或设置 Command 的连接实例
	Parameters	Transact-SQL 语句或存储过程的参数。默认为“空集合”
方法	Cancel	取消 SqlCommand 的执行
	ExecuteNonQuery	对连接执行 Transact-SQL 语句并返回受影响的行数。常用于执行 INSERT、DELETE、UPDATE 语句等命令
	ExecuteReader	将 CommandText 发送到 Connection 并生成一个 DataReader
	ExecuteScalar	从数据库中检索单个值(例如一个聚合值)，并返回查询所返回的结果集中的第一行第一列
	ExecuteXmlReader	将 CommandText 发送到 Connection 并生成一个 XmlReader 对象

8.2.6 DataReader 对象

DataReader 对象从数据库中检索只读、只进的数据流。查询结果在查询执行时返回，使用 DataReader 可以提高应用程序的性能，原因是它只要数据可用就立即检索数据，并且(默认情况下)一次只在内存中存储一行，减少了系统开销。一般使用 Command 对象的 ExecuteReader 方法创建一个 DataReader，以便从数据源检索行。创建 DataReader 的格式如下：

```
OleDbDataReader myReader=cmd.ExecuteReader();
```

每次使用完 DataReader 对象后都应调用 Close 方法。请注意，当 DataReader 打开时，该 DataReader 将以独占方式使用 Connection。在原始 DataReader 关闭之前，将无法对 Connection 执行任何命令(包括创建另一个 DataReader)。

DataReader 对象常用的属性和方法如表 8-8 所示。

表 8-8 DataReader 对象常用的属性和方法

	名 称	说 明
属性	FieldCount	获取当前行中的列数
	HasRows	获取一个值,该值指示 DataReader 是否包含一行或多行
	IsClosed	获取一个值,该值指示数据读取器是否已关闭
方法	Close	关闭 DataReader 对象
	GetBoolean	获取指定列的值,返回值为布尔型
	GetByte	获取指定列的值,返回值为字节型
	GetChar	获取指定列的值,返回值为单个字符串类型
	GetDateTime	获取指定列的值,返回值为 DateTime 类型
	GetDecimal	获取指定列的值,返回值为 Decimal 类型
	GetDouble	获取指定列的值,返回值为双精度浮点数类型
	GetFieldType	获取指定列的值,返回值为指定对象的数据类型
	GetFloat	获取指定列的值,返回值为单精度浮点数类型
	GetInt32	获取指定列的值,返回值为 32 位有符号整数类型
	GetInt64	获取指定列的值,返回值为 64 位有符号整数类型
	GetName	获取指定列的名称
	GetSchemaTable	返回一个 DataTable,它描述 SqlDataReader 的列元数据
	GetSqlBoolean	获取指定列的值,返回值为 SqlBoolean 类型
	GetString	获取指定列的值,返回值为字符串类型
	GetValue	获取以本机格式表示的指定列的值
	NextResult	当读取批处理 Transact-SQL 语句的结果时,使数据读取器前进到下一个结果
	Read	使 DataReader 前进到下一条记录。DataReader 的默认位置在第一条记录前,必须调用 Read 来开始访问数据

【例 8-4】 使用 DataReader 对象,把数据库 db1.mdb 中 userTable 表的编号、姓名和性别信息显示在 table 表格中(源程序:ASPNET_JC(C#)\WebSites\WebSite1\ch08/8_4.aspx)。运行结果如图 8-7 所示。

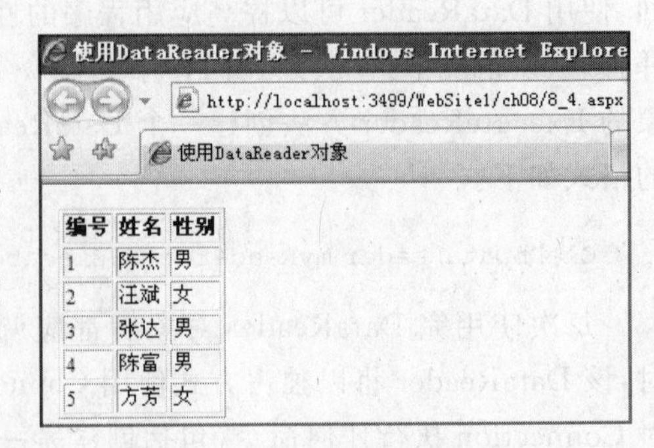

图 8-7 例 8-4 的运行结果

(1) 添加页面 8_4.aspx,在页面添加引用。

```
using System.Data.OleDb;
```

(2) 在页面的 Page_Load 事件中添加如

下代码。

```
OleDbConnection Conn=new OleDbConnection();
Conn.ConnectionString = " Provider = Microsoft. Jet. OLEDB. 4. 0; Data source = " +
Server.MapPath("../app_data/db1.mdb");
Conn.Open();
String strSQL="SELECT * FROM userTable";
OleDbCommand Comm=new OleDbCommand(strSQL, Conn);              //建立 OleDbCommand
OleDbDataReader dr=Comm.ExecuteReader();
                                   //执行 ExecuteReader()方法,生成 OleDbDataReader
string html="<table style='font-size: 10pt' border='1'>";               //构成表格标记
html+="<TR>";
html+="<TD><B>编号</B></TD>";
html+="<TD><B>姓名</B></TD>";
html+="<TD><B>性别</B></TD>";
html+="</TR>";
try
 {                                                        //读出每一条记录
   while (dr.Read())                                      //循环读取 dr 里的数据
     {
       html+="<TR>";
       html+="<TD>"+dr["userId"].ToString()+"</TD>";
       html+="<TD>"+dr["userName"].ToString()+"</TD>";
       html+="<TD>"+dr["sex"].ToString()+"</TD>";
       html+="</TR>";}
       html+="</Table>";}
finally
 {                                                        //关闭连接
   dr.Close();
   Conn.Close();
 }
Response.Write(html);
```

完成后,运行结果如图 8-7 所示。

程序注释:

(1) Comm. ExecuteReader()是利用 Command 对象的 ExecuteReader()方法取得执行 SQL 命令后得到的 DataReader 对象。

(2) while(dr. Read())是使 DataReader 从第一条记录前进到下一条记录,循环读出所有记录,当读完最后一条记录时,dr. Read()为 false 结束循环。

(3) 程序采用 HTML 标记中的表格显示 DataReader 中的数据记录。DataReader 和 Connection 对象使用后要用 Close()方法关闭。

8.3　结构化查询语言 SQL 的应用

SQL(Structured Query Language)是一种数据库的结构化查询语言,用于存取数据以及查询、更新和管理关系数据库系统。

常用的SQL语句有SELECT(数据检索)、INSERT(插入数据)、UPDATE(更新数据)、DELETE(删除数据)。

8.3.1 SELECT

使用SELECT(数据检索)语句可以从数据库检索到数据,实现数据的查询功能,语法格式如下:

```
SELECT[ALL|DISTINCT]column_list
[INTO new_table_name]
FROM table_list
[WHERE search_condition]
[GROUP BY group_by_list]
[HAVING search_condition]
[ORDER BY order_list[ASC|DESC]]
```

SELECT语句中各子句的说明如下。

(1) SELECT:此关键字用于从数据库中检索数据。

(2) ALL|DISTINCT:ALL指定在结果集中可以包含重复行,ALL是默认设置;关键字DISTINCT指定SELECT语句的检索结果不包含重复的行。

(3) column_list:描述进入结果集的列,多个列用逗号隔开。

(4) INTO new_table_name:指定查询到的结果集存放到一个新表中,new_table_name为指定新表的名称。

(5) FROM table_list:用于指定产生检索结果集的源表的列表。

(6) WHERE search_condition:用于指定检索的条件,它定义了源表中的行数据进入结果集所要满足的条件,只有满足条件的行才能出现在结果集中。WHERE子句中可以使用的搜索条件如下。

① 比较:=、>、<、>=、<=、<>。

② 范围:BETWEEN... AND...(在某个范围内)、NOT BETWEEN... AND...(不在某个范围内)。

③ 列表:IN(在某个列表中)、NOT IN(不在某个列表中)。

④ 字符串匹配:LIKE(和指定字符串匹配)、NOT LIKE(和指定字符串不匹配)。

⑤ 空值判断:IS NULL(为空)、IS NOT NULL(不为空)。

⑥ 组合条件:AND(与)、OR(或)。

⑦ 取反:NOT。

(7) GROUP BY group_by_list:GROUP BY子句根据group_by_list列中的值将结果集分成组。

(8) HAVING search_condition:HAVING子句是应用于结果集的附加筛选。HAVING子句通常与GROUP BY子句一起使用,尽管HAVING子句前面不必有GROUP BY子句。

(9) ORDER BY order_list[ASC|DESC]:ORDER BY子句定义结果集中的行排列的顺序,order_list指定依据哪些列来进行排序。ASC升序排序,DESC降序排序,默认

是升序排序。

(10) TOP 和 DISTINCT 关键字,使用 TOP 关键字可以返回表中前 *n* 行数据,使用 DISTINCT 关键字可以消除重复行。

例如:

(1) SELECT * FROM userTable,将 userTable 表中所有的数据检索出来。

(2) SELECT userName FROM userTable WHERE sex="男",将 userTable 表中性别为男的所有用户检索出来。

(3) SELECT * FROM userTable WHERE username like "王%",检索出 userTable 表中所有姓王的记录。

(4) SELECT COUNT(*) AS total FROM userTable WHERE sex="男",把性别为男的用户记录统计一下,记录的数目存放在新字段 total 里。

(5) SELECT TOP 3 * FROM userTable,检索出前 3 条记录。

【例 8-5】 使用 DataReader 对象,读取数据库 db1.mdb 中 userTable 表记录,并把记录信息显示在 GridView 控件中。运行结果如图 8-8所示。

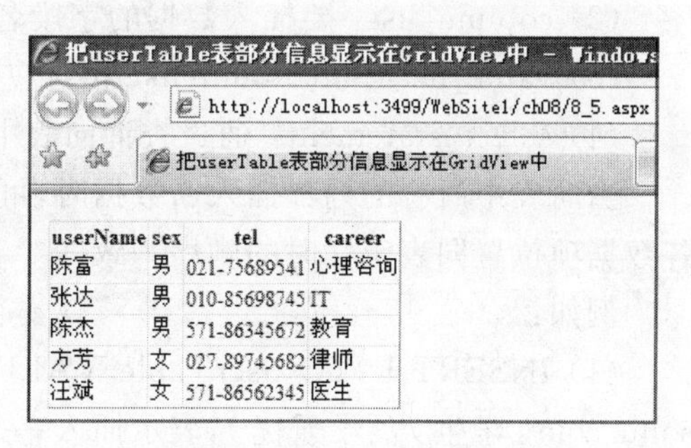

图 8-8　例 8-5 的运行结果

(1) 添加页面 8_5.aspx,在页面引用 OleDb。

```
using System.Data.OleDb;
```

(2) 在页面的 Page_Load 事件中添加如下代码。

```
OleDbConnection Conn=new OleDbConnection();
Conn.ConnectionString="Provider=Microsoft.Jet.OLEDB.4.0;Data source="+
    Server.MapPath("../app_data/db1.mdb");
Conn.Open();
String strSQL="SELECT userName,sex,tel,career FROM userTable ORDER BY sex";
OleDbCommand Comm=new OleDbCommand(strSQL, Conn);
OleDbDataReader dr=Comm.ExecuteReader();
GridView gv=new GridView();                    //建立 GridView 控件 gv
gv.DataSource=dr;                              //设置 GridView1 的数据源
gv.DataBind();                                 //绑定数据源
form1.Controls.Add(gv);                        //把 gv 控件添加到表单 form1 中
dr.Close();
Conn.Close();
```

完成后,运行结果如图 8-8 所示。

程序注释:

(1) 从 userTable 表中检索出 userName、sex、tel、career 这 4 个字段,并且按性别排序。

(2) 本例中在程序中定义了 GridView 控件 gv,用来在页面上显示 OleDbDataReader 中的数据,要设置数据源 DataSource 为获得检索数据结果的 OleDbDataReader 对象的实例,最后使用 DataBind()方法绑定数据源。

(3) 最后要让 GridView 控件 gv 显示在页面,必须使用 Add()方法把 gv 添加到页面表单里。

8.3.2 INSERT

在 SQL 语句中,使用 INSERT(插入数据)语句向表或视图中插入数据。

INSERT 语句的基本语法形式如下:

```
INSERT [INTO] table_name|view_name [(column_list) ]
VALUES (value_list)|select_statement
```

INSERT 语句中各子句的说明如下。

(1) table_name|view_name:要插入数据的表名及视图名。

(2) column_list:要插入数据的字段名。

(3) value_list:与 column_list 相对应的字段的值。

(4) select_statement:通过查询向表中插入数据的条件语句。

当向表中所有的列都插入新数据时,可以省略列名表,但是必须保证 VALUES 后的各数据项位置同表定义时的顺序一致。

例如:

(1) INSERT INTO userTable VALUES('王五','123','男','571-89658745','ww@sohu.com','学生','品学兼优'),表示插入一条包括所有字段值的记录,可以省略字段名。

(2) INSERT INTO userTable(userName,userPwd,sex) VALUES('王五','123','男'),表示插入只有 3 个字段值的一条记录。

【例 8-6】 利用 INSERT 语句,向数据库中添加用户(源程序:ASPNET_JC(C#)\WebSites\WebSite1\ch08/8_6.aspx)。运行结果如图 8-9 所示。

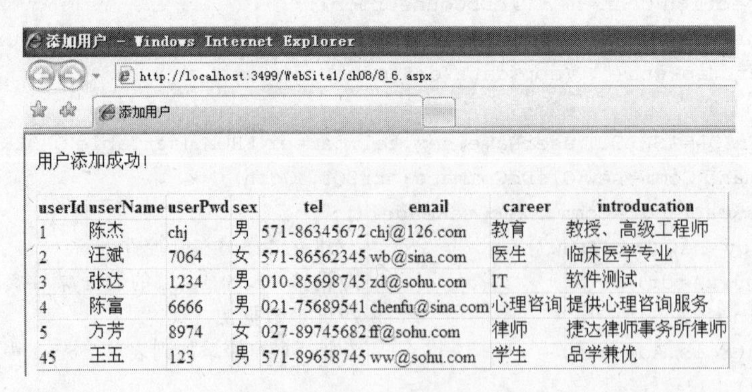

userId	userName	userPwd	sex	tel	email	career	introducation
1	陈杰	chj	男	571-86345672	chj@126.com	教育	教授、高级工程师
2	汪斌	7064	女	571-86562345	wb@sina.com	医生	临床医学专业
3	张达	1234	男	010-85698745	zd@sohu.com	IT	软件测试
4	陈富	6666	男	021-75689541	chenfu@sina.com	心理咨询	提供心理咨询服务
5	方芳	8974	女	027-89745682	ff@sohu.com	律师	捷达律师事务所律师
45	王五	123	男	571-89658745	ww@sohu.com	学生	品学兼优

图 8-9 例 8-6 的运行结果

(1) 添加页面 8_6.aspx,添加页面引用命名空间:

```
using System.Data.OleDb;
using System.Web.Configuration;
```

(2) 在页面的 Page_Load 事件中添加如下代码:

```
String ConStr=WebConfigurationManager.ConnectionStrings["accessCon"].
    ToString();                                          //获取连接字符串
OleDbConnection conn=new OleDbConnection(ConStr);        //建立数据库连接
conn.Open();                                             //打开数据库连接
string InsertStr="INSERT INTO
userTable(userName,userPwd,sex,tel,email,career,introducation) VALUES('王五',
          '123','男','571-89658745','ww@sohu.com','学生','品学兼优')";
OleDbCommand cmd=new OleDbCommand(InsertStr, conn);
cmd.ExecuteNonQuery();                                   //执行 SQL 命令到数据库
cmd.CommandText="SELECT * FROM userTable ORDER BY userId";
OleDbDataReader dr=cmd.ExecuteReader();
GridView gv=new GridView();
gv.DataSource=dr;
gv.DataBind();
form1.Controls.Add(gv);
conn.Close();                                            //关闭数据库连接
Response.Write("用户添加成功！");
```

完成后，运行结果如图 8-9 所示。

程序注释：

(1) 程序先插入一条记录到 userTable 表中，然后检索表中数据显示在页面上。

(2) 插入语句在插入所有字段的值时，可以不写出字段名，如下所示。

```
INSERT INTO userTable VALUES('王五','123','男','571-89658745','ww@ sohu.com','学
生','品学兼优');
```

8.3.3 UPDATE

UPDATE 语句可以用来修改表中的数据行，当存在更新数据的条件时，既可以一次修改一行数据，也可以一次修改多行数据，当不设置更新条件的时候，一次修改所有数据行。

UPDATE 语句的基本语法形式如下：

```
UPDATE table_name|view_name
SET column_list=expression
[WHERE search_condition]
```

UPDATE 语句中各子句的说明如下。

(1) table_name|view_name：要更新数据的表名或视图名。

(2) column_list：要更新数据的字段列表。

(3) expression：设置更新后新的数据值。

(4) WHERE search_condition：更新数据所应满足的条件，不设置将更新所有记录。例如：

```
UPDATE userTable SET userPwd"456",tel="571-89547863" WHERE userName="王五"
```

【例 8-7】 更新数据库用户表中用户名为“王五”记录的内容(源程序：ASPNET_JC(C#)\WebSites\WebSite1\ch08/8_7.aspx)。运行结果如图 8-10 所示。

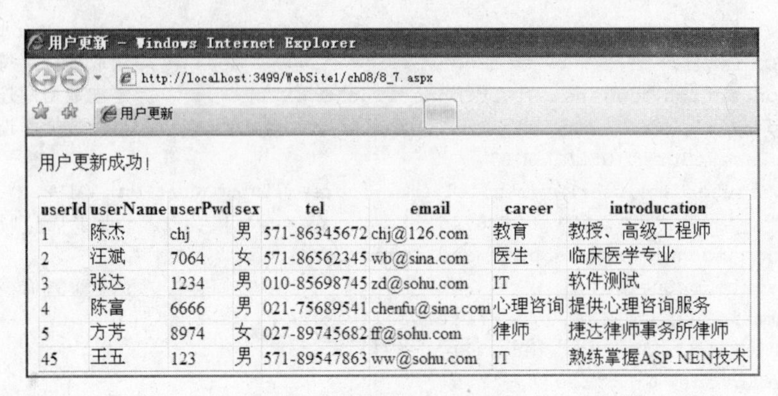

userId	userName	userPwd	sex	tel	email	career	introducation
1	陈杰	chj	男	571-86345672	chj@126.com	教育	教授、高级工程师
2	汪斌	7064	女	571-86562345	wb@sina.com	医生	临床医学专业
3	张达	1234	男	010-85698745	zd@sohu.com	IT	软件测试
4	陈富	6666	男	021-75689541	chenfu@sina.com	心理咨询	提供心理咨询服务
5	方芳	8974	女	027-89745682	ff@sohu.com	律师	捷达律师事务所律师
45	王五	123	男	571-89547863	ww@sohu.com	IT	熟练掌握ASP.NEN技术

图 8-10　例 8-7 的运行结果

(1) 添加页面 8_7.aspx,添加页面引用命名空间:

```
using System.Data.OleDb;
```

(2) 在页面的 Page_Load 事件中添加如下代码:

```
string ConStr="Provider=Microsoft.Jet.OLEDB.4.0;
    Data source="+Server.MapPath("../app_data/db1.mdb");          //获取连接字符串
OleDbConnection conn=new OleDbConnection(ConStr);                 //建立数据库连接
conn.Open();                                                      //打开数据库连接
string UpdateStr="UPDATE userTable SET career='IT',tel='571-89547863',
introducation='熟练掌握 ASP.NET 技术' WHERE userName='王五'";
OleDbCommand cmd=new OleDbCommand(UpdateStr, conn);
cmd.ExecuteNonQuery();                                            //执行 SQL 命令到数据库
cmd.CommandText="SELECT * FROM userTable ORDER BY userId";
OleDbDataReader dr=cmd.ExecuteReader();
GridView gv=new GridView();
gv.DataSource=dr;
gv.DataBind();
form1.Controls.Add(gv);
conn.Close();                                                     //关闭数据库连接
Response.Write("用户更新成功!");
```

完成后,运行结果如图 8-10 所示。

程序注释:

(1) 程序实现了更新 userName 为“王五”这条记录的 userPwd 和 tel 两个字段值,然后检索表中数据显示在页面上。

(2) 注意在构成更新语句字符串的时候,双引号内的双引号要变成单引号。

8.3.4　DELETE

要删除数据库表中的数据记录时,必须使用 DELETE 语句。

DELETE 语句的基本语法形式如下:

```
DELETE[FROM] table_name
```

```
WHERE search_condition
```

注意：若不加 WHERE 子句，表示将删除所有记录。

例如：

```
DELETE FROM userTable WHERE username="王五"
```

【例 8-8】 从数据库中删除符合条件的记录(源程序：ASPNET_JC(C#)\WebSites\WebSite1\ch08/8_8.aspx)。运行结果如图 8-11 所示。

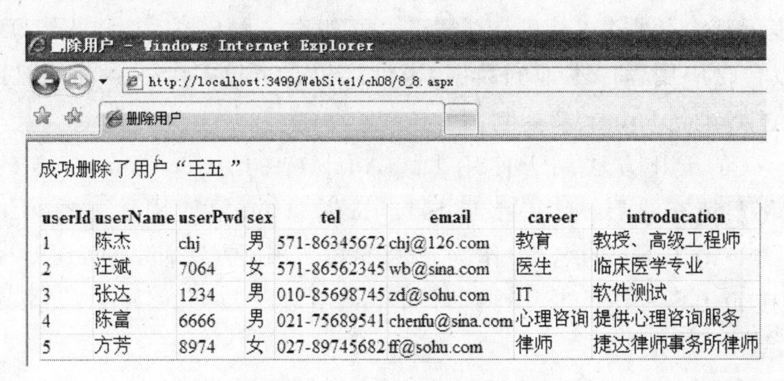

userId	userName	userPwd	sex	tel	email	career	introducation
1	陈杰	chj	男	571-86345672	chj@126.com	教育	教授、高级工程师
2	汪斌	7064	女	571-86562345	wb@sina.com	医生	临床医学专业
3	张达	1234	男	010-85698745	zd@sohu.com	IT	软件测试
4	陈富	6666	男	021-75689541	chenfu@sina.com	心理咨询	提供心理咨询服务
5	方芳	8974	女	027-89745682	ff@sohu.com	律师	捷达律师事务所律师

图 8-11　例 8-8 的运行结果

(1) 添加页面 8_8.aspx，添加页面引用命名空间：

```
using System.Data.OleDb;
```

(2) 在页面的 Page_Load 事件中添加如下代码：

```
string ConStr="Provider=Microsoft.Jet.OLEDB.4.0;
    Data source="+Server.MapPath("../app_data/db1.mdb");
OleDbConnection conn=new OleDbConnection(ConStr);
conn.Open();
                                                    //删除用户名为“王五”的记录
string UpdateStr="DELETE FROM userTable WHERE userName='王五'";
OleDbCommand cmd=new OleDbCommand(UpdateStr, conn);
cmd.ExecuteNonQuery();
cmd.CommandText="SELECT * FROM userTable ORDER BY userId";
OleDbDataReader dr=cmd.ExecuteReader();
GridView gv=new GridView();
gv.DataSource=dr;
gv.DataBind();
form1.Controls.Add(gv);
conn.Close();
Response.Write("成功删除了用户“王五”");
```

完成后，运行结果如图 8-11 所示。

程序注释：

(1) 程序实现了删除 userName 为“王五”的记录，然后检索表中数据显示在页面上。

(2) 在书写删除语句时注意删除记录的条件。

8.4 DataSet 和 DataAdapter 对象的应用

DataAdapter 用于从数据源检索数据并填充 DataSet 中的表。使用.NET Framework 数据提供程序的 Connection 对象连接到数据源,并使用 Command 对象从数据源检索数据以及将更改解析回数据源。

而 DataSet 是数据的内存驻留表示形式,它提供了独立于数据源的一致关系编程模型。DataSet 表示整个数据集,其中包含表、约束和表之间的关系。由于 DataSet 独立于数据源,它可以包含应用程序本地的数据,也可以包含来自多个数据源的数据。与现有数据源的交互通过 DataAdapter 来控制。

DataAdapter 的 Fill 方法用于使用 DataAdapter 的 SelectCommand 的结果来填充 DataSet。Fill 将要填充的 DataSet 和 DataTable 对象(或要使用从 SelectCommand 中返回的行来填充的 DataTable 的名称)作为它的参数。Fill 方法使用 DataReader 对象来隐式地返回用于在 DataSet 中创建表的列名称和类型以及数据。DataAdapter 对象常用的属性和方法如表 8-9 所示。

表 8-9 DataAdapter 对象常用的属性和方法

	名　称	说　明
属性	DeleteCommand	获取或设置删除记录的命令
	InsertCommand	获取或设置插入记录的命令
	IsClosed	获取 DataAdapter 是否已关闭
	SelectCommand	获取或设置检索记录的命令
	TableMappings	获取一个集合,它提供源表和 DataTable 之间的主映射
	UpdateCommand	获取或设置更新记录的命令
方法	Fill	用于将 DataAdapter 的检索结果填充到 DataSet 中的数据表
	Update	调用相应的 INSERT、UPDATE 或 DELETE 语句,完成数据的更新操作

DataSet 类似于内存中的一个数据库,包含数据表、数据约束、表之间的关系等。一个 DataSet 可包含一个或多个 DataTable(数据表)对象。一个 DataTable 又包含了多个 DataRow(数据行),而一个 DataRow 又包含了多个 DataColumn(数据列)对象。DataRow 和 DataColumn 对象是 DataTable 的主要组件。使用 DataRow 对象及其属性和方法检索、插入、删除和更新 DataTable 中的值。若要创建新的 DataRow,需要使用 DataTable 对象的 NewRow 方法。创建新的 DataRow 之后,需要使用 Add 方法将新的 DataRow 添加到 DataRowCollection 中。最后,调用 DataTable 对象的 AcceptChanges 方法以确认添加。DataSet 对象常用的属性和方法如表 8-10 所示。

可通过调用 DataRowCollection 的 Remove 方法或调用 DataRow 对象的 Delete 方法,从 DataRowCollection 中删除 DataRow。

表 8-10　DataSet 对象常用的属性和方法

	名　　称	说　　明
属性	CaseSensitive	获取或设置 DataTable 对象中的字符串比较是否区分大小写
	DataSetName	获取或设置当前 DataSet 的名称
	Tables	获取包含在 DataSet 中的表的集合 DataTableCollection
方法	Clear	清除表中所有的数据
	Clone	复制 DataSet 的结构，包括所有 DataTable 架构、关系和约束。但是不复制任何数据
	Copy	复制该 DataSet 的结构和数据
	HasChanges	获取 DataSet 是否有更改，包括新增行、已删除的行或已修改的行
	ReadXml	将 XML 架构和数据读入 DataSet
	GetXml	返回存储在 DataSet 中的数据的 XML 表示形式

使用 DataSet 和 DataAdapter 对象的常用格式如下：

```
string queryString="SELECT CustomerID, CompanyName FROM dbo.Customers";
SqlDataAdapter adapter=new SqlDataAdapter(queryString, connection);
DataSet customers=new DataSet();
adapter.Fill(customers, "Customers");
```

【例 8-9】 使用 DataSet 和 DataAdapter 对象，检索数据库数据（源程序：ASPNET_JC(C#)\WebSites\WebSite1\ch08/8_9.aspx）。运行结果如图 8-12 所示。

userId	userName	userPwd	sex	tel	email	career	introducation
1	陈杰	chj	男	571-86345672	chj@126.com	教育	教授、高级工程师
2	汪斌	7064	女	571-86562345	wb@sina.com	医生	临床医学专业
3	张达	1234	男	010-85698745	zd@sohu.com	IT	软件测试
4	陈富	6666	男	021-75689541	chenfu@sina.com	心理咨询	提供心理咨询服务
5	方芳	8974	女	027-89745682	ff@sohu.com	律师	捷达律师事务所律师

图 8-12　例 8-9 的运行结果

(1) 添加页面 8_9.aspx，添加页面引用命名空间。

```
using System.Data.OleDb;
```

(2) 在页面的 Page_Load 事件中添加如下代码。

```
string ConStr="Provider=Microsoft.Jet.OLEDB.4.0;Data source="+Server.MapPath
    ("../app_data/db1.mdb");
```

```
OleDbConnection conn=new OleDbConnection(ConStr);
string SQLStr="SELECT * FROM userTable";
OleDbDataAdapter da=new OleDbDataAdapter(SQLStr, conn);
                                        //定义 OleDbDataAdapter 对象
conn.Open();
DataSet ds=new DataSet();               //建立 DataSet 对象
da.Fill(ds);            //使用 OleDbDataAdapter 的 Fill 方法填充 DataSet 对象
GridView gv=new GridView();
gv.DataSource=ds;       //设置 GridView 控件的数据源为 DataSet 对象
gv.DataBind();
form1.Controls.Add(gv);
conn.Close();
Response.Write("使用 OleDbDataAdapter 和 DataSet 显示数据库内容");
```

完成后,运行结果如图 8-12 所示。

程序注释:

(1) 程序使用 OleDbDataAdapter 对象处理 SQL 语句,使用 OleDbDataAdapter 的 Fill 方法填充 DataSet 对象,本例使用 Fill 方法忽略了表名,也可以书写成如下格式。

```
da.Fill(ds, "userTable");
```

(2) 在本例中 GridView 控件 gv 的数据源为 DataSet 对象 ds。

【例 8-10】 综合运用 Connection、Command、DataAdapter 和 DataSet 等对象,将页面上输入的用户数据添加到数据库(源程序: ASPNET_JC(C#)\WebSites\WebSite1\ch08/8_10.aspx)。运行结果如图 8-13 所示。

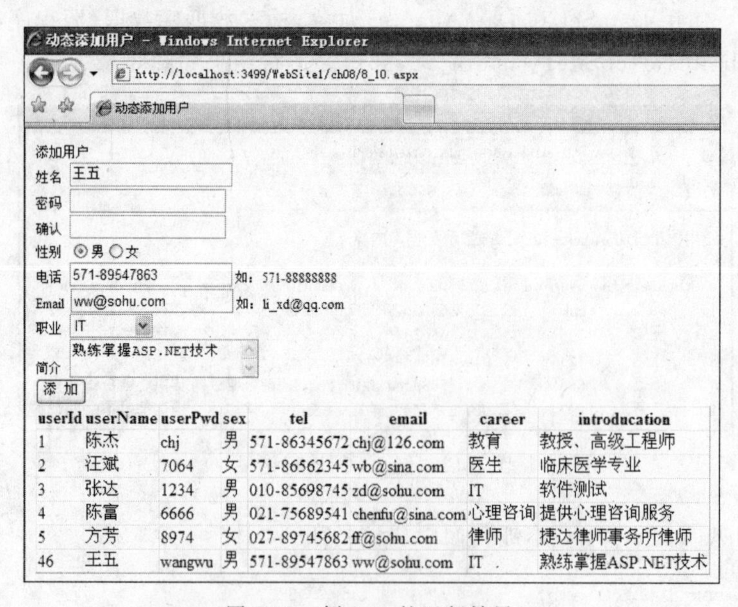

图 8-13 例 8-10 的运行结果

(1) 添加页面 8_10.aspx,页面的布局如图 8-14 所示。

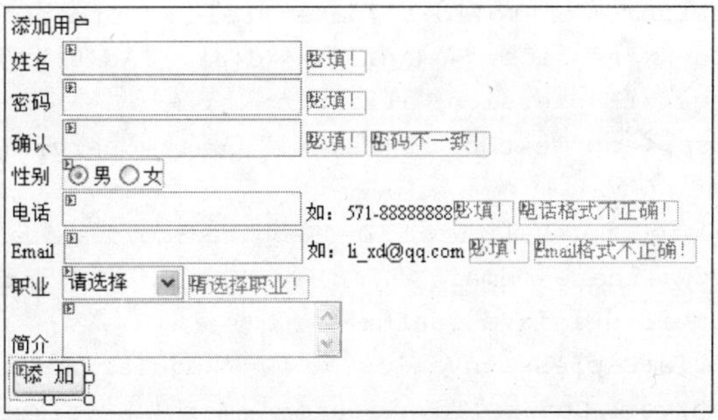

图 8-14 例 8-10 页面的布局

```
<%@ Page Language="C#" AutoEventWireup="true" CodeFile="8_10.aspx.cs"
Inherits="ch08_8_10" %>
<html>
<head runat="server">
    <title>动态添加用户</title>
</head>
<body>
    <form id="form1" runat="server">
    <div>添加用户<br/>
        姓名<asp:TextBox ID="userName" runat="server"></asp:TextBox>
        <asp:RequiredFieldValidator ID="RequiredFieldValidator1" runat="server"
        ControlToValidate="userName" ErrorMessage="必填!">
        </asp:RequiredFieldValidator><br/>
        密码<asp:TextBox ID="userPwd1" runat="server" TextMode="Password"
        Width="149px"></asp:TextBox>
        <asp:RequiredFieldValidator ID="RequiredFieldValidator2" runat="server"
        ControlToValidate="userPwd1" ErrorMessage="必填!">
        </asp:RequiredFieldValidator><br/>
        确认<asp:TextBox ID="userPwd2" runat="server" TextMode="Password"
        Width="149px"></asp:TextBox>
        <asp:RequiredFieldValidator ID="RequiredFieldValidator3" runat="server"
        ControlToValidate="userPwd2" Display="Dynamic"
        ErrorMessage="必填!"></asp:RequiredFieldValidator>
        <asp:CompareValidator ID="CompareValidator1" runat="server"
        ControlToCompare="userPwd2" ControlToValidate="userPwd1"
        ErrorMessage="密码不一致!"></asp:CompareValidator><br/>
        性别<asp:RadioButtonList ID="sex" runat="server" RepeatDirection=
        "Horizontal" RepeatLayout="Flow">
            <asp:ListItem Selected="True">男</asp:ListItem>
            <asp:ListItem>女</asp:ListItem>
            </asp:RadioButtonList><br/>
        电话<asp:TextBox ID="tel" runat="server"></asp:TextBox>
        如: 571-88888888
        <asp:RequiredFieldValidator ID="RequiredFieldValidator4" runat="server"
        ControlToValidate="tel" Display="Dynamic" ErrorMessage="必填!">
        </asp:RequiredFieldValidator>
        <asp:RegularExpressionValidator ID="RegularExpressionValidator1"
```

```
        runat="server" ControlToValidate="tel" ErrorMessage="电话格式不正确!"
        ValidationExpression="(\(\d{3}\)|\d{3}-)?\d{8}">
        </asp:RegularExpression Validator><br/>
        Email <asp:TextBox ID="email" runat="server"></asp:TextBox>
        如: li_xd@qq.com
        <asp:RequiredFieldValidator ID="RequiredFieldValidator5" runat="server"
        ControlToValidate="email" Display="Dynamic" ErrorMessage="必填!">
        </asp:RequiredFieldValidator>
        <asp:RegularExpressionValidator ID="RegularExpressionValidator2"
        runat="server" ControlToValidate="email" ErrorMessage="Email格式不正
        确!"
        ValidationExpression="\w+([-+.']\w+)*@\w+([-.]\w+)*\.\w+([-.]\w+)
        *">
        </asp:RegularExpressionValidator><br/>
        职业<asp:DropDownList ID="career" runat="server">
            <asp:ListItem Selected="True">请选择</asp:ListItem>
            <asp:ListItem>教育</asp:ListItem>
            <asp:ListItem>IT</asp:ListItem>
            <asp:ListItem>律师</asp:ListItem>
            <asp:ListItem>心理咨询</asp:ListItem>
            <asp:ListItem>医生</asp:ListItem>
            <asp:ListItem>其他</asp:ListItem>
        </asp:DropDownList>
    <asp:CompareValidator ID="CompareValidator2" runat="server"
    ControlToValidate="career" ErrorMessage="请选择职业!" Operator="NotEqual"
    ValueToCompare="请选择"></asp:CompareValidator><br/>
    简介<asp:TextBox ID="introducation" runat="server" TextMode="MultiLine">
        </asp:TextBox><br/>
    <asp:Button ID="Button1" runat="server" OnClick="Button1_Click" Text="添
    加"/></div>
    </form>
 </body>
 </html>
```

(2) 添加页面引用命名空间。

```
using System.Data.OleDb;
```

(3) 在"添加"按钮的 Button1_Click 事件中添加如下代码。

```
string ConStr="Provider=Microsoft.Jet.OLEDB.4.0;Data source="+
    Server.MapPath("../app_data/db1.mdb");
OleDbConnection conn=new OleDbConnection(ConStr);
conn.Open();
string SQLStr="INSERT INTO userTable(userName,userPwd,sex,tel,email,career,
introducation) VALUES('"+userName.Text+"','"+userPwd1.Text+"','"+sex.
SelectedValue+"','"+tel.Text+"','"+email.Text+"','"+career.SelectedValue+"',
'"+introducation.Text+"')";
OleDbCommand cmd=new OleDbCommand(SQLStr, conn);
cmd.ExecuteNonQuery();
```

```
SQLStr="SELECT * FROM userTable ORDER BY userId";
OleDbDataAdapter da=new OleDbDataAdapter(SQLStr, conn);
                                    //定义 OleDbDataAdapter 对象
DataSet ds=new DataSet();           //建立 DataSet 对象
da.Fill(ds);                        //使用 OleDbDataAdapter 的 Fill 方法填充 DataSet 对象
GridView gv=new GridView();
gv.DataSource=ds;                   //设置 GridView 控件的数据源为 DataSet 对象
gv.DataBind();
form1.Controls.Add(gv);
conn.Close();
Response.Write("<script language=javascript>alert('成功添加用户')</script>");
```

完成后，运行结果如图 8-13 所示。

程序注释：

(1) 本例是一个结合 Web 服务器控件、验证控件、ADO. NET 技术在一起的综合运用，验证控件使用到了必填验证控件、比较验证控件、正则验证控件。

(2) 本例构造的插入用户所使用的 INSERT 语句比较复杂，先看一个简单的例子。

```
string SQLStr="INSERT INTO userTable(userName) VALUES('"+userName.Text+"')";
```

之所以使用两个"＋"号连接，是因为 userName. Text 的值是一个字符串变量，如果输入的是"张三"，这个语句的值实际结果就是：

```
string SQLStr="INSERT INTO userTable(userName) VALUES('张三')";
```

所以，将下面的复杂语句

```
string SQLStr="INSERT INTO userTable (userName,userPwd,sex,tel,email,career,
    introducation) VALUES ('"+userName.Text+"','"+userPwd1.Text+"','"+sex.
    SelectedValue+"','"+tel.Text+"','"+email.Text+"','"+career.SelectedValue+"',
    '"+introducation.Text+"')";
```

替换后就是下面的语句：

```
string SQLStr="INSERT INTO userTable(userName,userPwd,sex,tel,email,career,
    introducation) VALUES('张三','goodboy','男 ','010-89754852','zhangsan@
    gmail.com','IT','this is a good boy!')";
```

当两个双引号嵌套时，里面的双引号变成单引号。

(3) 语句 Response. Write("＜script language＝javascript＞alert('成功添加用户')＜/script＞")；输出 JavaScript 脚本，表示弹出对话框。

例 8-10 的关键在于理解 SQL 表达式的构造，这是难点。当然，这种书写表达式的方式比较容易出错，使用命令对象的 Parameters 集合填充命令的值比较直观。所以，例 8-10的效果也可以使用例 8-11 方式实现。

【例 8-11】 利用 Command 对象的参数，将页面上输入的用户数据添加到数据库(源程序：ASPNET_JC(C＃)\WebSites\WebSite1\ch08/8_11. aspx)。运行结果和例 8-10一样，如图 8-13 所示。

(1) 添加页面 8_11.aspx,页面的布局和 8_10.aspx 相同,如图 8-14 所示。

(2) 添加页面引用命名空间。

```
using System.Data.OleDb;
```

(3) 在“添加”按钮的 Button1_Click 事件中代码修改如下:

```
string ConStr="Provider=Microsoft.Jet.OLEDB.4.0;Data source="+
    Server.MapPath("../app_data/db1.mdb");
OleDbConnection conn=new OleDbConnection(ConStr);
conn.Open();
string SQLStr="INSERT INTO userTable(userName,userPwd,sex,tel,email,career,
    introducation)VALUES(@userName,@userPwd,@sex,@tel,@email,@career,@
    introducation)";
OleDbCommand cmd=new OleDbCommand(SQLStr, conn);
cmd.Parameters.Add(new OleDbParameter("@userName", OleDbType.VarChar));
                                         //添加参数@userName,类型是 VarChar
cmd.Parameters["@userName"].Value=userName.Text;        //设置参数的值
cmd.Parameters.Add(new OleDbParameter("@userPwd", OleDbType.VarChar));
cmd.Parameters["@userPwd"].Value=userPwd1.Text;
cmd.Parameters.Add(new OleDbParameter("@sex", OleDbType.VarChar));
cmd.Parameters["@sex"].Value=sex.SelectedValue;
cmd.Parameters.Add(new OleDbParameter("@tel", OleDbType.VarChar));
cmd.Parameters["@tel"].Value=tel.Text;
cmd.Parameters.Add(new OleDbParameter("@email", OleDbType.VarChar));
cmd.Parameters["@email"].Value=email.Text;
cmd.Parameters.Add(new OleDbParameter("@career", OleDbType.VarChar));
cmd.Parameters["@career"].Value=career.SelectedValue;
cmd.Parameters.Add(new OleDbParameter("@introducation", OleDbType.VarChar));
cmd.Parameters["@introducation"].Value=introducation.Text;
cmd.ExecuteNonQuery();
//下面把结果显示在页面上
SQLStr="SELECT * FROM userTable ORDER BY userId";
OleDbDataAdapter da=new OleDbDataAdapter(SQLStr, conn);
                               //定义 OleDbDataAdapter 对象
DataSet ds=new DataSet();      //建立 DataSet 对象
da.Fill(ds);                   //使用 OleDbDataAdapter 的 Fill 方法填充 DataSet 对象
GridView gv=new GridView();
gv.DataSource=ds;              //设置 GridView 控件的数据源为 DataSet 对象
gv.DataBind();
form1.Controls.Add(gv);
conn.Close();
Response.Write("<script language=javascript>alert('成功添加用户')</script>");
```

完成后,运行结果如图 8-13 所示。

程序注释:

本例运行的效果和例 8-10 相同,和例 8-10 的不同之处在于采用了在 Command 对象的实例中添加参数的方式。

语句 cmd.Parameters.Add(new OleDbParameter("@userName", OleDbType.

VarChar));表示添加了参数@userName,参数类型是 VarChar。

语句 cmd.Parameters["@userName"].Value = userName.Text;设置了参数@userName 的值为输入用户名处文本框的值。

除此之外,还可以使用 DataSet 对象中的 DataTable 和 DataRow 来进行操作,在 DataSet 中可以包含多个 DataTable 表,而 DataTable 表中由多个数据行 DataRow 来构成。

【例 8-12】 创建 DataRow,构成 DataTable 表的记录,通过更新 DataSet 表来添加新的用户(源程序:ASPNET_JC(C#)\WebSites\WebSite1\ch08/8_12.aspx)。运行结果也和例 8-10 一样,如图 8-13 所示。

(1) 添加页面 8_12.aspx,页面的布局也同 8_10.aspx 一样,如图 8-14 所示。

(2) "添加"按钮的 Button1_Click 事件中代码修改如下:

```
string ConStr="Provider=Microsoft.Jet.OLEDB.4.0;Data source="+
   Server.MapPath("../app_data/db1.mdb");
OleDbConnection conn=new OleDbConnection(ConStr);
conn.Open();
string SQLStr =" SELECT userName, userPwd, sex, tel, email, career, introducation
FROM userTable ORDER BY userId";
OleDbDataAdapter da=new OleDbDataAdapter(SQLStr, conn);
DataSet ds=new DataSet();
da.Fill(ds, "userTable");                              //填充数据集
conn.Close();
DataRow dr=ds.Tables["userTable"].NewRow();            //创建一个新的数据行
dr["userName"]=userName.Text;                          //给数据行的列赋值
dr["userPwd"]=userPwd1.Text;
dr["sex"]=sex.SelectedValue;
dr["tel"]=tel.Text;
dr["email"]=email.Text;
dr["career"]=career.SelectedValue;
dr["introducation"]=introducation.Text;
ds.Tables["userTable"].Rows.Add(dr);                   //把数据行添加到数据表中
OleDbCommandBuilder ocb=new OleDbCommandBuilder(da);
                //OleDbCommandBuilder 会跟踪 OleDbDataAdapter,自动产生更新语句
da.Update(ds, "userTable");                            //执行更新操作
GridView gv=new GridView();
gv.DataSource=ds;                   //设置 GridView 控件的数据源为 DataSet 对象
gv.DataBind();
form1.Controls.Add(gv);
conn.Close();
Response.Write("<script language=javascript>alert('成功添加用户')</script>");
```

完成后,运行结果如图 8-13 所示。

程序注释:

(1) 本例中使用 DataSet 对象中填充的 userTable 表,利用 NewRow()方法创建一个新的数据行。

语句 dr["userName"]=userName.Text;用于给数据行的字段赋值,DataSet 对象中的 userTable 表会添加一条新的记录。

(2) OleDbCommandBuilder对象可以跟踪OleDbDataAdapter,自动产生更新语句,使用OleDbDataAdapter的Update()方法可以对userTable表进行更新。

例8-10、例8-11、例8-12这3个实例实现的都是用户添加的功能,运行结果基本相同,但是添加用户所使用的方法不同。

【例8-13】 动态地更新用户信息(源程序:ASPNET_JC(C#)\WebSites\WebSite1\ch08/8_13.aspx)。运行结果如图8-15所示。

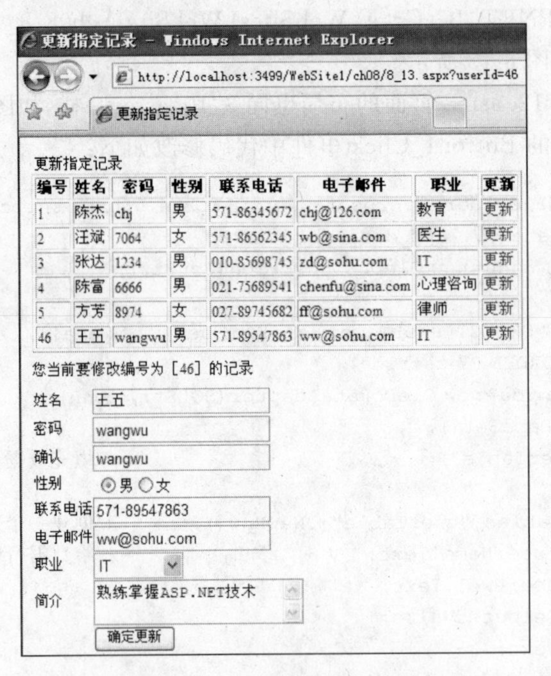

图8-15　例8-13的运行结果

(1) 添加页面8_13.aspx,页面的布局如图8-16所示。

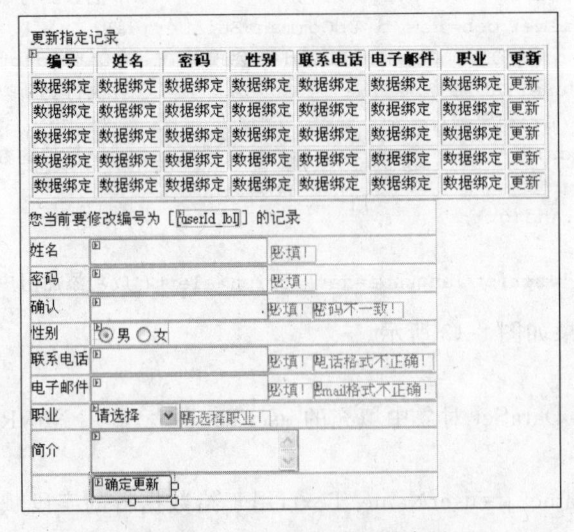

图8-16　8_13.aspx页面的布局

页面 8_13.aspx 源代码如下：

```
<html>
<head runat="server">
    <title>更新指定记录</title>
</head>
<body style="font-size: 10pt;">
    <form id="form1" runat="server">
        <div>更新指定记录<br/>
            <asp:GridView ID="gv" runat="server" AutoGenerateColumns="False"
            CellSpacing="2">
                <Columns>
                    <asp:BoundField DataField="userId" HeaderText="编号"/>
                    <asp:BoundField DataField="userName" HeaderText="姓名"/>
                    <asp:BoundField DataField="userPwd" HeaderText="密码"/>
                    <asp:BoundField DataField="sex" HeaderText="性别"/>
                    <asp:BoundField DataField="tel" HeaderText="联系电话"/>
                    <asp:BoundField DataField="email" HeaderText="电子邮件"/>
                    <asp:BoundField DataField="career" HeaderText="职业"/>
                    <asp:HyperLinkField DataNavigateUrlFields="userId"
                        DataNavigateUrlFormatString="8_13.aspx? userId={0}"
                        HeaderText="更新" Text="更新">
                        <ControlStyle Font-Underline="False"/>
                    </asp:HyperLinkField>
                </Columns>
            </asp:GridView>
            <table cellpadding="0" cellspacing="0">
                <tr>
                    <td colspan="3" style="height: 30px">
                      您当前要修改编号为[<asp:Label ID="userId_lbl" runat="server"
                      Font-Size="9pt"></asp:Label>]的记录</td>
                </tr>
                <tr>
                    <td style="height: 24px"></td>
                    <td>姓名</td>
                    <td align="left">
                    <asp:TextBox ID="userName" runat="server"></asp:TextBox></td>
                </tr>
                <tr><td></td>
                    <td>密码</td>
                    <td align="left">
                        <asp:TextBox ID="userPwd1" runat="server" Width="149px">
                        </asp:TextBox></td>
                </tr>
                <tr><td></td>
                    <td>确认</td>
                    <td align="left">
                        <asp:TextBox ID="userPwd2" runat="server" Width="149px">
                        </asp:TextBox>
```

```
                <asp:RequiredFieldValidator ID="RequiredFieldValidator3"
                    runat="server" ControlToValidate="userPwd2"
                    Display="Dynamic" ErrorMessage="必填！">
                </asp:RequiredFieldValidator>
                <asp:CompareValidator ID="CompareValidator1"
                    runat="server" ControlToCompare="userPwd2"
                    ControlToValidate="userPwd1" ErrorMessage="密码不一
                    致！"></asp:CompareValidator></td>
        </tr>
        <tr><td></td>
            <td>性别</td>
            <td align="left"> 
                <asp:RadioButtonList ID="sex" runat="server"
                    RepeatDirection="Horizontal" RepeatLayout="Flow">
                    <asp:ListItem Selected="True">男</asp:ListItem>
                    <asp:ListItem>女</asp:ListItem>
                </asp:RadioButtonList></td>
        </tr>
        <tr><td></td>
            <td>联系电话</td>
            <td align="left">
                <asp:TextBox ID="tel" runat="server"></asp:TextBox>
                <asp:RequiredFieldValidator ID="RequiredFieldValidator4"
                  runat="server" ControlToValidate="tel" Display="Dynamic"
                  ErrorMessage="必填！"></asp:RequiredFieldValidator>
                <asp:RegularExpressionValidator ID="RegularExpression-
                  Validator1" runat="server" ControlToValidate="tel"
                  ErrorMessage="电话格式不正确！" ValidationExpression=
                  "(\(\d{3}\)|\d{3}-)?\d{8}">
                </asp:RegularExpressionValidator></td>
        </tr>
        <tr><td></td>
            <td>电子邮件</td>
            <td align="left">
                <asp:TextBox ID="email" runat="server"></asp:TextBox>
                <asp:RequiredFieldValidator ID="RequiredFieldValidator5"
                  runat="server" ControlToValidate="email"
                  Display="Dynamic" ErrorMessage="必填！">
                </asp:RequiredFieldValidator>
                <asp:RegularExpressionValidator ID="RegularExpression-
                  Validator2" runat="server" ControlToValidate="email"
                   ErrorMessage="Email格式不正确！"
                   alidationExpression="\w+([-+.']\w+)*@\w+([-.]
                   \w+)*\.\w+([-.]\w+)*"></asp:RegularExpression-
                  Validator></td>
        </tr>
        <tr><td></td>
            <td>职业</td>
            <td align="left">
```

```
                    <asp:DropDownList ID="career" runat="server">
                        <asp:ListItem Selected="True">请选择</asp:ListItem>
                        <asp:ListItem>教育</asp:ListItem>
                        <asp:ListItem>IT</asp:ListItem>
                        <asp:ListItem>律师</asp:ListItem>
                        <asp:ListItem>心理咨询</asp:ListItem>
                        <asp:ListItem>医生</asp:ListItem>
                        <asp:ListItem>其他</asp:ListItem>
                    </asp:DropDownList><asp:CompareValidator ID="CompareVali-
                       dator2" runat="server" ControlToValidate="career"
                       ErrorMessage="请选择职业!" Operator="NotEqual"
                       ValueToCompare="请选择"></asp:CompareValidator></td>
            </tr>
            <tr><td></td>
                <td>简介</td>
                <td align="left">
                    <asp:TextBox ID="introducation" runat="server"
                      TextMode="MultiLine"></asp:TextBox></td>
            </tr>
            <tr><td></td><td></td>
                <td align="left">
                    <asp:Button ID="Button1" runat="server" Font-Size="9pt"
                      OnClick="Button1_Click" Text="确定更新"/></td>
            </tr>
        </table>
    </div>
  </form>
</body>
</html>
```

(2) 页面 8_13. aspx. cs 隐藏页面事件代码如下：

```
protected void Page_Load(object sender, EventArgs e)
{
    if (! Page.IsPostBack)                    //首次执行页面时
    {
        GridViewBind();                       //绑定自定义方法 GridViewBind
        if (Request.QueryString["userId"]!=null)
                                              //如果可以获取到 id 的值,则执行以下操作
        {
            userId_lbl.Text=Request.QueryString["userId"];
            string ConStr="Provider=Microsoft.Jet.OLEDB.4.0;Data source="+Server.
            MapPath("../app_data/db1.mdb");
            OleDbConnection conn=new OleDbConnection(ConStr);
            conn.Open();
            string SQLStr="SELECT * FROM userTable WHERE userId="+
            Request.QueryString["userId"];
                                              //定义 OleDbDataAdapter 对象
            OleDbDataAdapter da=new OleDbDataAdapter(SQLStr, conn);
            DataSet ds=new DataSet();
```

```
                da.Fill(ds, "userTable");
                DataRowView drv=ds.Tables["userTable"].DefaultView[0];
                userId_lbl.Text=drv["userId"].ToString();
                userName.Text=drv["userName"].ToString();
                userPwd1.Text=drv["userPwd"].ToString();
                userPwd2.Text=drv["userPwd"].ToString();
                sex.SelectedValue=drv["sex"].ToString();
                tel.Text=drv["tel"].ToString();
                email.Text=drv["email"].ToString();
                career.Text=drv["career"].ToString();
                introducation.Text=drv["introducation"].ToString();
            }
        }
    }
    public void GridViewBind()                  //绑定 GridView 控件的自定义方法
    {
        string ConStr="Provider=Microsoft.Jet.OLEDB.4.0;Data source="+
        Server.MapPath("../app_data/db1.mdb");
        OleDbConnection conn=new OleDbConnection(ConStr);
        string SQLStr="SELECT * FROM userTable ORDER BY userId";
        OleDbDataAdapter da=new OleDbDataAdapter(SQLStr, conn);
                                                //定义 OleDbDataAdapter 对象
        conn.Open();
        DataSet ds=new DataSet();               //建立 DataSet 对象
        da.Fill(ds);              //使用 OleDbDataAdapter 的 Fill 方法填充 DataSet 对象
        gv.DataSource=ds;         //设置 GridView 控件的数据源为 DataSet 对象
        gv.DataBind();
        conn.Close();
    }
    protected void Button1_Click(object sender, EventArgs e)        //更新按钮
    {
        string ConStr="Provider=Microsoft.Jet.OLEDB.4.0;Data source="+
        Server.MapPath("../app_data/db1.mdb");
        OleDbConnection conn=new OleDbConnection(ConStr);
        conn.Open();
        OleDbCommand cmd=new OleDbCommand("update userTable set userName='"+
        userName.Text+"',userPwd='"+userPwd1.Text+"',sex='"+sex.SelectedValue+"',
        tel='" + tel. Text +"', email = '" + email. Text +"', career = '" + career.
        SelectedValue+"',introducation='"+introducation.Text+"' where userId="+
        Request["userId"], conn);
        cmd.ExecuteNonQuery();
        conn.Close();
        GridViewBind();
    }
```

完成后，运行结果如图 8-15 所示。

程序注释：

(1) 本例中使用 GridView 控件的绑定字段，BoundField DataField＝"userName"表示把数据库的字段 userName 绑定到 GridView 中。最后的“更新”是 HyperLinkField 控

件，DataNavigateUrlFormatString＝"8_13.aspx?userId＝{0}"表示超链接到 8_13.aspx 页面，并且传递 userId，{0}表示第一个参数，是 GridView 所在行的 userId 值。

(2) Page_Load 事件中采用 Page.IsPostBack 方法判断是否第一次运行页面，GridViewBind()是程序自定义的一个公共方法，用来把数据库的 userTable 表绑定到 GridView 控件显示，if (Request.QueryString["userId"]!＝null)判断是否单击了"更新"超链接，用 Request 对象的 QueryString 取得 userId 值，把要更新数据行填充到相应的文本框等控件中。

(3) 单击"确定更新"按钮后，触发 Button1_Click 事件，执行更新操作，然后把更新后的数据库 userTable 表重新绑定到 GridView 中。

【例 8-14】 带有确认对话框的删除用户功能的实现(源程序：ASPNET_JC(C#)\WebSites\WebSite1\ch08/8_14.aspx)。运行结果如图 8-17 所示。

图 8-17　8_14.aspx 的运行结果

(1) 添加页面 8_14.aspx，页面的布局如图 8-18 所示。

编号	姓名	密码	性别	联系电话	电子邮件	职业	删除
数据绑定	数据绑定	数据绑定	数据绑定	数据绑定	数据绑定	数据绑定	删除
数据绑定	数据绑定	数据绑定	数据绑定	数据绑定	数据绑定	数据绑定	删除
数据绑定	数据绑定	数据绑定	数据绑定	数据绑定	数据绑定	数据绑定	删除
数据绑定	数据绑定	数据绑定	数据绑定	数据绑定	数据绑定	数据绑定	删除
数据绑定	数据绑定	数据绑定	数据绑定	数据绑定	数据绑定	数据绑定	删除

图 8-18　8_14.aspx 页面的布局

页面 8_14.aspx 源代码如下：

```
<html>
<head runat="server">
    <title>删除用户</title>
</head>
<body style="font-size: 10pt">
    <form id="form1" runat="server">
```

```
        <div>
            <asp:GridView ID="gv" runat="server" AutoGenerateColumns="False"
            CellSpacing="2"
                OnRowCreated="gv_RowCreated">
                <Columns>
                    <asp:BoundField DataField="userId" HeaderText="编号"/>
                    <asp:BoundField DataField="userName" HeaderText="姓名"/>
                    <asp:BoundField DataField="userPwd" HeaderText="密码"/>
                    <asp:BoundField DataField="sex" HeaderText="性别"/>
                    <asp:BoundField DataField="tel" HeaderText="联系电话"/>
                    <asp:BoundField DataField="email" HeaderText="电子邮件"/>
                    <asp:BoundField DataField="career" HeaderText="职业"/>
                    <asp:HyperLinkField DataNavigateUrlFields="userId"
                        DataNavigateUrlFormatString="8_14.aspx?userId={0}"
                         HeaderText="删除" Text="删除">
                        <ControlStyle Font-Underline="False"/>
                    </asp:HyperLinkField>
                </Columns>
            </asp:GridView>
        </div>
    </form>
</body>
</html>
```

(2) 页面 8_14. aspx. cs 隐藏页面事件代码如下：

```
protected void Page_Load(object sender, EventArgs e)
{
    if (Request.QueryString["userId"]!=null)
                                        //判断,如果可以获取到 id 的值,则执行以下操作
    {
        {
            string ConStr="Provider=Microsoft.Jet.OLEDB.4.0;Data source="+
            Server.MapPath("../app_data/db1.mdb");
            OleDbConnection conn=new OleDbConnection(ConStr);
            conn.Open();
            string delStr="DELETE FROM userTable WHERE userId="+
            Request.QueryString["userId"];
            OleDbCommand cmd=new OleDbCommand(delStr, conn);
            cmd.ExecuteNonQuery();
            conn.Close();
        }
    }
    GridViewBind();                     //执行方法 GridViewBind
}
public void GridViewBind()              //绑定 GridView 控件的自定义方法
{
    string ConStr="Provider=Microsoft.Jet.OLEDB.4.0;Data source="+
                  Server.MapPath("../app_data/db1.mdb");
    OleDbConnection conn=new OleDbConnection(ConStr);
```

```
    string SQLStr="SELECT * FROM userTable ORDER BY userId";
    OleDbDataAdapter da=new OleDbDataAdapter(SQLStr, conn);
                                        //定义 OleDbDataAdapter 对象
    conn.Open();
    DataSet ds=new DataSet();           //建立 DataSet 对象
    da.Fill(ds);            //使用 OleDbDataAdapter 的 Fill 方法填充 DataSet 对象
    gv.DataSource=ds;   //设置 GridView 控件的数据源为 DataSet 对象
    gv.DataBind();
    conn.Close();
}
protected void gv_RowCreated(object sender, GridViewRowEventArgs e)
                                        //gv 创建行的事件
{
    if (e.Row.RowType==DataControlRowType.DataRow)  //判断是否普通数据行
    {
        ((HyperLink)(e.Row.Cells[7].Controls[0])).Attributes.Add("onclick",
        "return confirm('确定要删除吗?')");                //给“删除”添加确认对话框
    }
}
```

完成后，运行结果如图 8-17 所示。

程序注释：

（1）本例程序设计的方法同例 8-14，GridViewBind()为自定义的绑定数据库方法。

（2）当单击“删除”超链接时，弹出确认对话框。GridView 控件 gv 创建行的时候激发事件 gv_RowCreated，if (e. Row. RowType = = DataControlRowType. DataRow) 判断事件源的数据行是不是 GridView 的普通数据行，如果是添加判断是否删除的对话框。

（3）e. Row. Cells[7]. Controls[0]表示 GridView 控件第 8 行的第一个控件，就是“删除”超链接，((HyperLink)(e. Row. Cells[7]. Controls[0])). Attributes. Add("onclick", "return confirm('确定要删除吗？')")；表示给“删除”超链接添加一个确认对话框，当单击“确定”按钮时，执行删除，单击“取消”按钮，不激发 Page_Load 事件，不删除数据。

【例 8-15】 实现用户登录效果，检索数据库用户表的用户记录，当输入用户名不正确时，弹出消息框，输入正确的用户名和密码时登录成功（源程序：ASPNET_JC(C#)\WebSites\WebSite1\ch08/8_15. aspx，8_16. aspx）。运行结果如图 8-19 所示。

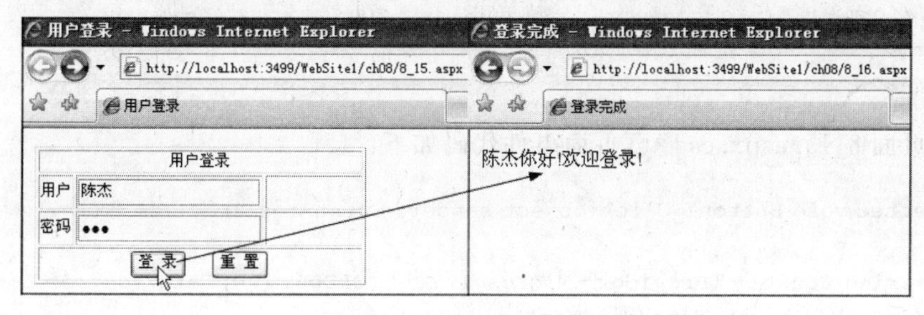

图 8-19　例 8-15 的运行结果

(1) 添加页面 8_15.aspx，页面的布局如图 8-20 所示。

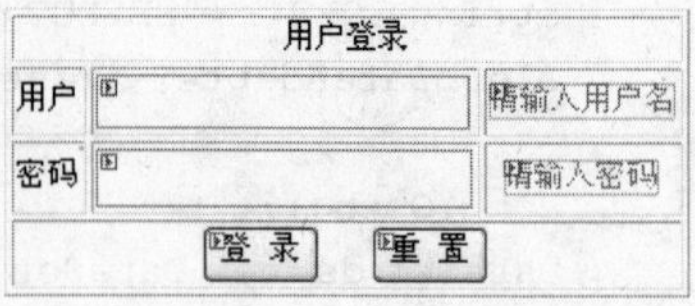

图 8-20 8_15.aspx 页面的布局

页面 8_15.aspx 源代码如下：

```
<html>
<head id="Head1" runat="server">
    <title>用户登录</title>
</head>
<body>
    <form id="form1" runat="server">
        <div style="font-size: 10pt">
            <table border="1" style="text-align: center">
                <tr><td colspan="3">用户登录</td></tr>
                <tr>
                    <td>用户</td>
                        <td><asp:TextBox ID="UserName" runat="server"></asp:
                        TextBox></td>
                    <td><asp:RequiredFieldValidator ID="RequiredFieldValidator1"
                    runat="server" ControlToValidate="UserName"
                    ErrorMessage="请输入用户名"></asp:RequiredFieldValidator>
                    </td>
                </tr>
                <tr><td>密码</td>
                    <td><asp:TextBox ID="UserPwd" runat="server" TextMode=
                    "Password" Width="150px"></asp:TextBox></td>
                    <td><asp:RequiredFieldValidator ID="RequiredFieldValidator2"
                    runat="server" ControlToValidate="UserPwd" ErrorMessage="请输
                    入密码">
                        </asp:RequiredFieldValidator></td>
                </tr>
                <tr><td colspan="3"><asp:Button ID="Button1" runat="server"
                OnClick="Button1_Click" Text="登 录"/>     
                <asp:Button ID="Button2" runat="server" Text="重 置"
                OnClick="Button2_Click"/></td>
                </tr>
            </table>
        </div>
    </form>
</body>
</html>
```

(2) 页面 8_15.aspx.cs 隐藏页面事件代码如下：

```
protected void Button1_Click(object sender, EventArgs e)
{
    string ConStr="Provider=Microsoft.Jet.OLEDB.4.0;Data source="+Server.
    MapPath("../app_data/db1.mdb");
    OleDbConnection conn=new OleDbConnection(ConStr);
    conn.Open();
```

```
    string SelectStr="select count(*) from userTable where userName=
    '"+UserName.Text+"'AND userPwd='"+UserPwd.Text+"'";
                                    //构造查询数据库是否有该用户存在的SQL语句
    OleDbCommand cmd=new OleDbCommand(SelectStr, conn);
    int userCount=Convert.ToInt32(cmd.ExecuteScalar());
                                    //执行Select命令,返回结果表的第一行第一列的值
    conn.Close();
    if (userCount==0)               //判断是否存在登录用户
    {
        Response.Write("<script language=javascript>alert('用户名或者密码不正
        确!')</script>");
    }
    else
    {
        Session["user"]=UserName.Text;
        Response.Redirect("8_16.aspx");
    }
}
protected void Button2_Click(object sender, EventArgs e)
{
    UserName.Text="";
    UserPwd.Text="";
}
```

(3) 添加页面8_16.aspx,在页面上添加一个Label标签,页面Page_Load事件中添加如下代码:

```
if (Session["user"]!=null)                          //判断是否登录
{
    Label1.Text=Session["user"].ToString()+"你好!欢迎登录!";
}
else
{
    Response.Redirect("8_15.aspx");                 //如果没有登录,返回登录
}
```

完成后,运行结果如图8-19所示。

程序注释:

(1) 本例实现了用户登录的效果,cmd.ExecuteScalar()语句执行cmd对象中的Select命令,返回结果表的第一行第一列的值,将得到符合输入用户名和密码的用户数目。通过Convert.ToInt32()方法把结果转化为整型。

(2) 如果登录成功,将通过Session["user"]=UserName.Text把用户名保存在Session中,Response.Redirect("8_16.aspx")表示登录成功后将跳转到8_16.aspx页面。

(3) if(Session["user"]!=null)判断是否有用户登录,如果Session["user"]的值为空,将返回8_15.aspx页面重新登录,不为空将显示欢迎信息。

8.5 综合实训——用户管理模块的实现

1. 实训目的

利用ADO.NET技术,在页面上使用GridView、TextBox、Button和验证控件等布

局,实现用户管理模块的用户添加、用户删除和用户更新功能。运行效果如图 8-21 所示。

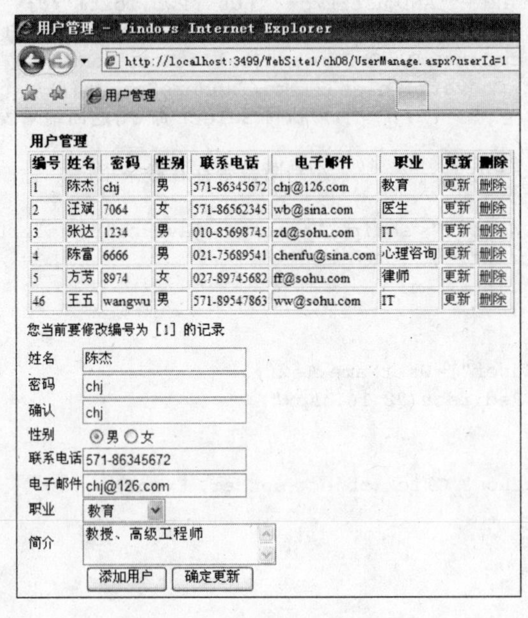

用户管理

编号	姓名	密码	性别	联系电话	电子邮件	职业	更新	删除
1	陈杰	chj	男	571-86345672	chj@126.com	教育	更新	删除
2	汪斌	7064	女	571-86562345	wb@sina.com	医生	更新	删除
3	张达	1234	男	010-85698745	zd@sohu.com	IT	更新	删除
4	陈富	6666	男	021-75689541	chenfu@sina.com	心理咨询	更新	删除
5	方芳	8974	女	027-89745682	ff@sohu.com	律师	更新	删除
46	王五	wangwu	男	571-89547863	ww@sohu.com	IT	更新	删除

您当前要修改编号为［1］的记录

姓名　陈杰
密码　chj
确认　chj
性别　◉男 ○女
联系电话　571-86345672
电子邮件　chj@126.com
职业　教育
简介　教授、高级工程师
添加用户　确定更新

图 8-21　用户管理运行效果

2. 实训内容

(1) 完成用户的更新功能。

(2) 完成用户的删除功能。

(3) 完成用户的添加功能。

3. 实训步骤

(1) 网页布局,效果如图 8-22 所示,详细代码请参照源程序(ASPNET_JC(C♯)\WebSites\WebSite1\ch08\UserManage.aspx)。

用户管理

编号	姓名	密码	性别	联系电话	电子邮件	职业	更新	删除
数据绑定	数据绑定	数据绑定	数据绑定	数据绑定	数据绑定	数据绑定	更新	删除
数据绑定	数据绑定	数据绑定	数据绑定	数据绑定	数据绑定	数据绑定	更新	删除
数据绑定	数据绑定	数据绑定	数据绑定	数据绑定	数据绑定	数据绑定	更新	删除
数据绑定	数据绑定	数据绑定	数据绑定	数据绑定	数据绑定	数据绑定	更新	删除
数据绑定	数据绑定	数据绑定	数据绑定	数据绑定	数据绑定	数据绑定	更新	删除

您当前要修改编号为［[userId_lbl]］的记录

姓名		必填!
密码		必填!
确认		必填! 密码不一致!
性别	◉男 ○女	
联系电话		必填! 电话格式不正确!
电子邮件		必填! Email格式不正确!
职业	请选择	请选择职业!
简介		
	添加用户　确定更新	

图 8-22　用户管理页面布局

“更新”和“删除”按钮的 GridView 控件字段代码如下：

```
<asp:HyperLinkField DataNavigateUrlFields="userId"
    DataNavigateUrlFormatString="UserManage.aspx? userId= {0}" HeaderText="更
    新" Text="更新">
    <ControlStyle Font- Underline="False"/>
</asp:HyperLinkField>
<asp:ButtonField CommandName="delete" HeaderText="删除" Text="删除"/>
```

(2) 编写 GridView 控件的数据绑定方法，每次操作数据库后，重新绑定数据，代码如下：

```
public void GridViewBind()                    //绑定 GridView 控件的自定义方法
{
    string ConStr="Provider=Microsoft.Jet.OLEDB.4.0;Data source="+Server.
    MapPath("../app_data/db1.mdb");
    OleDbConnection conn=new OleDbConnection(ConStr);
    string SQLStr="SELECT * FROM userTable ORDER BY userId";
    OleDbDataAdapter da=new OleDbDataAdapter(SQLStr, conn);
                                              //定义 OleDbDataAdapter 对象
    conn.Open();
    DataSet ds=new DataSet();                 //建立 DataSet 对象
    da.Fill(ds);             //使用 OleDbDataAdapter 的 Fill 方法填充 DataSet 对象
    gv.DataSource=ds;                         //设置 GridView 控件的数据源为 DataSet 对象
    gv.DataBind();
    conn.Close();
}
```

(3) 单击“更新”按钮后，页面刷新，将运行 Page_Load 事件，代码如下：

```
protected void Page_Load(object sender, EventArgs e)
{
    if (!Page.IsPostBack)               //首次执行页面时
    {
        GridViewBind();//绑定自定义方法 GridViewBind
        if (Request.QueryString["userId"]!=null)
                                        //判断,如果可以获取到 id 的值,则执行以下操作
        {
            userId_lbl.Text=Request.QueryString["userId"];
            string ConStr="Provider=Microsoft.Jet.OLEDB.4.0;Data source="+
            Server.MapPath("../app_data/db1.mdb");
            OleDbConnection conn=new OleDbConnection(ConStr);
            conn.Open();
            string SQLStr=" SELECT * FROM userTable WHERE userId="+Request.
            QueryString["userId"];
            OleDbDataAdapter da=new OleDbDataAdapter(SQLStr, conn);
                                        //定义 OleDbDataAdapter 对象
            DataSet ds=new DataSet();
            da.Fill(ds, "userTable");
            DataRowView drv=ds.Tables["userTable"].DefaultView[0];
```

```
                userId_lbl.Text=drv["userId"].ToString();
                userName.Text=drv["userName"].ToString();
                userPwd1.Text=drv["userPwd"].ToString();
                userPwd2.Text=drv["userPwd"].ToString();
                sex.SelectedValue=drv["sex"].ToString();
                tel.Text=drv["tel"].ToString();
                email.Text=drv["email"].ToString();
                career.Text=drv["career"].ToString();
                introducation.Text=drv["introducation"].ToString();
            }
        }
    }
```

(4)"确认更新"按钮事件代码如下:

```
protected void Button1_Click(object sender, EventArgs e)          //更新按钮
{
    if (Request.QueryString["userId"]==null)
                                      //判断,如果可以获取到id的值,则执行以下操作
    {
        Response.Write("<script language=javascript>alert('请选择需要更新的记
        录!')</script>");
    }
    else
    {
        string ConStr="Provider=Microsoft.Jet.OLEDB.4.0;Data source="+Server.
        MapPath("../app_data/db1.mdb");
        OleDbConnection conn=new OleDbConnection(ConStr);
        conn.Open();
        OleDbCommand cmd=new OleDbCommand("update userTable set userName='"+
        userName.Text+"',userPwd='"+userPwd1.Text+"',sex='"+sex.
        SelectedValue+"',tel='"+tel.Text+"',email='"+email.Text+"',career=
        '"+career.SelectedValue+"',introducation='"+introducation.Text+"'
        where userId="+Request["userId"], conn);
        cmd.ExecuteNonQuery();
        conn.Close();
        GridViewBind();
        Response.Write("<script language=javascript>alert('更新成功!')
        </script>");
    }
}
```

(5)"添加用户"按钮事件代码如下:

```
protected void Button2_Click(object sender, EventArgs e)
{
    string ConStr="Provider=Microsoft.Jet.OLEDB.4.0;Data source="+Server.
    MapPath("../app_data/db1.mdb");
    OleDbConnection conn=new OleDbConnection(ConStr);
    conn.Open();
```

```
    string SQLStr="SELECT userName,userPwd,sex,tel,email,career,introducation
    FROM userTable ORDER BY userId";
    OleDbDataAdapter da=new OleDbDataAdapter(SQLStr, conn);
    DataSet ds=new DataSet();
    da.Fill(ds, "userTable");                          //填充数据集
    conn.Close();
    DataRow dr=ds.Tables["userTable"].NewRow();        //创建一个新的数据行
    dr["userName"]=userName.Text;                      //给数据行的列赋值
    dr["userPwd"]=userPwd1.Text;
    dr["sex"]=sex.SelectedValue;
    dr["tel"]=tel.Text;
    dr["email"]=email.Text;
    dr["career"]=career.SelectedValue;
    dr["introducation"]=introducation.Text;
    ds.Tables["userTable"].Rows.Add(dr);               //把数据行添加到数据表中
    OleDbCommandBuilder ocb=new OleDbCommandBuilder(da);
                //OleDbCommandBuilder 会跟踪 OleDbDataAdapter,自动产生更新语句
    da.Update(ds, "userTable");                        //执行更新操作
    //gv.DataSource=ds;                  //设置 GridView 控件的数据源为 DataSet 对象
    //gv.DataBind();
    conn.Close();
    Response.Write ("< script language = javascript > alert ('成功添加用户')
    </script>");
    GridViewBind();
}
```

(6)“删除”按钮事件代码如下:

```
protected void gv_RowDeleting(object sender, GridViewDeleteEventArgs e)
{
    string ConStr="Provider=Microsoft.Jet.OLEDB.4.0;Data source="+Server.
    MapPath("../app_data/db1.mdb");
    OleDbConnection conn=new OleDbConnection(ConStr);
    conn.Open();
    OleDbCommand cmd=new OleDbCommand("DELETE From userTable WHERE userId="+gv.
    DataKeys[e.RowIndex].Value , conn);
    cmd.ExecuteNonQuery();
    conn.Close();
    GridViewBind();
}
```

完成后,运行效果如图 8-21 所示。

8.6　练习

1. 简答题

(1) 简述 ADO.NET 技术。

(2) 简述 ADO.NET 访问数据库的步骤。

(3) 请说明 DataReader 和 DataSet 的主要区别,并根据经验说明它们分别用在什么场合。

(4) 简述常用的结构化语句(SQL)。

2. 选择题

(1) 在 ASP.NET 应用程序中访问 SQL Server 数据库时,需要导入的命名空间为(　　)。

A. System.Data.Oracle　　B. System.Data.SqlClient

C. System.Data.ODBC　　D. System.Data.OleDB

(2) OleDbconnection 的(　　)属性用于取得或设置数据库连接字符串。

A. Data Source　B. DataBase　C. ConnectionString　D. Provider

(3) (　　)对象是支持 ADO.NET 的断开式,分布式数据方案的核心对象。

A. DataView　B. DataList　C. OleDbCommand　D. DataSet

(4) 关于 DataReader 对象的描述正确的是(　　)。

A. DataReader 是 ADO.NET 离线体系的核心

B. 它只能对数据库读取数据,不能写入,每次处理时在内存只有一行内容

C. 直接使用构造函数创建 DataReader 对象

D. 通常用于对数据库进行复杂操作或需要较长时间交互处理的情况

(5) 如果要将 DataSet 对象修改的数据更新回数据源,应使用 DataAdapter 对象的(　　)方法。

A. Fill 方法　　B. Change 方法

C. Update 方法　　D. Refresh 方法

(6) 在一个 DataSet 中(　　)DataTable。

A. 只能有一个　　B. 只可以有两个

C. 可以有多个　　D. 不确定有几个

第 9 章

数据绑定技术及应用

9.1 数据库访问控件

ASP.NET 包含一些数据源控件，这些数据源控件允许使用不同类型的数据源，如数据库、XML 文件或中间层业务对象。数据源控件连接到数据源，从中检索数据，并使得其他控件可以绑定到数据源而无需代码。数据源控件还支持修改数据。表 9-1 描述了内置的数据源控件。

表 9-1 数据源控件比较

数据源控件	说明
ObjectDataSource	允许使用业务对象或其他类，以及创建依赖中间层对象管理数据的 Web 应用程序。支持高级排序和分页方案
SqlDataSource	允许使用 Microsoft SQL Server、OLE DB、ODBC 或 Oracle 数据库。与 SQL Server 一起使用时支持高级缓存功能。当数据作为 DataSet 对象返回时，此控件还支持排序、筛选和分页
AccessDataSource	允许使用 Microsoft Access 数据库。当数据作为 DataSet 对象返回时，支持排序、筛选和分页
XmlDataSource	允许使用 XML 文件，特别适用于分层的 ASP.NET 服务器控件，如 TreeView 或 Menu 控件
SiteMapDataSource	结合 ASP.NET 站点导航控件使用

9.1.1 SqlDataSource 控件

通过 SqlDataSource 控件，可以使用 Web 控件访问位于某个关系数据库中的数据，该数据库包括 Microsoft SQL Server 和 Oracle 数据库，以及 OLE DB 和 ODBC 数据源。可以将 SqlDataSource 控件和用于显示数据的其他控件（如 GridView、FormView 和 DetailsView 控件）结合使用，使用很少的代码或不使用代码就可以在 ASP.NET 网页中显示和操作数据。

例如，SqlDataSource 控件连接 SQL Server 数据库的格式如下：

```
<asp:SqlDataSource
    id="SqlDataSource1"
```

```
    runat="server"
    DataSourceMode="DataReader"
    ConnectionString="<%$ConnectionStrings:MyNorthwind%>"
    SelectCommand="SELECT LastName FROM Employees">
</asp:SqlDataSource>
```

其中,ConnectionString是连接数据库的连接字符串,字符串名为MyNorthwind,保存在web.config文件中。通常有如下格式。

```
<ConnectionStrings>
    <add name="MyNorthwind"
     ConnectionString=" Data Source=.; Initial Catalog=Northwind; Integrated
     Security=True"
    providerName="System.Data.SqlClient"/>
</ConnectionStrings>
```

在ConnectionStrings节中,add name="MyNorthwind"表示添加的连接字符串名为MyNorthwind,ConnectionString中,采用的是信任连接方式,providerName="System.Data.SqlClient"表示采用的提供程序是System.Data.SqlClient,表示SQL Server数据库。

9.1.2 AccessDataSource控件

使用AccessDataSource控件可以检索Microsoft Access数据库(.mdb文件)中的数据。可以在数据绑定控件(GridView、FormView和DetailsView等控件)中显示数据。AccessDataSource控件继承了SqlDataSource类并用DataFile属性替换了ConnectionString属性。AccessDataSource控件使用System.Data.OleDb提供程序连接到使用Microsoft.Jet.OLEDB.4.0 OLE DB提供程序的Access数据库。

AccessDataSource控件连接Access数据库的声明方式如下:

```
<asp:AccessDataSource
    id="AccessDataSource1"
    DataFile="~/App_Data/db1.mdb"
    runat="server"
    SelectCommand="SELECT * FROM userTable">
</asp:AccessDataSource>
```

使用Access数据库文件非常重要的一点是正确配置权限。Web应用程序使用Access数据库时,应用程序必须具有对.mdb文件的读取权限才能访问数据。此外,应用程序还必须具有对包含.mdb文件的文件夹的写入权限。需要写入权限的原因是Access还创建一个具有扩展名.ldb的文件,其中包含关于并发用户数据库锁的信息。.ldb文件是在运行时创建的。默认情况下,ASP.NET Web应用程序在名为ASPNET(对于Windows 2000和Windows XP)的本地计算机账户上下文中或NETWORK SERVICE账户(对于Windows Server 2003)的上下文中运行。

在Visual Studio中创建网站时,在当前根文件夹下创建了一个名为App_Data的文件夹。此文件夹用作应用程序数据(包括Access数据库)的存储区。App_Data文件夹还供 ASP.NET 用于存储系统维护的数据库，如用于成员资格和角色的数据库。Visual Studio 在创建 App_Data 文件夹时会向 ASPNET 或 NETWORK SERVICE 用户账户授予对该文件夹的读取和写入权限。

设置 App_Data 文件夹中的权限，右击 App_Data 文件夹，单击“属性”命令，然后选择“安全”选项卡，如图 9-1 所示。

在“组或用户名称”下查找这两个用户账户之一。

(1) 如果计算机运行 Windows XP Professional 或 Windows 2000，则查找 computer\ASPNET。

(2) 如果计算机运行 Windows Server 2003，则查找 NETWORK SERVICE。

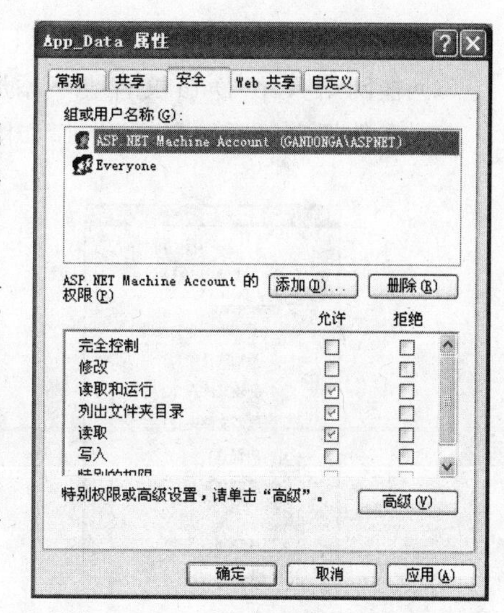

图 9-1 App_Data 文件夹权限设置

验证账户具有对 App_Data 文件夹的读取和写入权限。

9.1.3 其他数据源控件

1. XmlDataSource 控件

XmlDataSource 控件使得 XML 数据可用于数据绑定控件。在只读方案下通常使用 XmlDataSource 控件显示分层 XML 数据，可以使用该控件同时显示分层数据和表格数据。

2. ObjectDataSource 控件

ObjectDataSource 控件表示具有数据检索和更新功能的中间层对象。作为数据绑定控件(如 GridView、FormView 或 DetailsView 控件)的数据接口，ObjectDataSource 控件可以使这些控件在 ASP.NET 网页上显示和编辑中间层业务对象中的数据，为三层结构提供支持。在不使用扩展代码的情况下，ObjectDataSource 使用中间层业务对象以声明方式对数据执行选择、插入、更新、删除、分页、排序、缓存和筛选操作。

3. SiteMapDataSource 控件

SiteMapDataSource 控件用于 ASP.NET 站点导航。SiteMapDataSource 检索站点地图提供程序的导航数据，并将该数据传递到可显示该数据的控件(如 TreeView 和 Menu 控件)。

9.2 SQL Server 2005 Express Edition

SQL Server Express 是一个免费、易于使用的 Server 2005 简化版本，用于创建简单的数据驱动应用程序。开发人员可以设计架构、添加数据和查询本地数据库，所有这些操作都在 Visual Studio 2005 环境中执行。如果开发人员需要更高级的数据库功能，SQL Server Express 可以无缝升级到更完备的 SQL Server 版本。

下面演示创建数据库的过程。

(1) 在网站 App_Data 文件夹下添加数据库文件 db2.mdf,如图 9-2 所示。

(2) 在数据库里添加表 Table1,如图 9-3 所示。

图 9-2 添加数据库文件 db2.mdf

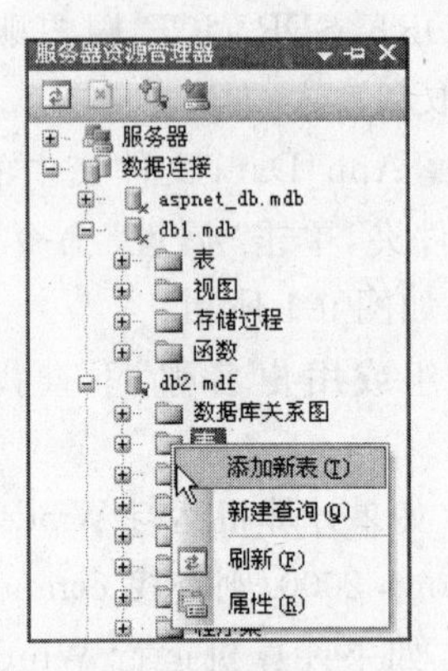

图 9-3 添加表 Table1

(3) 表 Table1 结构设置如图 9-4 所示。

(4) 显示表,在表 Table1 里输入一些相应的省、市数据(数据供演示功能使用,不全),如图 9-5 所示。

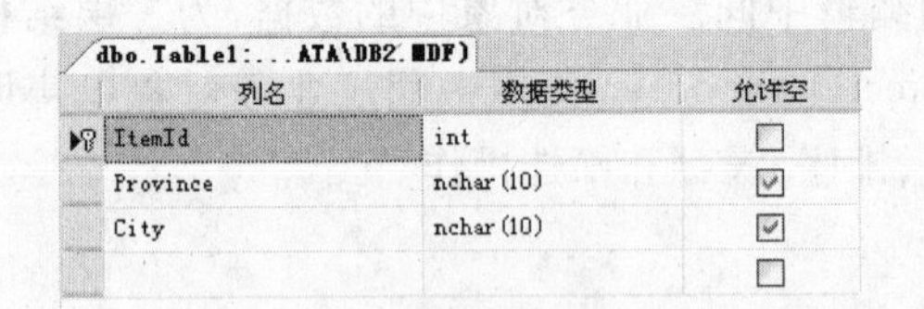

dbo.Table1:...ATA\DB2.MDF)

列名	数据类型	允许空
ItemId	int	☐
Province	nchar(10)	☑
City	nchar(10)	☑
		☐

图 9-4 表 Table1 结构

Table1: 查询...A\DB2.MDF)

ItemId	Province	City
1	浙江	杭州
2	浙江	温州
3	浙江	台州
4	浙江	宁波
5	浙江	嘉兴
6	浙江	绍兴
7	湖北	武汉
8	湖北	黄石
9	湖北	荆州
10	湖北	荆门
11	湖北	随州
12	湖北	孝感
13	江苏	太仓
14	江苏	南京
15	江苏	南通
16	江苏	常熟

图 9-5 表 Table1 数据

9.3 DropDownList 控件数据绑定

ASP.NET 2.0 数据源模型并未要求必须使用新的控件(例如,GridView 和 FormView);它仍然能够与旧样式的控件(例如,DataGrid 和 CheckBoxList)协同工作。这对于控件开发人员而言意味着什么呢?有两个截然不同类型的数据源需要处理——传统的基于 IEnumerable 的数据容器(例如,DataView 和集合)以及数据源控件(例如,SqlDataSource 和 ObjectDataSource)。无论数据源是 ADO.NET 对象、自定义集合还是数据源组件，ASP.NET 2.0 数据绑定控件都能够将传入的数据规格化为可枚举的集合。

图 9-6 显示了 ASP.NET 2.0 中的新的数据绑定控件层次结构。

几个基类的说明如下。

（1）BaseDataBoundControl：数据绑定控件的根类，执行数据绑定并验证数据绑定。

（2）DataBoundControl：包含用于与数据源控件和数据容器进行通信的逻辑，可以从该类继承以生成标准的数据绑定控件。

（3）ListControl：列表控件的基类，提供 Items 集合和高级布局呈现功能。

（4）CompositeDataBoundControl：由其他服务器控件组成的表格数据绑定控件的基类。

（5）HierarchicalDataBoundControl：基于树的分层控件的根类。

下面通过实例介绍使用 DropDownList 控件绑定，数据库采用的是 9.2 节中建立的数据库 db2.mdf 中的 Table1 表。

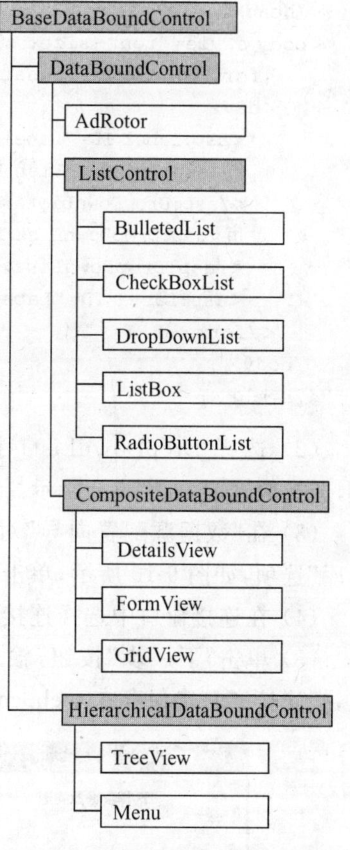

图 9-6　数据绑定控件层次结构

【例 9-1】　DropDownList 控件绑定数据库，当选择“省”，显示相应的“市”（源程序：ASPNET_JC(C#)\WebSites\WebSite1\ch09/9_1.aspx）。运行结果如图 9-7 所示。

（1）添加 9_1.aspx 页面，在页面上添加两个 DropDownList 控件，页面布局如图 9-8 所示，设置页面上的两个 DropDownList 控件的属性 AutoPostBack="True"，具体见页面源代码。

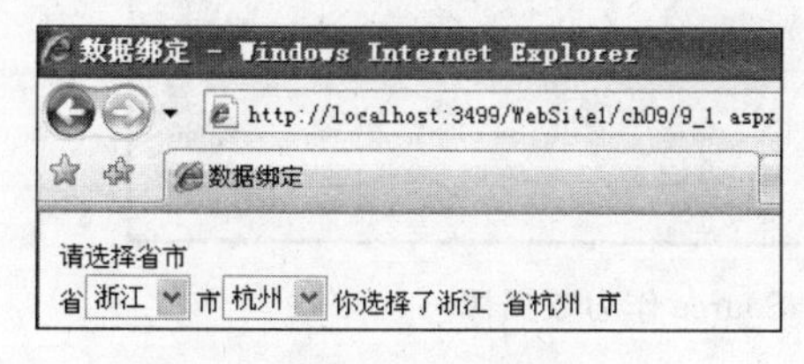

图 9-7　例 9-1 的运行结果

图 9-8　9_1.aspx 的页面布局

页面 9_1.aspx 的代码如下：

```
<%@ Page Language="C#" AutoEventWireup="true" CodeFile="9_1.aspx.cs"
Inherits="ch09_9_1" %>
<html>
<head runat="server">
    <title>数据绑定</title>
```

```
</head>
<body style="font-size: 10pt">
    <form id="form1" runat="server">
    <div>
      <asp:Label ID="Label1" runat="server" Text="请选择省市"></asp:Label><br/>
      省<asp:DropDownList ID="DropDownList1" runat="server" AutoPostBack="True">
      </asp:DropDownList><!--绑定省-->
      市<asp:DropDownList ID="DropDownList2" runat="server" AutoPostBack="True">
      </asp:DropDownList><!--绑定市-->
      <asp:Label ID="Label2" runat="server"></asp:Label></div>
    </form>
</body>
</html>
```

(2) 选择 DropDownList1 控件的任务图标▶,选择数据源,如图 9-9 所示。

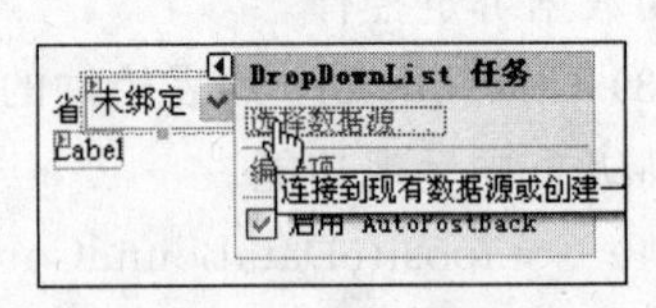

图 9-9 DropDownList1 控件选择数据源

(3) 在"数据源配置向导"对话框中,选择"数据库"选项,如图 9-10 所示,单击"确定"按钮。

(4) 在连接窗口中选择连接 db2.mdf,如图 9-11 所示。

(5) 单击"下一步"按钮,输入连接字符串的名字为"db2Conn",再单击"下一步"按钮,把连接字符串保存在 web.config 文件中,如图 9-12 所示。

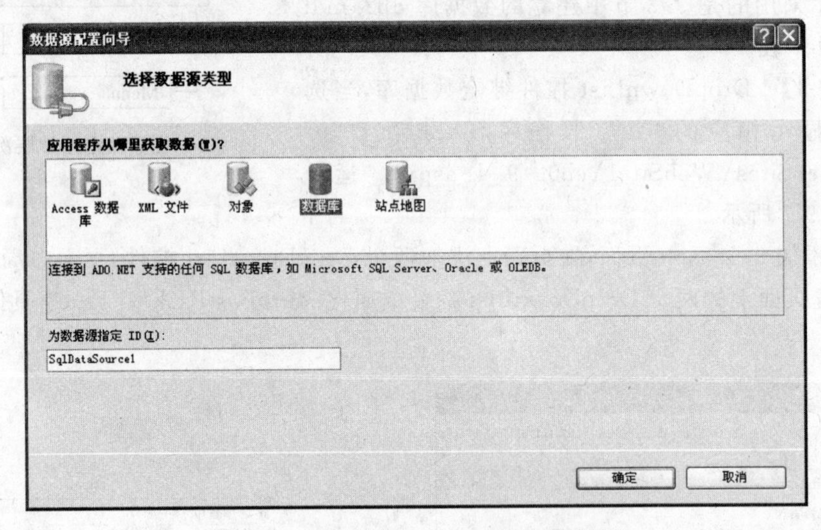

图 9-10 选择 SqlDataSource 作为数据源

在 web.config 文件中可以看到连接字符串 db2Conn 代码如下:

```
<add name="db2Conn" connectionString="Data Source=.\SQLEXPRESS;
AttachDbFilename=|DataDirectory|\db2.mdf; Integrated Security=True; User
Instance=True" providerName="System.Data.SqlClient"/>
```

(6) 单击"下一步"按钮,选择"指定自定义的 SQL 语句或存储过程",单击"下一步"按钮,输入如下 SQL 语句,从 Table1 表中检索出 Province 字段值(省份),去掉相

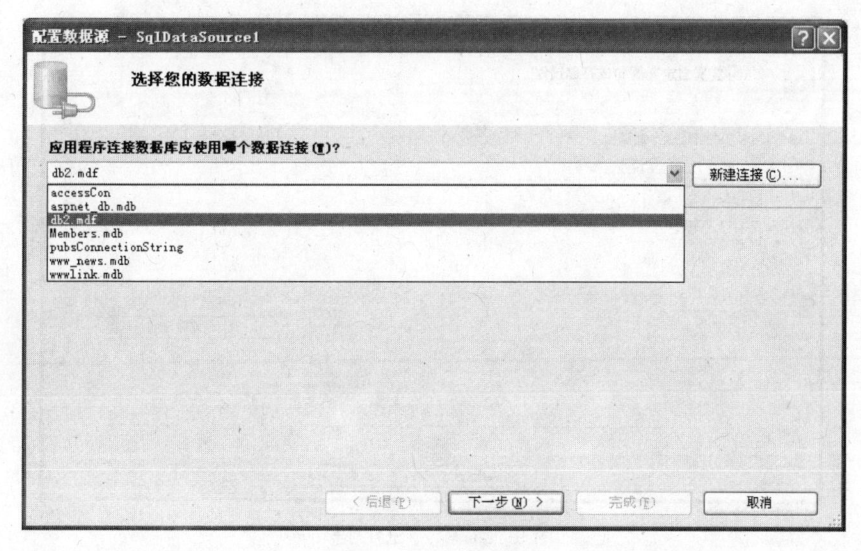

图 9-11　数据连接

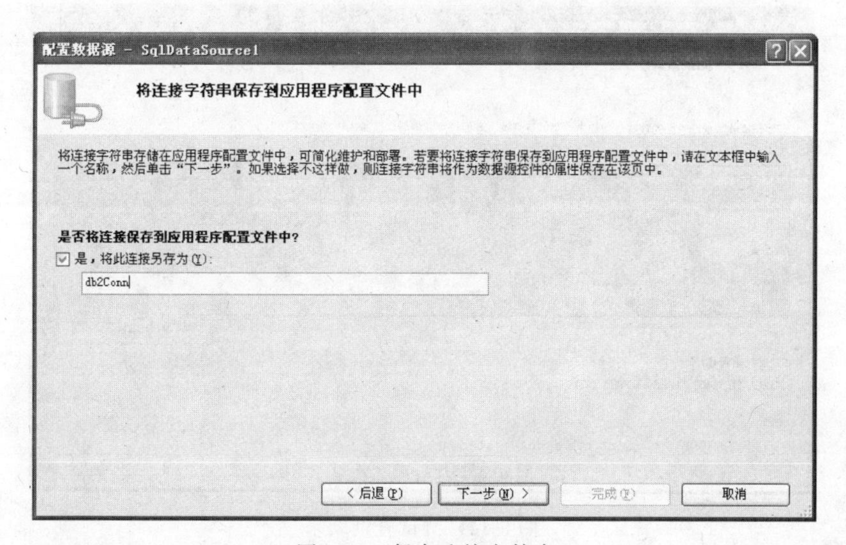

图 9-12　保存连接字符串

同的值：

```
SELECT DISTINCT Province FROM Table1
```

效果如图 9-13 所示。

(7) 单击"下一步"按钮，再单击"测试查询"按钮，查看显示结果是否符合要求，如图 9-14所示。

查看源代码，将看到自动生成的如下代码。

```
<asp:DropDownList ID="DropDownList1" runat="server" DataSourceID=
      "SqlDataSource1" DataTextField="Province" DataValueField="Province"
      AutoPostBack="True">
```

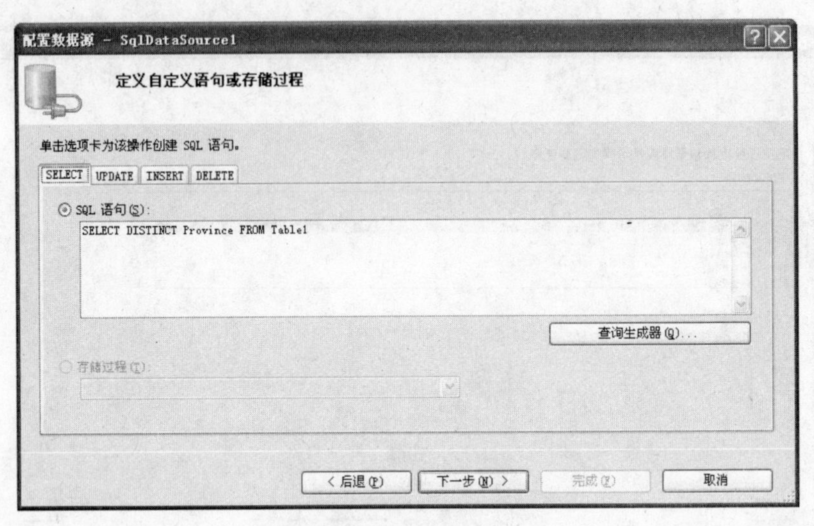

图 9-13 输入 SQL 语句

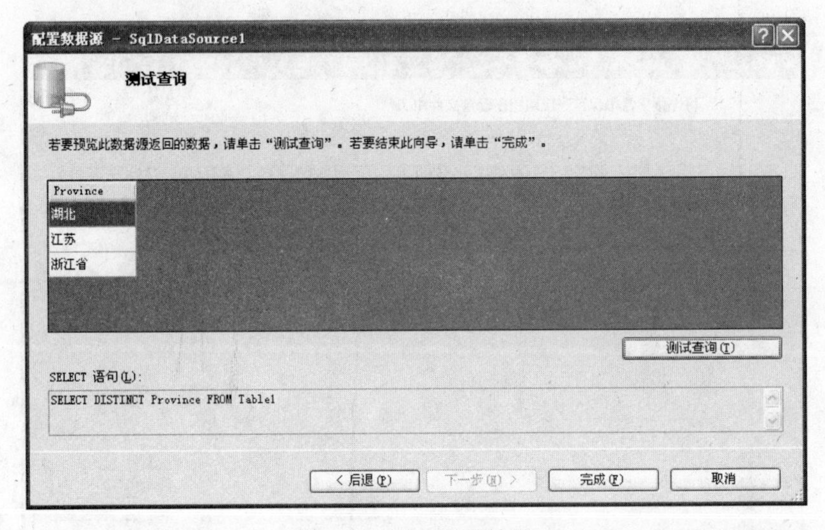

图 9-14 测试查询结果

```
</asp:DropDownList>
<asp:SqlDataSource ID="SqlDataSource1" runat="server"
     ConnectionString="<%$ConnectionStrings:db2Conn%>"
     SelectCommand="SELECT DISTINCT Province FROM Table1">
</asp:SqlDataSource>
```

(8) 查询"城市"，以同样的方法设置 DropDownList2 控件的数据的连接，在检索数据的时候，检索所有的字段，设置如图 9-15 所示。

(9) 单击 WHERE(W)按钮，添加 WHERE 子句，"列"选择 Province，"运算符"选择=，"源"选择 Control，参数属性中的"控件 ID"选择 DropDownList1，设置如图 9-16 所示，然后单击"添加"按钮。完成后效果如图 9-17 所示。

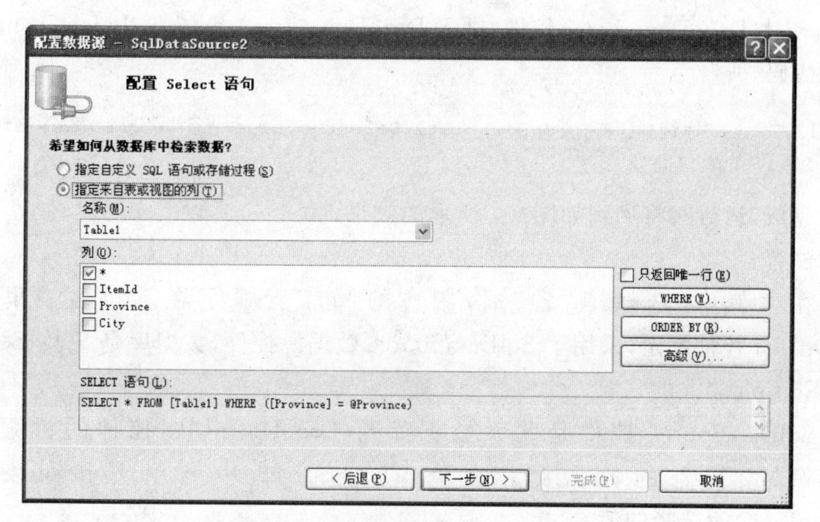

图 9-15　配置 Select 语句

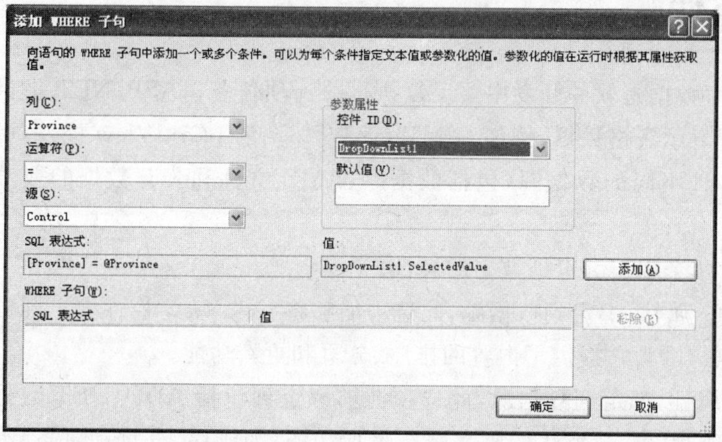

图 9-16　添加 WHERE 子句

图 9-17　页面完成效果图

查看源代码,将看到自动生成的如下代码。

```
<asp:DropDownList ID="DropDownList2" runat="server" AutoPostBack="True"
    DataSourceID="SqlDataSource2" DataTextField="City" DataValueField=
    "City" OnSelectedIndexChanged="DropDownList2_SelectedIndexChanged">
    </asp:DropDownList>
<asp:SqlDataSource ID="SqlDataSource2" runat="server" ConnectionString=
    "<%$ConnectionStrings:db2Conn%>" SelectCommand="SELECT * FROM [Table1]
    WHERE ([Province]=@Province)">
    <SelectParameters>
        <asp:ControlParameter ControlID="DropDownList1" Name="Province"
            PropertyName="SelectedValue" Type="String"/>
    </SelectParameters>
</asp:SqlDataSource>
```

(10) 双击 DropDownList2 控件,进入 DropDownList2_SelectedIndexChanged 事件,添加如下代码。

```
Label2.Text="你选择了"+DropDownList1.SelectedValue+"省"+DropDownList2.
SelectedValue+"市";
```

实例完成,运行时将见到如图 9-7 所示的效果。

程序注释:

(1) 在本例中,选择了“省”后,相应的“市”会显示在下拉列表里,运用了 DropDownList 控件绑定,采用了 SqlDataSource 数据源控件,数据库是 SQL Server 2005 Express Edition 建立的。

(2) SqlDataSource 控件是联系数据库与 DropDownList 控件的桥梁,本例中 DropDownList2 控件的数据源控件 SqlDataSource2 中利用 Control 参数取得 DropDownList1 所选择的值。

9.4 GridView 控件

以表格形式显示数据库数据是软件开发中要反复执行的一项任务。ASP.NET 提供了许多工具,用于在网格中显示表格数据,例如 GridView 控件。使用 GridView 控件,可以显示、编辑和删除来自多种不同的数据源(包括数据库、XML 文件和公开数据的业务对象)的数据。

GridView 控件提供了两个用于绑定到数据的属性。

(1) 设置 DataSourceID 属性,绑定到数据源,此选项能够将 GridView 控件绑定到数据源控件。建议使用此方法,因为它提供了内置的排序、分页和更新功能。

(2) 设置 DataSource 属性,绑定到数据源,此选项能够绑定到包括 ADO.NET 数据集和数据读取器在内的各种对象。此方法需要为所有附加功能(如排序、分页和更新)编写代码。

当使用 DataSourceID 属性绑定到数据源时,GridView 控件支持双向数据绑定。除可以使该控件显示返回的数据之外,还可以使它自动支持对绑定数据的更新和删除操作。

9.4.1 GridView 控件主要属性和事件

1. GridView 控件的属性

GridView 支持大量属性,这些属性包括行为、可视化设置、样式、状态和模板几大类。表 9-2 详细描述了 GridView 控件的主要属性。

GridView 旨在利用新的数据源对象模型,并在通过 DataSourceID 属性设置数据源时效果最佳。GridView 还支持经典的 DataSource 属性,这些属性将在以后的实例中逐步用到。

表 9-2　GridView 控件的主要属性

属　　性	描　　述
AllowPaging	是否支持分页
AllowSorting	是否支持排序
AutoGenerateColumns	是否自动地为数据源中的每个字段创建列。默认为 true
AutoGenerateDeleteButton	是否包含一个按钮列以允许用户删除映射到被单击行的记录
AutoGenerateEditButton	是否包含一个按钮列以允许用户编辑映射到被单击行的记录
AutoGenerateSelectButton	是否包含一个按钮列以允许用户选择映射到被单击行的记录
AlternatingRowStyle	定义表中每隔一行的样式属性
BackImageUrl	在控件背景中显示图像的 URL
DataSource	获得或设置包含用来填充该控件的值的数据源对象
DataSourceID	所绑定的数据源控件
DataKeyNames	获得一个包含当前显示项的主键字段的名称的数组
EmptyDataTemplate	绑定到一个空的数据源时要生成的模板内容。如果该属性和 EmptyDataText 属性都设置了，则该属性优先采用。如果两个属性都没有设置，则把该网格控件绑定到一个空的数据源时不生成该网格
EditRowStyle	定义正在编辑的行的样式属性
FooterStyle	定义网格的页脚的样式属性
HeaderStyle	定义网格的标题的样式属性
PagerSettings	引用一个允许设置分页器按钮的属性对象
PagerStyle	定义网格的分页器样式属性
RowStyle	定义表中的行样式属性
SelectedRowStyle	定义当前所选行的样式属性
ShowFooter	是否显示页脚行
ShowHeader	是否显示标题行
SortDirection	获得列的当前排序方向
SortExpression	获得当前排序表达式

2. GridView 控件的事件

GridView 控件在很多情况下不需要调用自身包含方法。当把 GridView 绑定到一个数据源控件时，数据绑定过程隐式地启动。

在 ASP.NET 2.0 中，很多控件，包括 Page 类本身，有很多成对的 doing/done 类型的事件。控件生命期内的关键操作通过一对事件进行封装，一个事件在该操作发生之前激发，一个事件在该操作完成后立即激发。GridView 类也不例外。表 9-3 列出了 GridView 控件激发的事件。

表 9-3　GridView 控件的事件

事　件	描　述
PageIndexChanging PageIndexChanged	这两个事件都在其中一个分页器按钮被单击时发生。它们分别在网格控件处理分页操作之前和之后激发
RowCancelingEdit	在一个处于编辑模式行的 Cancel 按钮被单击后,退出编辑模式之前发生
RowCommand	单击一个按钮时发生
RowCreated	创建一行时发生
RowDataBound	一个行绑定到数据源数据的某一行时发生
RowDeleting RowDeleted	这两个事件都是在一行的 Delete 按钮被单击时发生。它们分别在该网格控件删除该行之前和之后激发
RowEditing	当一行的 Edit 按钮被单击时,但是在该控件进入编辑模式之前发生
RowUpdating RowUpdated	这两个事件都是在一行的 Update 按钮被单击时发生。它们分别在该网格控件更新该行之前和之后激发
SelectedIndexChanging SelectedIndexChanged	这两个事件都是在一行的 Select 按钮被单击时发生。它们分别在该网格控件处理选择操作之前和之后激发
Sorting Sorted	这两个事件都是在对一个列进行排序的超链接被单击时发生。它们分别在网格控件处理排序操作之前和之后激发

9.4.2　利用 GridView 控件显示数据

利用 GridView 控件绑定显示数据,需要配置 DataSource 数据源控件,需要设置 GridView 控件的 DataSourceID 属性,利用 GridView 控件任务按钮▶添加数据源,例 9-1 中使用的是 SqlDataSource,下面使用 AccessDataSource 来连接数据库。

【例 9-2】 利用 AccessDataSource 控件,把 GridView 控件绑定到 Access 数据库,运行效果如图 9-18 所示。

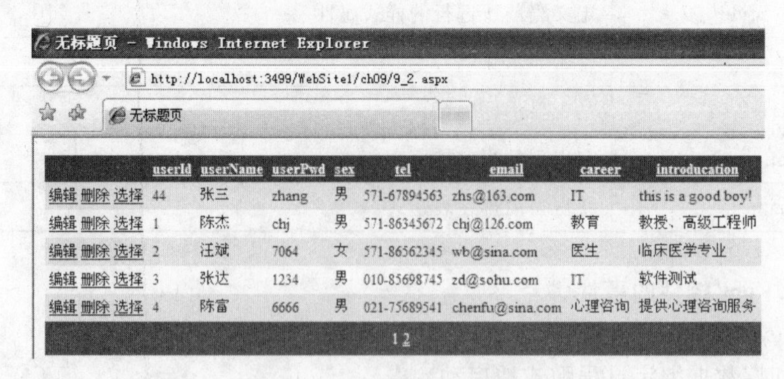

	userId	userName	userPwd	sex	tel	email	career	introducation
编辑 删除 选择	44	张三	zhang	男	571-67894563	zhs@163.com	IT	this is a good boy!
编辑 删除 选择	1	陈杰	chj	男	571-86345672	chj@126.com	教育	教授、高级工程师
编辑 删除 选择	2	汪斌	7064	女	571-86562345	wb@sina.com	医生	临床医学专业
编辑 删除 选择	3	张达	1234	男	010-85698745	zd@sohu.com	IT	软件测试
编辑 删除 选择	4	陈富	6666	男	021-75689541	chenfu@sina.com	心理咨询	提供心理咨询服务

图 9-18　例 9-2 的运行效果图

(1) 添加 9_2.aspx 页面,从工具箱的数据一栏中拖入 GridView 控件到页面,新建数据源 AccessDataSource1,连接数据库 db1.mdb,指定连接到 userTable 表,在"配置 Select 语句"对话框中选取所有字段,如图 9-19 所示。

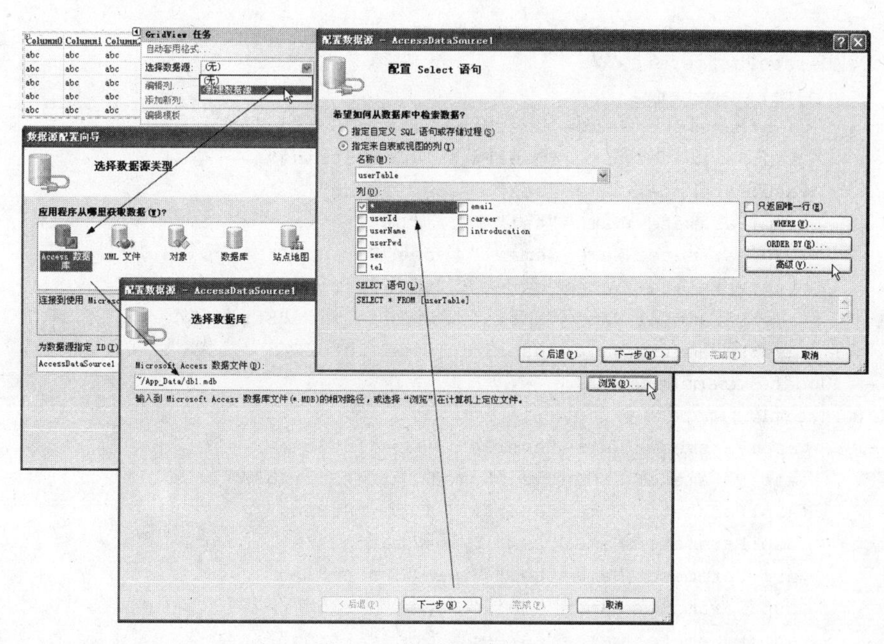

图 9-19　配置 Select 语句

（2）单击“高级”按钮，在“高级 SQL 生成选项”对话框中选中“生成 INSERT、UPDATE 和 DELETE 语句”复选框，如图 9-20 所示。

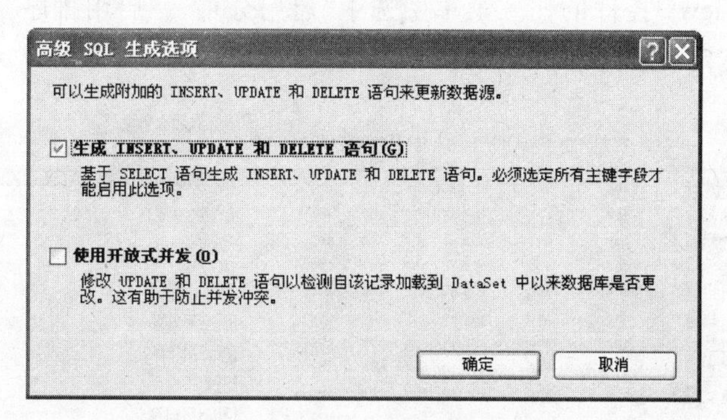

图 9-20　生成 SQL 语句

在 AccessDataSource 控件中会自动生成 INSERT、UPDATE 和 DELETE 语句，可以为 GridView 添加更新和删除功能（插入数据功能需要在 GridView 以外进行），生成代码如下：

```
<asp:AccessDataSource ID="AccessDataSource1" runat="server" DataFile="~/App_
Data/db1.mdb" DeleteCommand="DELETE FROM [userTable] WHERE [userId]=?"
InsertCommand="INSERT INTO [userTable] ([userId], [userName], [userPwd], [sex],
[tel], [email], [career], [introducation]) VALUES (?,?,?,?,?,?,?,?)"
SelectCommand="SELECT * FROM [userTable]" UpdateCommand="UPDATE [userTable] SET
[userName]=?, [userPwd]=?, [sex]=?, [tel]=?, [email]=?, [career]=?,
[introducation]=?WHERE [userId]=?">
    <DeleteParameters>
```

```
        <asp:Parameter Name="userId" Type="Int32"/>
    </DeleteParameters>
    <UpdateParameters>
        <asp:Parameter Name="userName" Type="String"/>
        <asp:Parameter Name="userPwd" Type="String"/>
        <asp:Parameter Name="sex" Type="String"/>
        <asp:Parameter Name="tel" Type="String"/>
        <asp:Parameter Name="email" Type="String"/>
        <asp:Parameter Name="career" Type="String"/>
        <asp:Parameter Name="introducation" Type="String"/>
        <asp:Parameter Name="userId" Type="Int32"/>
    </UpdateParameters>
    <InsertParameters>
        <asp:Parameter Name="userId" Type="Int32"/>
        <asp:Parameter Name="userName" Type="String"/>
        <asp:Parameter Name="userPwd" Type="String"/>
        <asp:Parameter Name="sex" Type="String"/>
        <asp:Parameter Name="tel" Type="String"/>
        <asp:Parameter Name="email" Type="String"/>
        <asp:Parameter Name="career" Type="String"/>
        <asp:Parameter Name="introducation" Type="String"/>
    </InsertParameters>
</asp:AccessDataSource>
```

(3) 在GridView1控件的任务菜单中选中“启用分页”、“启用排序”、“启用编辑”、“启用删除”和“启用选定内容”复选框，如图9-21所示。

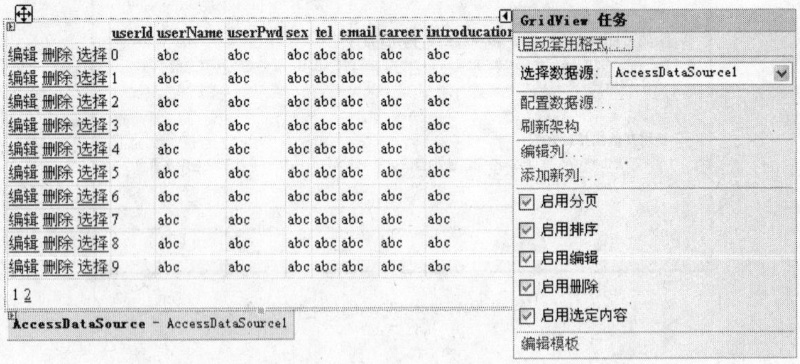

图9-21　设置GridView任务

(4) 通过以上设置后，GridView1控件就可以通过AccessDataSource控件绑定数据库db1.mdb中userTable表的数据，并且具有分页、排序、编辑、删除和选定功能，运行效果如图9-22所示。

(5) 可以进一步设置GridView1控件的属性来改变显示效果，在GridView1控件任务菜单中选择“自动套用格式”选项，在“自动套用格式”对话框中提供了很多的方案，选择“简明型”选项，如图9-23所示。然后设置GridView1控件的属性PageSize="5"，如图9-24所示。

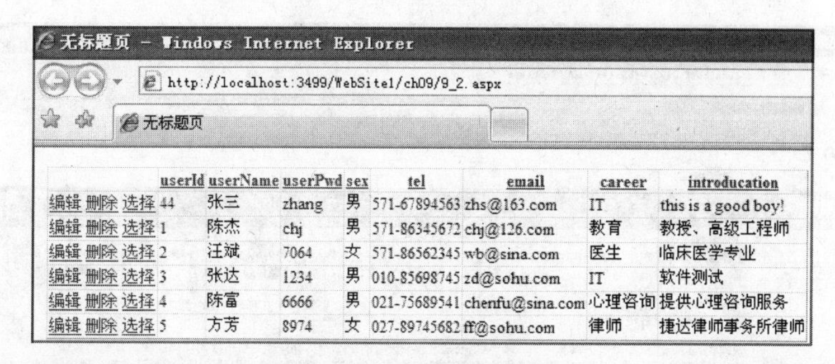

图 9-22　运行效果图

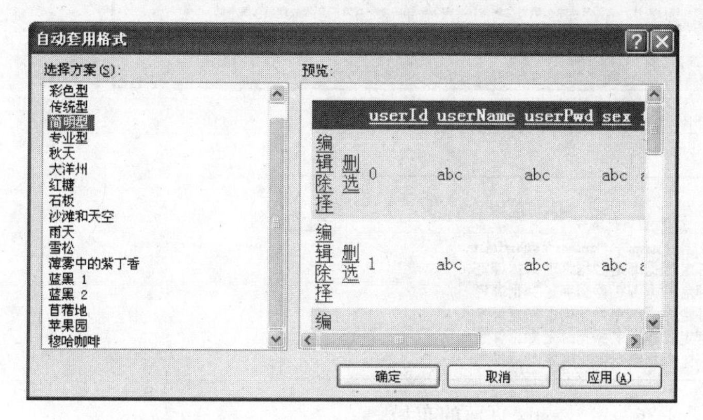

图 9-23　GridView 控件自动套用格式

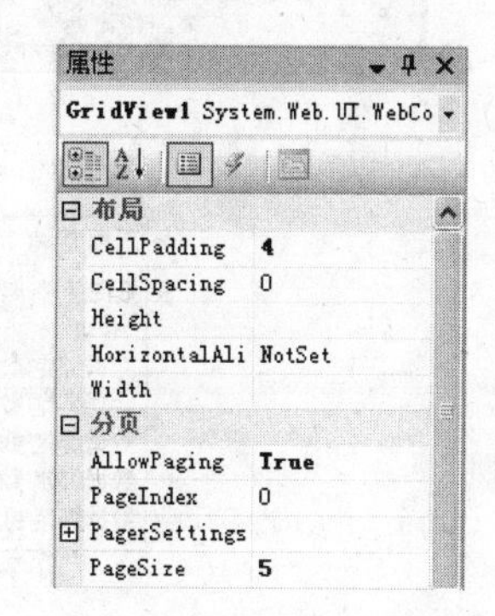

图 9-24　设置 GridView 控件属性

程序注释：

本例中实现了 GridView 控件绑定 userTable 表的数据，通过向导，自动生成了 SELECT、INSERT、UPDATE 和 DELETE 语句(请查看源代码)，没有书写一条语句就完成了数据的选择、修改、删除、排序功能，但是，通过向导不能使 GridView 控件具有添加数据的功能。

AccessDataSource 控件包含 4 个命令(SQL 查询)：SelectCommand、UpdateCommand、DeleteCommand 和 InsertCommand。每个命令都是数据源控件的一个单独的属性。对于每个命令属性而言，可以为要执行的数据源控件指定 SQL 语句。如果数据源控件与支持存储过程的数据库相连，则可以在 SQL 语句的位置指定存储过程的名称。

数据源控件在调用其对应的 SELECT、UPDATE、DELETE 或 INSERT 方法时执行这些命令。当调用绑定到数据源控件的页面或控件的 DataBind 方法时，将自动调用 SELECT 方法。如果希望数据源控件执行命令，还可以显式调用这 4 个方法中的任何一个。GridView 等数据控件可以自动调用这些方法。

【例 9-3】　使用 SelectCommand，对数据进行按条件的模糊查询，运行效果如图 9-25 所示。

(1) 添加 9_3.aspx 页面，在页面上添加相应的控件，布局如图 9-26 所示，添加查询条件处的 DropDownList 控件，查询关键字处的文本框，查询按钮，以及一个 GridView 控件。

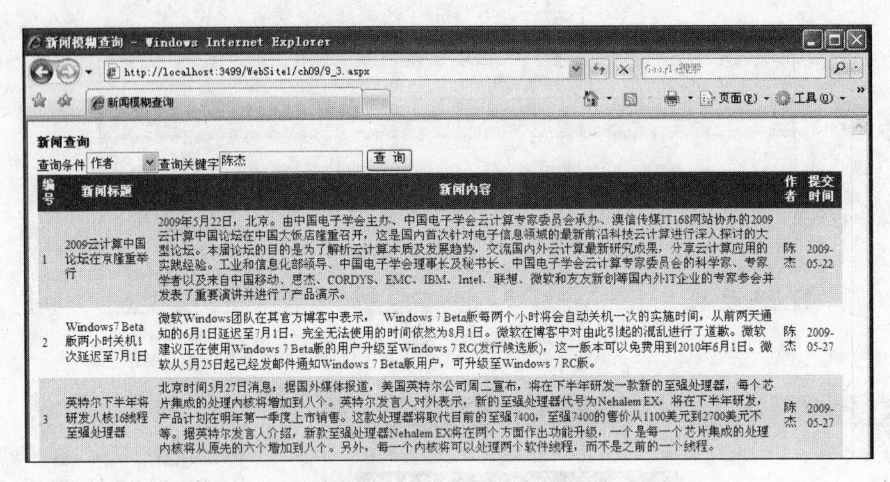

图 9-25　例 9-3 的运行结果

图 9-26　9_3.aspx 页面的布局

(2) 设置 GridView 控件的新建数据源 AccessDataSource1,连接数据库 db1.mdb,指定连接到 news 表,配置过程同例 9-2 相同。在“配置 Select 语句”对话框中选取所有字段,如图 9-27 所示。

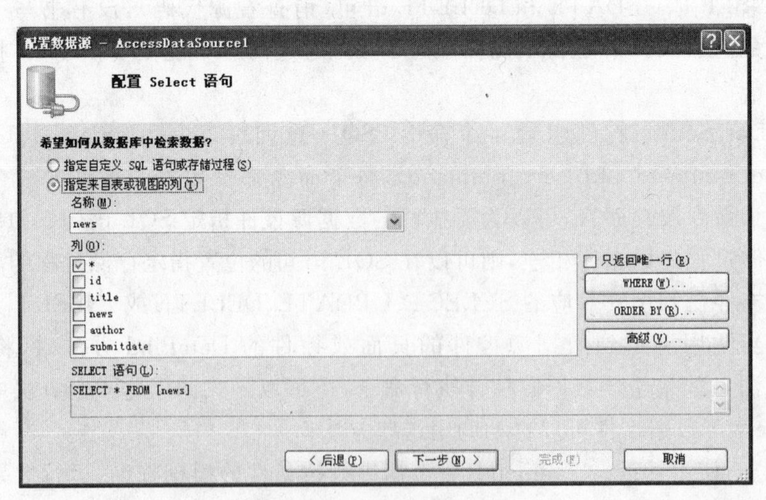

图 9-27　配置 Select 语句

(3) 添加查询的条件,设置 DropDownList 控件的 ListItem 选项,代码如下:

```
<asp:DropDownList ID="DropDownList1" runat="server">
```

```
    <asp:ListItem>全部</asp:ListItem>
    <asp:ListItem Value="id">编号</asp:ListItem>
    <asp:ListItem Value="title">新闻标题</asp:ListItem>
    <asp:ListItem Value="news">新闻内容</asp:ListItem>
    <asp:ListItem Value="submitdate">提交时间</asp:ListItem>
</asp:DropDownList>
```

(4) 给 GridView 控件自动套用格式，更改 GridView 控件的字段标头文本，设置如图 9-28所示。设置完成后将得到如图 9-29 所示效果。

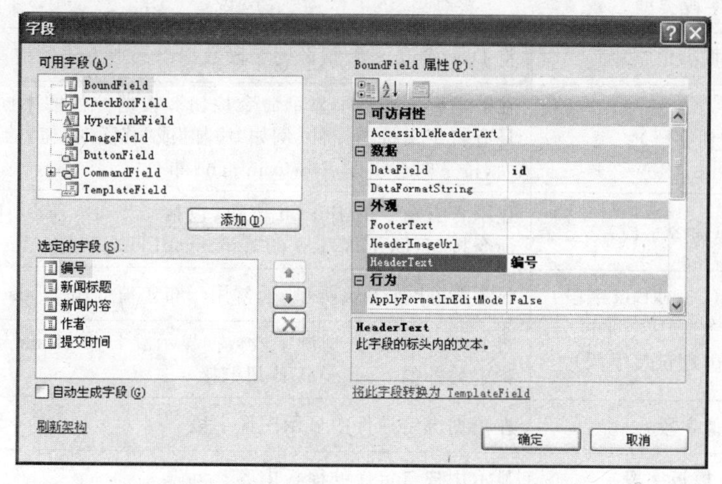

图 9-28　更改 GridView 字段标头文本

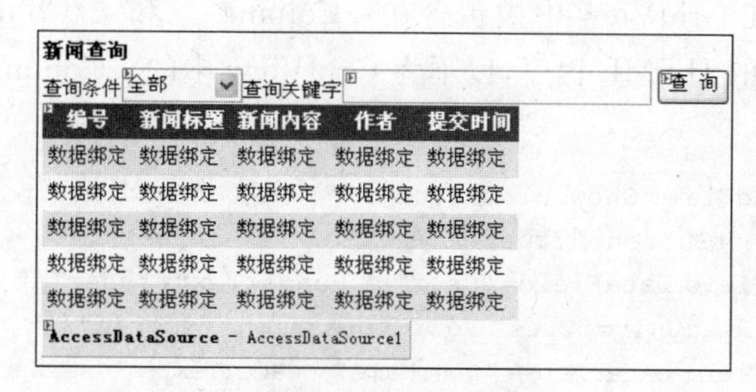

图 9-29　完成布局效果

(5) 双击“查询”按钮，进入按钮单击事件，添加事件代码，代码如下：

```
if(TextBox1.Text==null||DropDownList1.SelectedValue=="全部")
{
    AccessDataSource1.SelectCommand="select * from news";
}
else
{                                    //按选择的查询条件进行模糊查询
    AccessDataSource1.SelectCommand="select * from news where"+
    DropDownList1.SelectedValue+" like'%"+TextBox1.Text.Trim()+"%'";
}
```

程序注释：

本例中实现了根据不同的查询条件进行模糊查询，只需要更改 AccessDataSource1.SelectCommand 的属性（即查询语句），就可以使 GridView 重新自动绑定查询结果。

9.4.3 GridView 控件的绑定字段

GridView 共支持 7 种字段类型，如表 9-4 所示。

表 9-4 GridView 控件字段类型

Field 字段类型	说　明
BoundField（数据绑定字段）	将 Data Source 数据源的字段数据以文本方式显示
ButtonField（按钮字段）	在数据绑定控件中显示命令按钮。根据控件的不同，它可让显示具有自定义按钮控件（例如“添加”或“移除”按钮）的数据行或数据列，按下时会引发 RowCommand 事件
CommandField（命令字段）	显示含有命令的 Button 按钮，包括了 Select、Edit、Update、Delete 命令按钮（DetailsView 的 CommandField 才支持 Insert 命令）
CheckBoxField（CheckBox 字段）	显示为 CheckBox 类型，通常用于布尔值 True/False 的显示
HyperLinkField（超链接字段）	将 Data Source 数据源字段数据显示成 HyperLink 超级链接，并可指定另外的 NavigateUrl 超链接
ImageField（图像字段）	在数据绑定控件中显示图像字段
TemplateField（模板字段）	显示用户自定义的模板内容

Field 字段声明在 GridView 中被包含在<Columns>和</Columns>标记区块中，请参考例 9-2 完成后的 HTML 程序，以下为 GridView 中的<Columns>区块声明。

```
<Columns>
    <asp:CommandField ShowDeleteButton="True" ShowEditButton="True"
        ShowSelectButton="True"/>
    <asp:BoundField DataField="userId" HeaderText="userId" InsertVisible=
        "False" ReadOnly="True" SortExpression="userId"/>
    <asp:BoundField DataField="userName" HeaderText="userName" SortExpression=
        "userName"/>
    <asp:BoundField DataField="userPwd" HeaderText="userPwd" SortExpression=
        "userPwd"/>
    <asp:BoundField DataField="sex" HeaderText="sex" SortExpression="sex"/>
    <asp:BoundField DataField="tel" HeaderText="tel" SortExpression="tel"/>
    <asp:BoundField DataField="email" HeaderText="email" SortExpression=
        "email"/>
    <asp:BoundField DataField="career" HeaderText="career" SortExpression=
        "career"/>
    <asp:BoundField DataField="introducation" HeaderText="introducation"
        SortExpression="introducation"/>
</Columns>
```

BoundField 字段会以文本方式显示，BoundField 属性共分为五大类，如表 9-5 所示。

表 9-5　BoundField 属性分类

类　　型	说　　明
可访问性(Accessibility)	设置 AccessibleHeaderText
外观(Appearance)	设置如 HeaderText(头文本)、FooterText(脚文本)、HeaderImageUrl(标头图像地址)等
行为(Behavior)	设置行为属性,其中大多为布尔值 True/False
数据(Data)	设置数据源字段与字符串格式化
样式(Style)	设置颜色、字体等样式属性,包括 ControlStyle(控件样式)、HeaderStyle(头文本样式)、FooterStyle(脚文本样式)、ItemStyle 样式(条目样式)

打开 GridView 的任务菜单,选中字段,可以设置 BoundField 的属性,如图 9-30 所示。

图 9-30　BoundField 的属性设置

1. BoundField 数据绑定字段

表 9-6 为 BoundField 数据绑定字段的重要属性说明。

表 9-6　BoundField 数据绑定字段的重要属性

属　　性	说　　明
DataField	指定对应 Data Source 数据字段
DataFormatString	显示文本的字符串格式化,如显示成货币、科学符号
SortExpression	设置字段的排序键值
ConvertEmptyStringToNull	将 Empty 字符串转换为 Null 值,应用于当 Update 的数据属于 Empty 字符串时,将它转换为 Null 值
NullDisplayText	当欲显示的字段数据为 Null 值时,则以自定义的标题文本来显示
ApplyFormatInEditMode	当处于编辑模式时,是否套用格式化
HtmlEncode	是否进行 HtmlEncode 编码
InsertVisible	当处于 Insert 模式时,字段是否可见

【例 9-4】 使用 GridView 控件的 BoundField 数据绑定字段，在 GridView 中显示数据库的一些字段数据(源程序：ASPNET_JC(C#)\WebSites\WebSite1\ch09/9_4.aspx)。运行结果如图 9-31 所示。

(1) 添加 9_4.aspx 页面，在“服务器资源管理器”窗口中，拖动数据库 db1.mdb 中 news 表的 title、author 和 submitdate 字段到 9_4.aspx 页面，如图 9-32 所示。

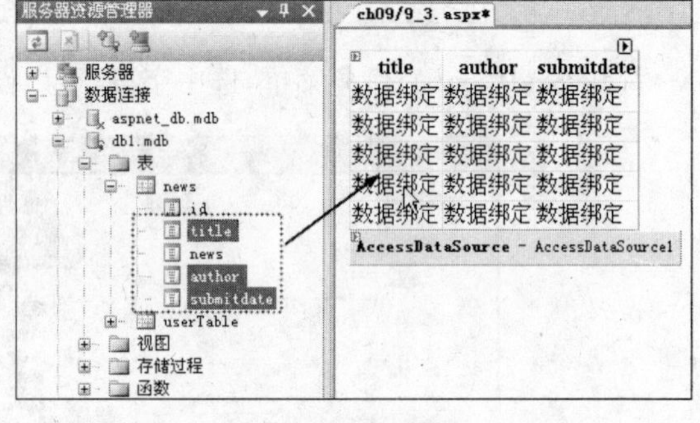

图 9-31　例 9-4 的运行结果　　　　图 9-32　拖动数据表字段创建 GridView 绑定

(2) 设置 GridView 的 BoundField 字段属性，单击 GridView 任务菜单的“编辑列”进行字段的编辑，修改 BoundField 字段的 HeaderText 属性，如图 9-33 所示。

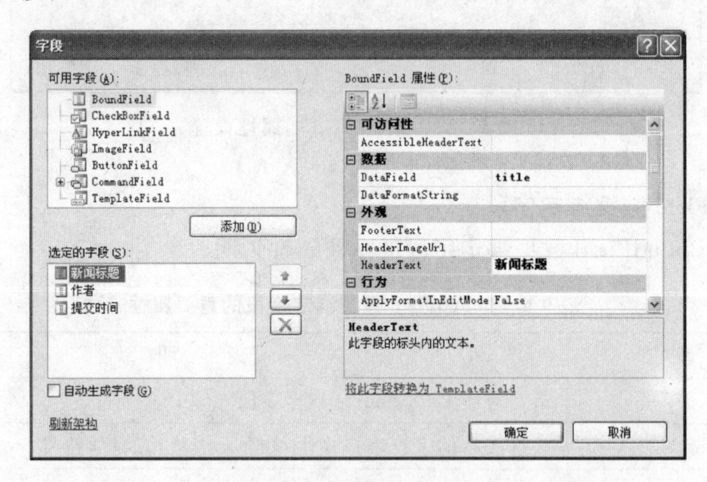

图 9-33　设置 BoundField 字段的 HeaderText 属性

(3) 设置“提交时间”的 DataFormatString 格式为{0:yyyy-mm-dd}，HtmlEncode 属性为 false。运行实例，将得到如图 9-31 所示效果。

程序注释：

(1) 本例实现了 GridView 中的 BoundField 字段效果，通过设置其 BoundField 字段属性，更改其显示样式。

(2) 设置“提交时间”的 DataFormatString 格式为{0:yyyy-mm-dd},使时间的显示格式为如图 9-31 所示的格式,否则显示格式效果为 2009-05-27 0:00:00。

2. HyperLinkField 超链接字段

HyperLinkField 超链接字段是将数据源字段显示为超链接形式,并且可以另外指定 URL 字段,以作为导向实际的 URL 网址。HyperLinkField 超链接字段重要属性如表 9-7所示。

表 9-7　HyperLinkField 超链接字段重要属性

属　性	说　明
DataTextField	绑定数据源字段显示成超链接文字,可当作参数传递到 DataTextFormatString 属性之中格式化
DataTextFormatString	DataText 字段字符串的格式化
DataNavigateUrlFields	将数据字段绑定到超链接字段 URL 属性,可作为参数传递到 DataNavigateUrlFormatString 属性中格式化
DataNavigateUrlFormatString	DataText 字段字符串的格式化
Text	超链接字段显示的文字,若 DataTextField 属性没有设置,会以 Text 文字显示

【例 9-5】 使用 GridView 控件的 HyperLinkField 超链接字段,实现新闻的链接效果(单击新闻条目后,显示详细新闻)(源程序:ASPNET_JC(C#)\WebSites\WebSite1\ch09\9_5.aspx)。运行效果如图 9-34 所示。

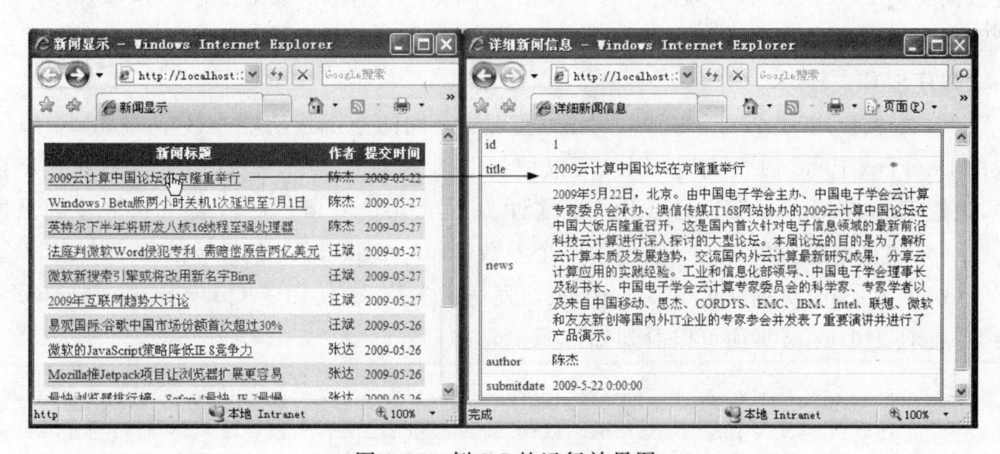

图 9-34　例 9-5 的运行效果图

(1) 创建 GridView 绑定,创建 GridView 及 AccessDataSource 控件,并将 GridView 的数据源设置为 AccessDataSource 控件,AccessDataSource 数据源指定 db1.mdb 的 news 数据表中的 id、title、author、submitdate 这 4 个数据字段。

(2) 在 GridView 控件的任务菜单中选择“编辑列”,删除 id、title 字段,添加一个 HyperLinkField 字段,放在 author、submitdate 两个数据字段之前,设置相应的属性如表 9-8所示,设置过程如图 9-35 所示。

表 9-8　HyperLinkField 超链接字段属性设置

属　性	设　置	属　性	设　置
HeaderText	新闻标题	DataNavigateUrlFormatString	9_5.aspx? id={0}
DataNavigateUrlFields	id	DataTextField	title

图 9-35　设置 HyperLinkField 属性

(3) 新建页面 9_6.aspx,添加一个 DetailsView 控件,新建数据源 AccessDataSource1,配置数据源为 db1.mdb,设置检索所有字段信息,单击 WHERE 按钮,添加 WHERE 字句,设置如图 9-36 所示,单击"添加"按钮。完成后运行实例效果如图 9-34 所示。

程序注释:

(1) 本例使用 HyperLinkField 字段,实现了新闻的超链接功能。HyperLinkField 字段的 DataTextField 属性设为 title,可以使 title 字段内容显示在 HyperLinkField 字段中,设置 DataNavigateUrlFormatString 属性为 9_6.aspx? id={0},表示超链接到页面 9_6.aspx并且发送参数 id,{0}表示第一个参数(DataNavigateUrlFields 的第一个值 id)。

(2) 9_6.aspx 页面获取 9_5.aspx 页面发送的参数 id,使用了 QueryStringParameter 参数,查看 9_6.aspx 页面可以看到如下源代码:

```
<asp:AccessDataSource ID="AccessDataSource1" runat="server"
    DataFile="~/App_Data/db1.mdb" SelectCommand="SELECT * FROM [news] WHERE
    ([id]=?)">
    <SelectParameters>
        <asp:QueryStringParameter DefaultValue="1" Name="id"
            QueryStringField="id" Type="Int32"/>
        </SelectParameters>
</asp:AccessDataSource>
```

在这里使用到的 DetailsView 控件,是可显示一条记录的详细信息时常用的控件,在后面的章节会详细介绍。

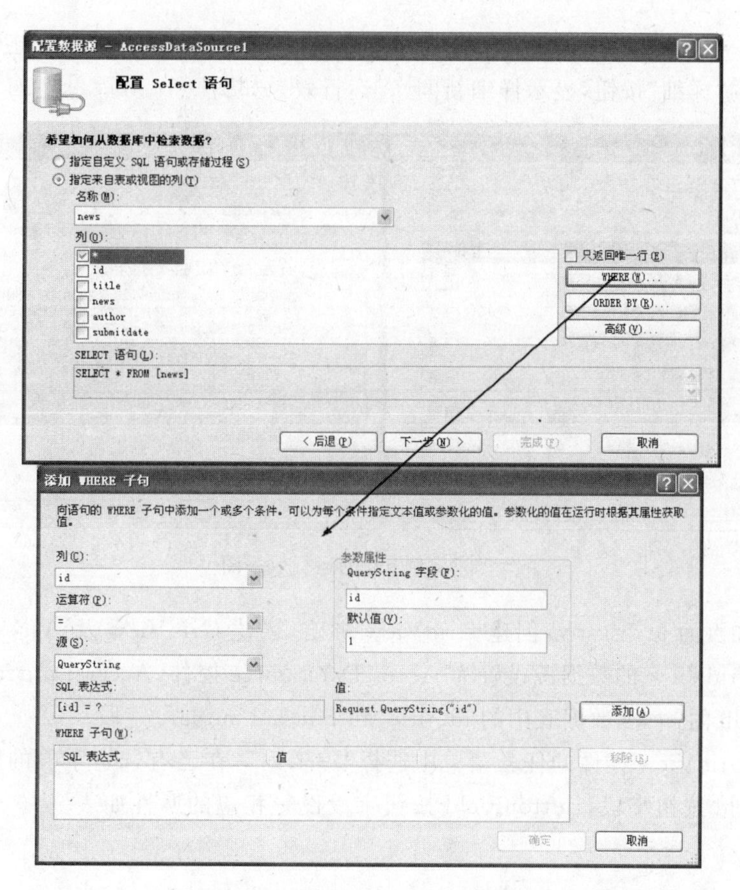

图 9-36 使用 QueryString 参数

3. ButtonField 按钮字段

ButtonField 是在 GridView 字段中显示 Button 按钮(例如自定义的添加、删除按钮),当按下 Button 按钮时会引发 RowCommand 事件,在此事件中可以加入自定义的程序代码。其实 ButtonField 属性与前面的 BoundField 属性大致相同。ButtonField 按钮字段属性如表 9-9 所示。

表 9-9 ButtonField 按钮字段的重要属性

属 性	说 明
ButtonType	ButtonField 字段共支持 3 种按钮形式:Button、Image、Link
DataTextField	将数据源字段数据绑定到 Button 按钮的文本属性中
DataTextFormatString	将 DataTextField 数据源字段值加以格式化
ImageUrl	当按钮形式为 Image 时,指定 Image 所在的 URL
CauseValidation	单击按钮时是否会引发 Validation 控件验证
CommandName	单击 ButtonField 按钮时所要运行的命令名称
ValidationGroup	ButtonField 按钮所要引发的 Validation Group 名称

【例 9-6】 使用 GridView 控件的 ButtonField 按钮字段,实现新闻的链接效果(单击新闻条目后的"详细"按钮,显示详细新闻)。运行效果如图 9-37 所示。

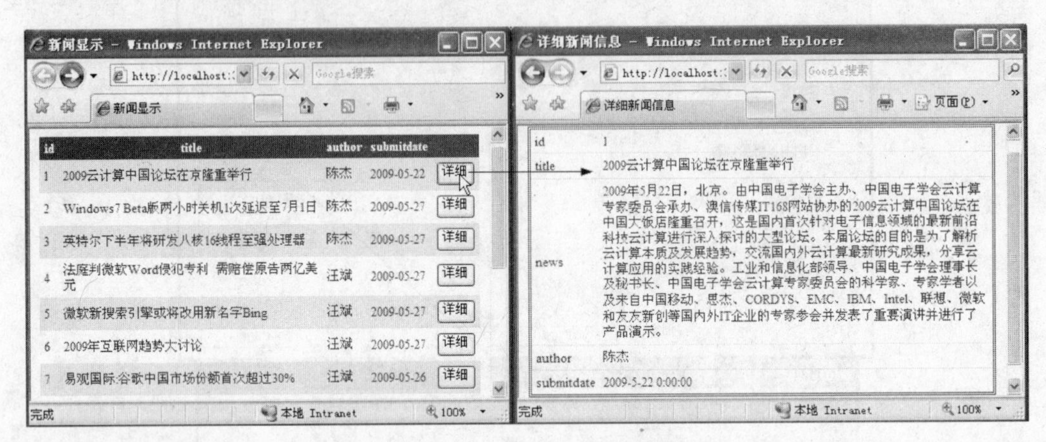

图 9-37 例 9-6 的运行效果图

(1) 添加页面 9_7. aspx,创建 GridView 绑定,创建 GridView 及 AccessDataSource 控件,并将 GridView 的数据源设置为 AccessDataSource 控件,AccessDataSource 数据源指定 db1. mdb 的 news 数据表中的 id、title、author、submitdate 字段。

(2) 在 GridView 控件的任务菜单中选择"编辑列",在已有选定字段的后面,添加一个 ButtonField 按钮字段,ButtonField 按钮字段设置相应的属性如表 9-10 所示,效果如图 9-38所示。

表 9-10 前一个 ButtonField 按钮字段属性设置

属 性	设置	属 性	设置
ButtonType	Button	Text	详细
CommandName	Details		

(3) 选中 GridView 控件,在"属性"窗口中单击"事件"按钮,双击进入 RowCommand 事件,如图 9-39 所示。

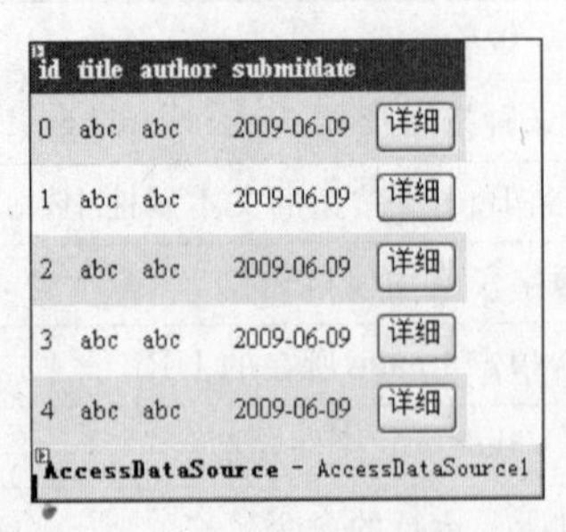

图 9-38 GridView 控件 ButtonField 字段效果

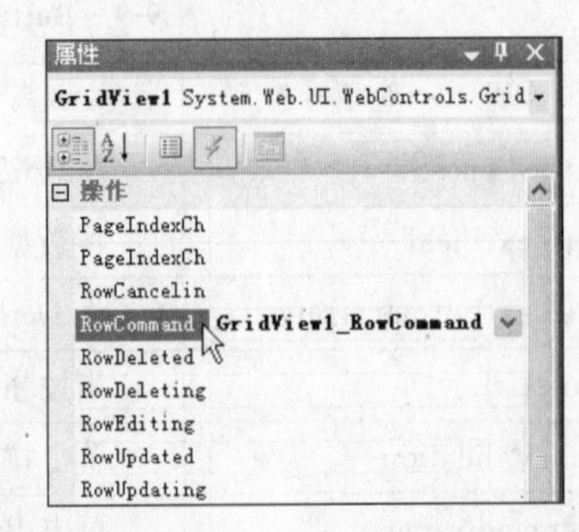

图 9-39 GridView 的 RowCommand 事件

(4) 添加 RowCommand 事件代码,代码如下:

```
protected void GridView1_RowCommand(object sender, GridViewCommandEventArgs e)
{
    int i=Convert.ToInt32(e.CommandArgument);       //取得单击按钮所在的行号
                    //取得单击按钮所在行的第一个单元格值(即 id 字段值)
    int j=Convert.ToInt32(GridView1.Rows[i].Cells[0].Text);
    if (e.CommandName=="Details")                   //判断是否单击了"详细"按钮
    {
        Response.Redirect("9_6.aspx? id="+j);
                                //重定向到 9_5.aspx,传递单击所在行的 id 值
    }
}
```

完成后,运行效果如图 9-37 所示。

程序注释:

(1) 当单击"详细"按钮时,会激发 GridView 的 RowCommand 事件,e. CommandArgument 是取得按下 ButtonField 按钮所在的行索引,以便判断是哪行被按下 ButtonField 按钮,GridView1. Rows[i]. Cells[0]取得按下按钮所在行的第一个单元格值。

(2) e. CommandName 是 ButtonField 字段中的 CommandName 属性值,"详细"按钮的 CommandName 值为"Details",if (e. CommandName=="Details")判断是否单击了"详细"按钮,因此,通过 e. CommandArgument 取得单击按钮所在的行,而e. CommandName取得单击按钮所在的列,这样,便能够精准定位识别到底是哪一个按钮被按下,从而显示相应的信息。

4. TemplateField 模板字段

TemplateField 模板字段用来显示用户自定义的模板内容。可以在 TemplateField 模板字段中放入各种所需要的控件。

TemplateField 模板字段中又包含了 5 种可编辑部分,如表 9-11 所示。

表 9-11 TemplateField 模板字段类型

类　型	说　明
ItemTemplate	字段项目模板
AlternatingItemTemplate	字段交替项目模板,若设置这个字段后,奇数行会显示 ItemTemplate,偶数行显示 AlternatingItemTemplate
EditItemTemplate	编辑项目模板
HeaderTemplate	表头模板
FooterTemplate	表尾模板

【例 9-7】 使用 GridView 控件的 TemplateField 模板字段,实现带有确认框的新闻删除效果,运行效果如图 9-40 所示。

(1) 添加页面 9_8. aspx,创建 GridView 绑定,创建 GridView 及 AccessDataSource 控件,并将 GridView 的数据源设置为 AccessDataSource 控件,AccessDataSource 数据源指定 db1. mdb 的 news 表数据表中的 id、title、author、submitdate 字段,单击"高级"按钮,

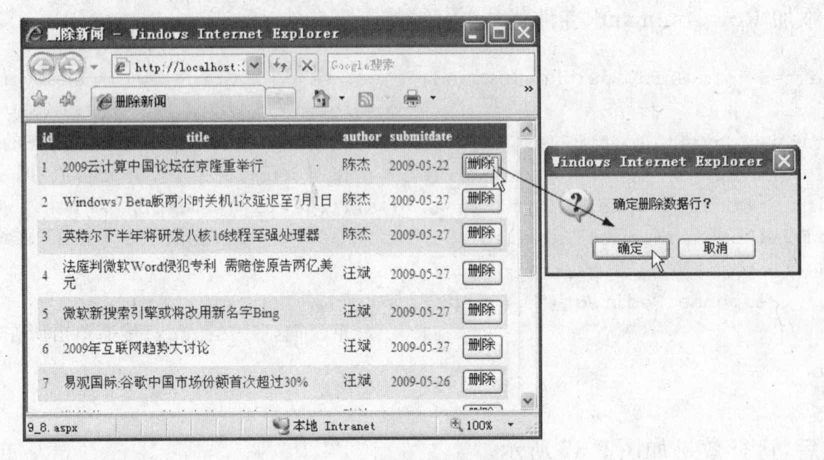

图 9-40 例 9-7 的运行效果

选中"生成 INSERT、UPDATE 和 DELETE 语句"复选框。

(2) 在 GridView 控件的任务菜单中选择"编辑列",在已有选定字段的后面,添加一个 TemplateField 模板字段,然后在 GridView 控件的任务菜单中选择"编辑模板",在 ItemTemplate 中添加一个按钮,设置 Text 属性为"删除",CommandName 属性为 delete, OnClientClick 属性的值为"return confirm("确定删除数据行?")",如图 9-41 所示。

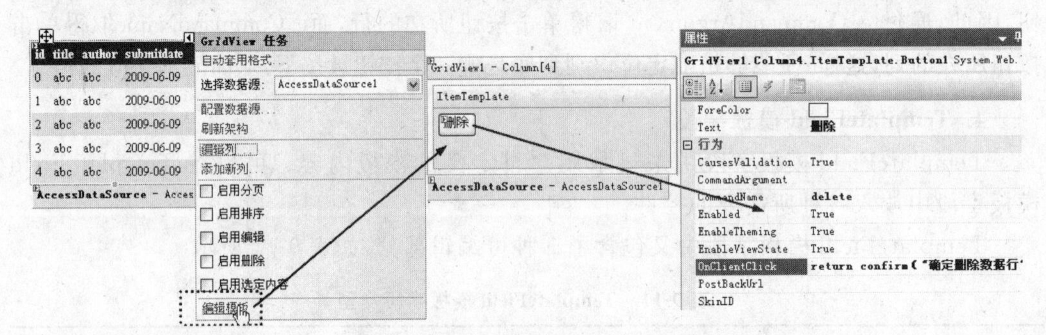

图 9-41 添加 TemplateField 模板字段

完成后运行效果如图 9-40 所示。

程序注释:

(1) 本例使用了 TemplateField 模板字段,可以在该字段中放置其他控件,设置"删除"按钮中的 CommandName 属性值为 delete,由于在本例的第一步中设置了 AccessDataSource 数据源控件"生成 INSERT、UPDATE 和 DELETE 语句",因此, AccessDataSource 控件自动生成了 DELETE 语句,查看源代码可以看到如下的代码。

```
DeleteCommand="DELETE FROM[news]WHERE[id]=?"
```

因此,当"删除"按钮中的 CommandName 属性值设为 delete 时具有删除功能。

(2) 设置"删除"按钮 OnClientClick 属性是客户端单击事件,设置值为"return confirm("确定删除数据行?")",使得在删除操作时,弹出确认对话框。

5. 使用 CommandField 命令按钮字段

CommandField 命令按钮字段可以显示含有命令的 Button 按钮，包括了 Select、Edit、Update、Delete 命令按钮，使 GridView 控件具有选择、编辑、删除功能。但是必须将 DataSource 控件的 SQL 复选框“生成 INSERT、UPDATE 和 DELETE 语句”选中才行（见图 9-20）。

【例 9-8】 使用 GridView 控件的 CommandField 命令按钮字段，实现新闻信息的选择、编辑、删除功能。运行结果如图 9-42 所示。

新闻编辑 - Windows Internet Explorer
http://localhost:3499/WebSite1/ch09/9_9.aspx
新闻编辑

id	title	author	submitdate			
1	2009云计算中国论坛在京	陈杰	2009-5-22 0:00:00	更新 取消		
2	Windows7 Beta版两小时关机1次延迟至7月1日	陈杰	2009-05-27	编辑	选择	删除
3	英特尔下半年将研发八核16线程至强处理器	陈杰	2009-05-27	编辑	选择	删除
4	法庭判微软Word侵犯专利 需赔偿原告两亿美元	汪斌	2009-05-27	编辑	选择	删除
5	微软新搜索引擎或将改用新名字Bing	汪斌	2009-05-27	编辑	选择	删除
6	2009年互联网趋势大讨论	汪斌	2009-05-27	编辑	选择	删除
7	易观国际:谷歌中国市场份额首次超过30%	汪斌	2009-05-26	编辑	选择	删除
8	微软的JavaScript策略降低IE 8竞争力	张达	2009-05-26	编辑	选择	删除
9	Mozilla推Jetpack项目让浏览器扩展更容易	张达	2009-05-26	编辑	选择	删除

图 9-42　例 9-8 的运行结果

(1) 添加页面 9_9.aspx，创建 GridView 绑定，创建 GridView 及 AccessDataSource 控件，并将 GridView 的数据源设置为 AccessDataSource 控件，AccessDataSource 数据源指定 db1.mdb 的 news 数据表中的 id、title、author、submitdate 字段，单击“高级”按钮，选中“生成 INSERT、UPDATE 和 DELETE 语句”复选框。

(2) 在 GridView 控件的任务菜单中选择“编辑列”，在已有选定字段的后面，添加 CommandField 命令按钮字段，如图 9-43 所示。

图 9-43　添加 CommandField 命令按钮字段

完成后运行结果如图 9-42 所示。

程序注释：

因为 AccessDataSource 数据源控件自动生成了 INSERT、UPDATE 和 DELETE 语句，因此 GridView 控件添加了 CommandField 命令按钮后就具有编辑、选择、删除功能。这和例 9-2 实现的效果是一样的。

6. CheckBoxField 复选框字段和 ImageField 图像字段

CheckBoxField 是在 GridView 字段中加入 CheckBox 字段，通常用于显示布尔值，若数据源为 True，则为选中状态，若为 False 则未选中；在显示状态下，默认 CheckBoxField 被 Disabled，故呈现的是灰色的只读状态，只有在编辑模式时才会变成 Enabled，才能进行修改。CheckBoxField 字段的重要属性如表 9-12 所示。

表 9-12　CheckBoxField 字段的重要属性

属　性	说　明
DataField	设置绑定至数据源的字段名称
Text	可以设置 CheckBox 右侧的说明文字
ReadOnly	在编辑模式时，设置 ReadOnly 属性可以防止被编辑

ImageField 图像字段是用来显示图片的，指定图片的 URL 网址给 ImageField 的 DataImageUrlField 属性。ImageField 图像字段重要属性如表 9-13 所示。

表 9-13　ImageField 图像字段重要属性

属　性	说　明
DataAlternateTextField	设置绑定至 ImageField 对象 AlternateText 属性的数据源字段名称
DataAlternateTextFormatString	将 DataAlternateTextField 的字符串格式化
DataImageUrlField	设置绑定至 ImageField 对象 ImageUrl 属性的数据源字段名称
DataImageUrlFormatString	将 DataImageUrlField 的 URL 格式化
NullImageUrl	当 DataImageUrlField 属性值为 Null 时，则以 NullImageUrl 属性的默认图片来替代

9.5　DataSource 参数类型

ASP.NET 数据源控件可以接受输入参数，这样就可以在运行时将值传递给这些参数。可以使用参数执行下列操作：提供用于数据检索的搜索条件；提供要在数据存储区中插入、更新或删除的值；提供用于排序、分页和筛选的值。借助参数，使用少量自定义代码或不使用自定义代码就可筛选数据和创建主/从应用程序。

对于通过支持自动更新、插入和删除操作的数据绑定控件（如 GridView 或 FormView 控件）传递给数据源的值，也可以使用参数对其进行自定义。例如，可以使用参数对象对值进行强类型化，或从数据源中检索输出值。此外，参数化的查询可以防止

SQL 注入攻击，因此使得应用程序更加安全。

可以从各种源中获取参数值，通过 Parameter 对象，可以从 Web 服务器控件属性、Cookie、会话状态、QueryString 字段、用户配置文件属性及其他源中提供值给参数化数据操作。数据源控件参数类型如表 9-14 所示。

表 9-14　数据源控件参数类型

参数类型	说　明
ControlParameter	将参数设置为 Control 的属性值。使用 ControlID 属性指定 Control 的 ID。使用 ControlParameter 对象的 PropertyName 属性指定提供参数值的属性的名称
CookieParameter	将参数设置为 HttpCookie 对象的值。使用 CookieName 属性指定 HttpCookie 对象的名称。如果指定的 HttpCookie 对象不存在，则将使用 DefaultValue属性的值作为参数值
FormParameter	将参数设置为 HTML 窗体字段的值。使用 FormField 属性指定 HTML 窗体字段的名称。如果指定的 HTML 窗体字段值不存在，则将使用 DefaultValue属性的值作为参数值
ProfileParameter	将参数设置为当前用户配置文件（Profile）中的属性的值。使用 PropertyName属性指定配置文件属性的名称。如果指定的配置文件属性不存在，则将使用 DefaultValue 属性的值作为参数值
QueryStringParameter	将参数设置为 QueryString 字段的值。使用 QueryStringField 属性指定 QueryString 字段的名称。如果指定的 QueryString 字段不存在，则将使用 DefaultValue 属性的值作为参数值
SessionParameter	将参数设置为 Session 对象的值。使用 SessionField 属性指定 Session 对象的名称。如果指定的 Session 对象不存在，则将使用 DefaultValue 属性的值作为参数值

下面介绍经常使用的 DataSource 参数。

9.5.1　ControlParameter 参数和 CookieParameter 参数

ControlParameter 参数是比较常用的参数，可以将页面中控件的值当作参数传递给 SQL 命令，CookieParameter 参数是将 Cookie 值作为传给 SQL 命令的参数，设置参数时使用 DataSource 控件的"命令和参数编辑器"对话框可以减少代码的输入。

【例 9-9】 使用 ControlParameter 和 CookieParameter 参数，实现了利用文本框和按钮在 GridView 控件外更新新闻的效果。运行结果如图 9-44 所示。

(1) 添加页面 9_10. aspx，页面布局如图 9-45 所示，添加相应的文本框、按钮、GridView 和 AccessDataSource 控件，详情参考源程序（ASPNET_JC(C＃)\WebSites\WebSite1\ch09\9_10. aspx）。

(2) 进入 GridView1 控件的 SelectedIndexChanging 事件，添加代码如下。

```
protected void GridView1_SelectedIndexChanging(object sender,
GridViewSelectEventArgs e)
{        //取得单击 GridView1 控件所在行的新闻标题、新闻内容、作者内容放置到相应的文本框中
    title.Text=GridView1.Rows[e.NewSelectedIndex].Cells[2].Text;
    news.Text=GridView1.Rows[e.NewSelectedIndex].Cells[3].Text;
```

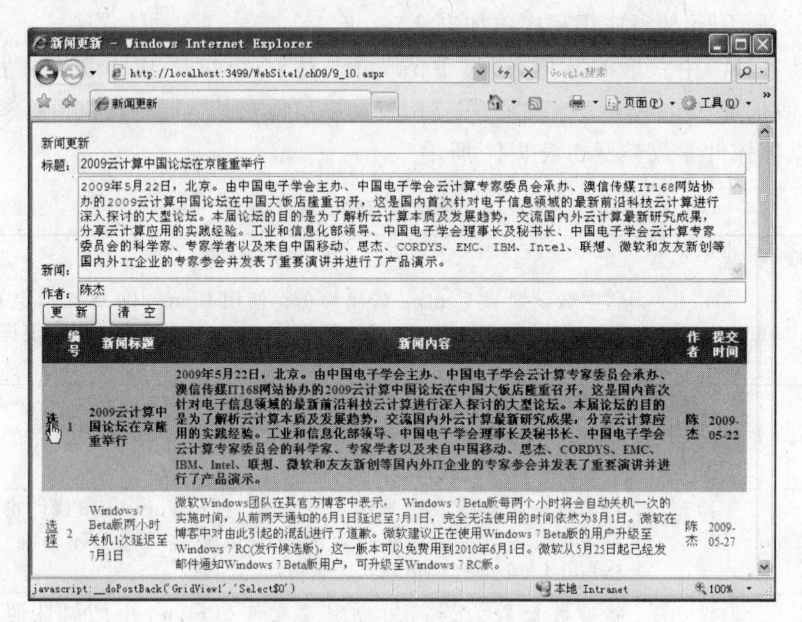

图 9-44 例 9-9 的运行结果

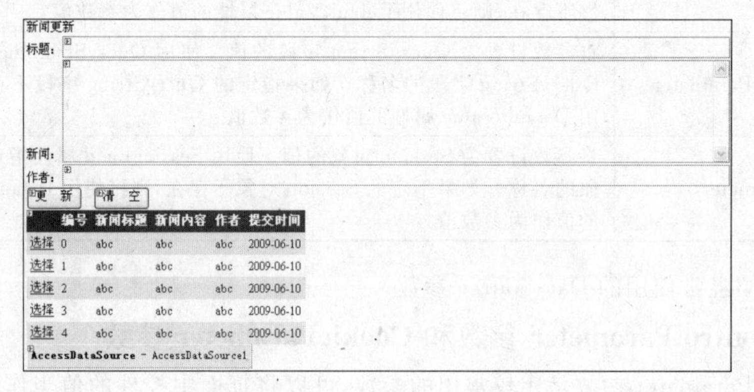

图 9-45 9_10.aspx 的页面布局

```
    author.Text=GridView1.Rows[e.NewSelectedIndex].Cells[4].Text;
}
```

(3) 在 AccessDataSource 控件的"属性"窗口中，选择 UpdateQuery 属性进入"命令和参数编辑器"对话框，添加 ControlParameter 参数和 CookieParameter 参数，设置如图 9-46所示。

查看 AccessDataSource 控件源代码，可以看到如下代码，要注意 UpdateParameters 中 ControlParameter 的使用。

```
<asp:AccessDataSource ID="AccessDataSource1" runat="server" DataFile="~/App_
Data/db1.mdb"
DeleteCommand="DELETE FROM [news] WHERE [id]=?" InsertCommand="INSERT INTO
[news] ([id], [title], [news], [author], [submitdate]) VALUES (?,?,?,?,?)"
SelectCommand="SELECT * FROM [news]" UpdateCommand="UPDATE [news] SET [title]=?,
```

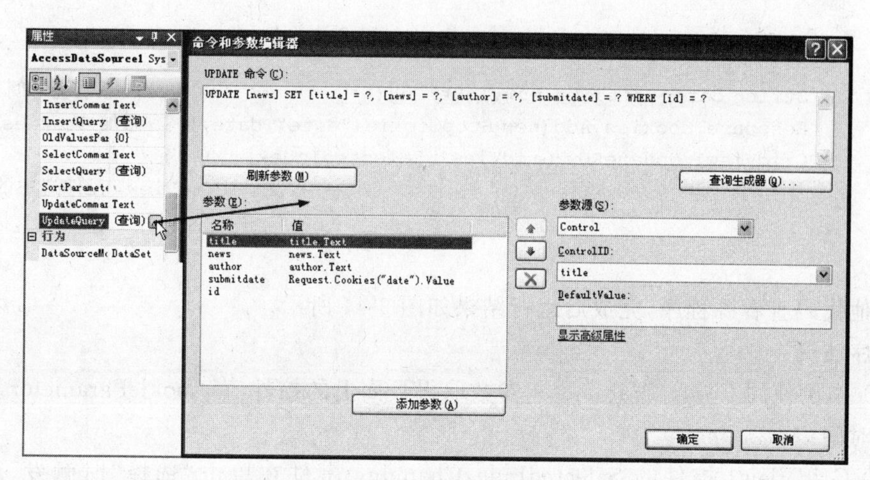

图 9-46　添加参数

```
[news]=?, [author]=?, [submitdate]=? WHERE [id]=?">
  <DeleteParameters>
      <asp:Parameter Name="id" Type="Int32"/>
  </DeleteParameters>
  <UpdateParameters>
      <asp:ControlParameter ControlID="title" Name="title" PropertyName=
     "Text" Type="String"/>
      <asp:ControlParameter ControlID="news" Name="news" PropertyName="Text"
      Type="String"/>
      <asp:ControlParameter ControlID="author" Name="author" PropertyName=
     "Text" Type="String"/>
     <asp:CookieParameter CookieName="date" Name="submitdate" Type=
     "DateTime"/>
     <asp:Parameter Name="id" Type="Int32"/>
  </UpdateParameters>
  <InsertParameters>
     <asp:Parameter Name="id" Type="Int32"/>
     <asp:Parameter Name="title" Type="String"/>
     <asp:Parameter Name="news" Type="String"/>
     <asp:Parameter Name="author" Type="String"/>
     <asp:Parameter Name="submitdate" Type="DateTime"/>
  </InsertParameters>
</asp:AccessDataSource>
```

(4) 双击“更新”按钮，进入 Button1_Click 事件，输入更新代码如下：

```
protected void Button1_Click(object sender, EventArgs e)
{
    if(GridView1.SelectedIndex==-1)                          //判断是否有行被选中
    {
        Response.Write("<script language=javascript>alert('请选择要更新的
        行!');</script>");
    }
```

```
    else
    {
        String date=DateTime.Now.ToString();                   //取得系统时间
        Response.Cookies.Add(new HttpCookie("date",date)); //添加 Cookies 值
        GridView1.UpdateRow(GridView1.SelectedIndex, true);
                                            //更新 GridView1 控件选中的数据行
    }
}
```

其他代码查看源程序,完成后运行结果如图 9-44 所示。

程序注释:

(1) 本例使用 ControlParameter 参数取得页面上的控件值,CookieParameter 参数取得系统时间。

(2) GridView1 控件的 SelectedIndexChanging 事件在单击"选择"时触发,程序中 GridView1.Rows[e.NewSelectedIndex].Cells[2].Text 表示取得所选行的第 3 个单元格的值。

(3) GridView1.SelectedIndex 表示选中行的索引,GridView 控件的 UpdateRow 方法将执行选中行的 UpdateCommand 完成更新(更新将使用 UpdateParameters)。

9.5.2 FormParameter 参数

FormParameter 参数将 Form 窗体中的变量值作为传递给 SQL 命令的参数。

【例 9-10】 使用 FormParameter 参数,利用文本框和按钮控件,实现新闻的添加效果,并把结果显示在 GridView 控件中,运行结果如图 9-47 所示。

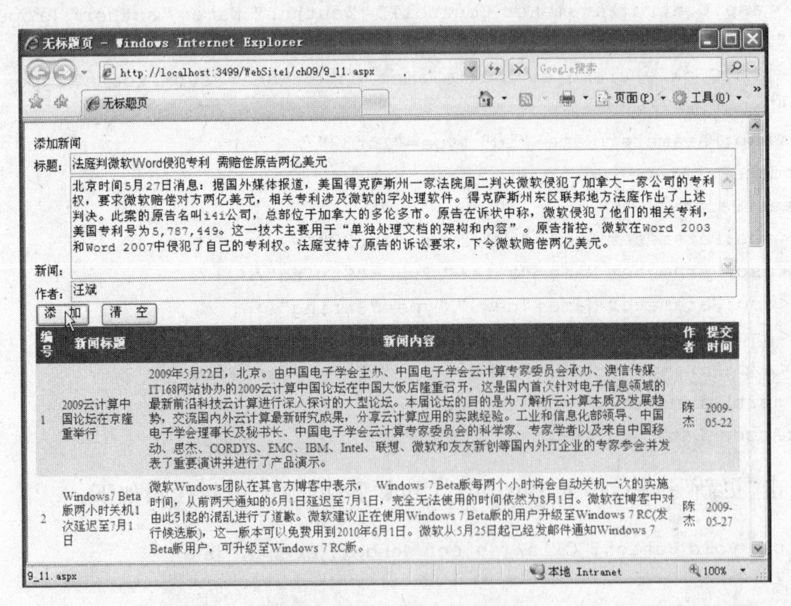

图 9-47　例 9-10 的运行结果

(1) 添加页面 9_11.aspx,页面布局如图 9-48 所示,在页面上添加文本框、按钮、GridView 等控件,详情参考源程序(ASPNET_JC(C#)\WebSites\WebSite1\ch09\9_11.aspx)。

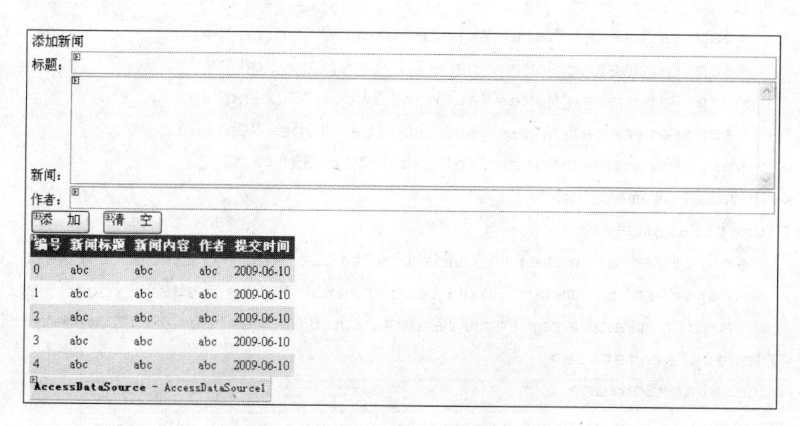

图 9-48　9_11.aspx 的页面布局

(2) 在 AccessDataSource 控件的"属性"窗口中，选择 InsertQuery 属性进入"命令和参数编辑器"对话框，添加 FormParameter 参数，删除不需要插入的字段和参数(如 id)，设置如图 9-49 所示。

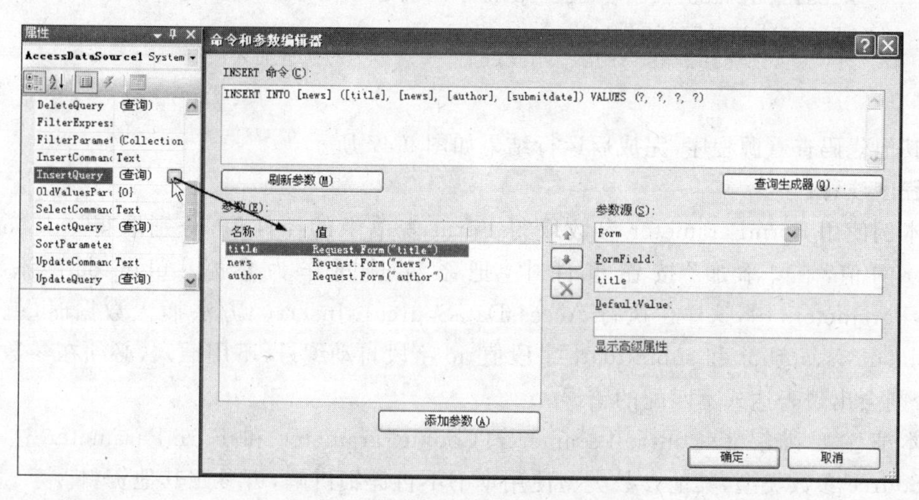

图 9-49　添加 FormParameter 参数

查看 AccessDataSource 控件源代码，可以看到如下代码，请注意 InsertParameters 中 FormParameter 的使用。

```
<!--InsertParameters 里的 3 个 FormParameter 取得 Form 内的 3 个文本框的值作为参数-->
<asp:AccessDataSource ID="AccessDataSource1" runat="server" DataFile="~/App_
    Data/db1.mdb" DeleteCommand="DELETE FROM [news] WHERE [id]=?" InsertCommand="
    INSERT INTO [news] ([title], [news], [author], [submitdate]) VALUES (?,?,?,?)"
    SelectCommand="SELECT * FROM [news]" UpdateCommand="UPDATE [news] SET [title]=?,
    [news]=?,[author]=?,[submitdate]=?WHERE[id]=?">
    <DeleteParameters>
        <asp:Parameter Name="id" Type="Int32"/>
    </DeleteParameters>
    <UpdateParameters>
```

```
            <asp:Parameter Name="title" Type="String"/>
            <asp:Parameter Name="news" Type="String"/>
            <asp:Parameter Name="author" Type="String"/>
            <asp:Parameter Name="submitdate" Type="DateTime"/>
            <asp:Parameter Name="id" Type="Int32"/>
        </UpdateParameters>
        <InsertParameters>
            <asp:FormParameter FormField="title" Name="title" Type="String"/>
            <asp:FormParameter FormField="news" Name="news" Type="String"/>
            <asp:FormParameter FormField="author" Name="author" Type="String"/>
        </InsertParameters>
    </asp:AccessDataSource>
```

(3) 双击“添加”按钮，进入 Button1_Click 事件，输入代码如下：

```
protected void Button1_Click(object sender, EventArgs e)
{
    //在插入参数中添加一个参数 submitdate,值为今天的段日期格式
      Access DataSource1. InsertParameters. Add ( " submitdate", DateTime. Today.
      ToShortDateString());
          AccessDataSource1.Insert();          //执行插入命令
}
```

其他代码查看源程序，完成后运行结果如图 9-47 所示。

程序注释：

本例使用 FormParameter 参数取得 Form 表单中的控件值，分别取得 title、news、author 的值，在“添加”按钮事件中，把系统时间作为参数 submitdate 添加到 InsertParameters 中，这样在执行 AccessDataSource1. Insert()方法插入数据时，就插入了 title、news、author 和 submitdate 字段值，id 字段自动编号，不用插入，必须在参数中删除，否则会出现表达式不匹配的错误。

本节主要讲解了 ControlParameter、CookieParameter 和 FormParameter 这 3 种 DataSource 参数类型，其他参数类型使用本书不再详细讲解，可参照其他资料。

9.6 DetailsView 控件

DetailsView 控件可以和任意数据源进行绑定，并使用它的数据操作命令集。

作为数据显示控件，DetailsView 控件的使用和前面讲到的 GridView 类似，使用 DetailsView 控件，可以逐一显示、编辑、插入或删除其关联数据源中的记录。默认情况下，DetailsView 控件将逐行显示记录的各个字段。DetailsView 控件通常用于更新和插入新记录，并且通常在主/详细方案中使用(如例 9-5)，在这些方案中，主控件的选中记录决定了要在 DetailsView 控件中显示的记录。即使 DetailsView 控件的数据源公开了多条记录，该控件每次也只会显示一条数据记录。DetailsView 控件不支持排序。

DetailsView 所支持的字段与 GridView 支持的类型一样，这 7 种字段类型在 ASP.NET 2.0 中是共享的，使用方法也基本一样，这里不再赘述。DetailsView 控件的

事件如表 9-15 所示。

表 9-15　DetailsView 控件的事件

事　　件	说　　明
ItemCommand	单击 DetailsView 控件中的按钮时触发
ItemCreated	在 DetailsView 控件中创建所有的 DetailsViewRow 对象之后触发
ItemInserting	插入数据行之前触发,但未写入数据源
ItemInserted	插入数据行之后触发,且写入数据源
ItemUpdating	更新数据行之前触发,更新但未写入数据源
ItemUpdated	更新数据行之后触发,且写入数据源
ItemDeleting	删除数据行之前触发,但未写入数据源
ItemDeleted	删除数据行之后触发,且写入数据源

【例 9-11】　使用 DetailsView 控件,显示新闻信息,实现新闻的编辑、删除、新建和分页。运行结果如图 9-50 所示。

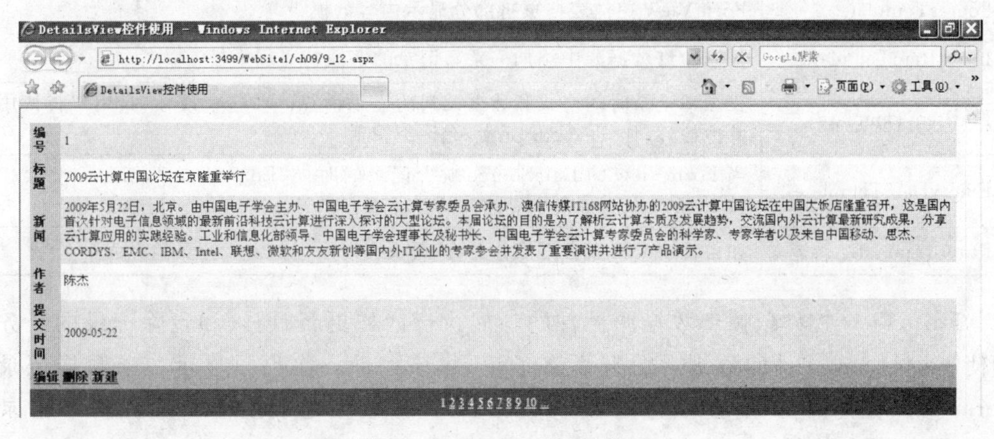

图 9-50　例 9-11 的运行结果

(1) 添加页面 9_12. aspx,添加一个 DetailsView 控件到页面,新建数据源,连接数据库 db1. mdb,选择 news 表,在配置 SELECT 语句时选择所有字段,并在"高级"选项中选中"生成 INSERT、UPDATE 和 DELETE 语句"复选框。

(2) 自动套用一种格式,在 DetailsView 控件任务菜单中,选中"启用分页"、"启用插入"、"启用编辑"、"启用删除"复选框。由于 news 表的 id 字段是数据库自动编号的,不需要插入,应该在 INSERT 命令中删除 id。

完成后运行结果如图 9-50 所示。

程序注释:

本例是 DetailsView 控件的简单使用,使用方法和 GridView 控件大体相同,不同之处是多了插入数据的功能,但要注意,在插入数据的时候不需要插入的字段必须在 InsertCommand 中删除。

9.7 FormView控件

FormView控件可以使用数据源中的单个记录,该控件与DetailsView控件相似。FormView控件和DetailsView控件之间的差别在于DetailsView控件使用表格布局,在该布局中,记录的每个字段都各自显示为一行。而FormView控件不指定用于显示记录的预定义布局,可以自定义布局,可以为显示、插入和编辑模式创建一个ItemTemplate模板。可以使用PagerTemplate模板控制分页,还可以使用HeaderTemplate和FooterTemplate模板分别自定义FormView控件的页眉和页脚。使用EmptyDataTemplate还可以指定在数据源不返回任何数据时显示的模板,具体如表9-16所示。

表9-16 FormView模板

模 板	说 明
ItemTemplate	查看数据时的显示模板
HeaderTemplate	FormView控件表格标题部分显示内容的模板
FooterTemplate	FormView控件表格页脚部分显示内容的模板
InsertItemTemplate	控制允许数据源中添加一条新记录的字段的显示模板
EditItemTemplate	在编辑记录时的格式和数据元素的显示情况。在这个模板内,用户将使用其他控件,如TextBox元素,允许编辑值
EmptyDataTemplate	当FormView的DataSource缺少记录的时候,EmptyDataTemplate将会代替ItemTemplate来生成控件的置标语言代码
PagerTemplate	如果FormView启用了分页,该模板可以用于自定义分页的界面

FormView控件依赖于数据源控件的功能执行诸如更新、插入和删除记录的任务。即使FormView控件的数据源公开了多条记录,该控件一次也只显示一条数据记录。FormView控件可以自动对它的关联数据源中的数据进行分页,一次一个记录。FormView控件提供了用于在记录之间导航的用户界面(UI)。若要启用分页行为,可将AllowPaging属性设置为True,并指定一个PagerTemplate值。

不管是前面讲到的GridView控件和DetailsView控件,还是FormView控件都经常会用到数据绑定,ASP.NET提供了一个名为DataBinder.Eval的静态方法,该方法计算后期绑定的数据绑定表达式,并将结果格式化为字符串(可选)。利用此方法,可以避免许多在将值强制转换为所需数据类型时必须执行的显式强制转换操作。ASP.NET 2.0改善了模板中的数据绑定操作,把v1.x中的数据绑定语法DataBinder.Eval(Container.DataItem, fieldname)简化为Eval(fieldname)。Eval方法是静态(只读)方法,该方法采用数据字段的值作为参数并将其作为字符串返回。Bind方法支持"双向数据绑定",具有读/写功能,可以检索数据绑定控件的值并将任何更改提交回数据库。

【例9-12】 利用FormView控件的绑定技术,实现新闻的增加、编辑、删除和分页等功能,运行效果如图9-51所示。

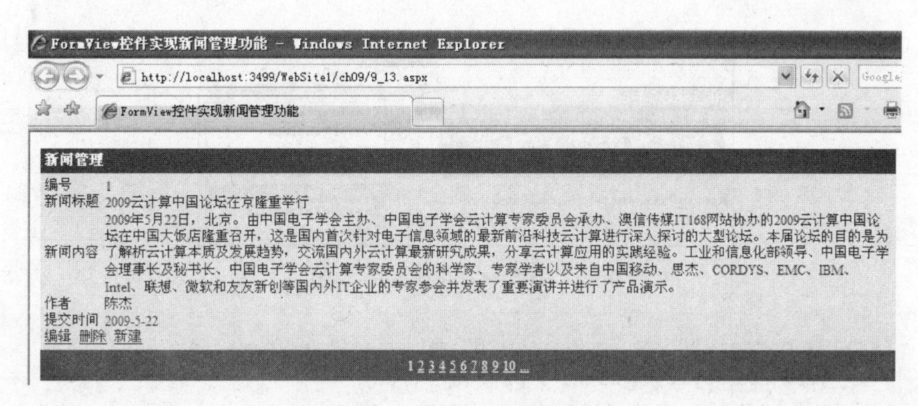

图 9-51　例 9-12 的运行效果

(1) 添加页面 9_13.aspx，添加一个 FormView 控件到页面，新建数据源，连接数据库 db1.mdb，选择 news 表，在“高级”选项中选中“生成 INSERT、UPDATE 和 DELETE 语句”复选框，然后设置 SelectCommand 和 InsertCommand，AccessDataSource 数据源详细代码如下：

```
<asp:AccessDataSource ID="AccessDataSource1" runat="server" DataFile="~/App_
Data/db1.mdb" DeleteCommand="DELETE FROM [news] WHERE [id]=?" InsertCommand=
"INSERT INTO [news] ([title], [news], [author], [submitdate]) VALUES (?,?,?, date())"
SelectCommand="SELECT *, date() as nowdate FROM [news]" UpdateCommand="UPDATE
[news] SET [title]=?, [news]=?, [author]=?, [submitdate]=? WHERE [id]=?">
    <DeleteParameters>
        <asp:Parameter Name="id" Type="Int32"/>
    </DeleteParameters>
    <UpdateParameters>
        <asp:Parameter Name="title" Type="String"/>
        <asp:Parameter Name="news" Type="String"/>
        <asp:Parameter Name="author" Type="String"/>
        <asp:Parameter Name="nowdate" Type="DateTime"/>
        <asp:Parameter Name="id" Type="Int32"/>
    </UpdateParameters>
    <InsertParameters>
        <asp:Parameter Name="title" Type="String"/>
        <asp:Parameter Name="news" Type="String"/>
        <asp:Parameter Name="author" Type="String"/>
    </InsertParameters>
</asp:AccessDataSource>
```

(2) 设置 GridView 控件“启用分页”，自动套用格式，单击“编辑模板”按钮，进入 FormView1 的 HeaderTemplate 模板，在模板中添加文本“新闻管理”，布局如图 9-52 所示。

(3) 单击“编辑模板”按钮，进入 FormView1 的 ItemTemplate 模板，修改模板，代码如下所示，布局如图 9-53 所示。

```
<ItemTemplate>
```

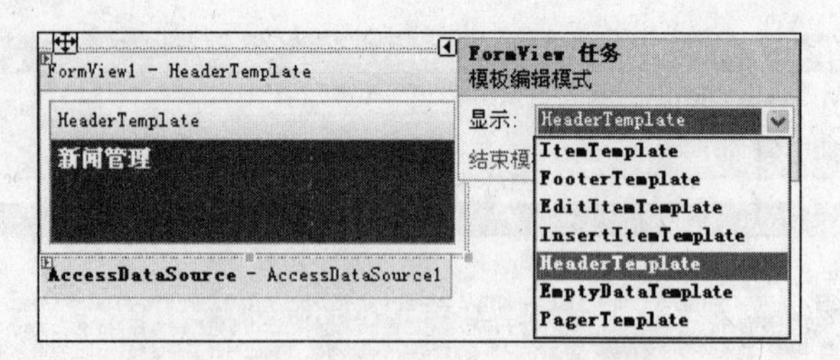

图 9-52　编辑 HeaderTemplate 模板

```
    <table border="0" cellpadding="0" cellspacing="0" width="800">
        <tr><td style="width: 57px">编号</td>
            <td><asp:Label ID="idLabel" runat="server"
                Text='<%#Eval("id")%>'></asp:Label>
            </td>
        </tr>
        <tr><td style="width: 57px">新闻标题</td>
            <td><asp:Label ID="titleLabel" runat="server" Text='<%#Bind
                ("title")%>'></asp:Label></td>
        </tr>
        <tr><td style="width: 57px">新闻内容</td>
            <td><asp:Label ID="newsLabel" runat="server" Text='<%#Bind
                ("news")%>'></asp:Label></td>
        </tr>
        <tr><td style="width: 57px">作者</td>
            <td><asp:Label ID="authorLabel" runat="server" Text='<%#Bind
                ("author")%>'></asp:Label></td>
        </tr>
        <tr><td style="width: 57px">提交时间</td>
            <td><asp:Label ID="submitdateLabel" runat="server" Text='<%#Bind
                ("submitdate", "{0:d}")%>'></asp:Label></td>
        </tr>
    </table>
    <asp:LinkButton ID="EditButton" runat="server" CausesValidation="False"
        CommandName="Edit" Text="编辑"></asp:LinkButton>
    <asp:LinkButton ID="DeleteButton" runat="server" CausesValidation="False"
        CommandName="Delete" OnClientClick="return confirm('确认删除?');"
        Text="删除"></asp:LinkButton>
    <asp:LinkButton ID="NewButton" runat="server" CausesValidation="False"
        CommandName="New" Text="新建"></asp:LinkButton>
</ItemTemplate>
```

图 9-53　ItemTemplate 模板布局

(4) 设置 GridView 控件的 EditItemTemplate 模板，修改模板，代码如下所示，布局如图 9-54 所示。

```
<EditItemTemplate>
    <table border="0" cellpadding="0" cellspacing="0" width="800">
        <tr><td style="width: 67px">编号</td>
            <td style="width: 687px"><asp:Label ID="idLabel" runat="server"
                Text='<%#Eval("id")%>'></asp:Label></td>
        </tr>
        <tr><td style="width: 67px">新闻标题</td>
            <td style="width: 687px">
                <asp:TextBox ID="titleTextBox" runat="server" Text='<%#Bind
                    ("title")%>' Width="637px"></asp:TextBox><asp:
                    RequiredFieldValidator ID="RequiredFieldValidator1" runat=
                    "server" ControlToValidate="titleTextBox" ErrorMessage=
                    "必填"></asp:RequiredFieldValidator></td>
        </tr>
        <tr><td style="width: 67px">新闻内容</td>
            <td style="width: 687px">
                <asp:TextBox ID="newsTextBox" runat="server" Text='<%#Bind
                    ("news")%>' TextMode="MultiLine" Height="92px" Width=
                    "637px"></asp:TextBox>
                <asp:RequiredFieldValidator ID="RequiredFieldValidator2" runat=
                    "server" ControlToValidate="titleTextBox" ErrorMessage=
                    "必填"></asp:RequiredFieldValidator></td>
        </tr>
        <tr><td style="width: 67px">作者</td>
            <td style="width: 687px">
                <asp:DropDownList ID="DropDownList1" runat="server"
                    DataSourceID="AccessDataSource1" SelectedValue='<%#Bind
                    ("author")%>' DataTextField="author" DataValueField="author">
                    </asp:DropDownList>
                <asp:AccessDataSource ID="AccessDataSource1" runat="server"
                    DataFile="~/App_Data/db1.mdb" SelectCommand="SELECT
                    DISTINCT author FROM news"></asp:AccessDataSource>
            </td>
        </tr>
        <tr><td style="width: 67px">提交时间</td>
            <td style="width: 687px">
                <asp:TextBox ID="submitdateTextBox" runat="server" Text='<%#Bind
                    ("nowdate", "{0:d}")%>' Width="219px"></asp:TextBox> 
                <asp:RequiredFieldValidator ID="RequiredFieldValidator3" runat=
                    "server" ControlToValidate="submitdateTextBox" ErrorMessage=
                    "必填"></asp:RequiredFieldValidator> 
                <asp:RegularExpressionValidator ID="RegularExpressionVali-
                    dator1" runat="server" ControlToValidate="submitdate-
                    TextBox" ErrorMessage="日期格式不对"
                    ValidationExpression="^((\d{2}(([02468][048])|([13579]
                    [26]))[\-\/\s]?((((0?[13578])|(1[02]))[\-\/\s]?((0?[1-
```

```
9])|([1-2][0-9])|(3[01])))|(((0?[469])|(11))[\-\/\s]?((0?
[1-9])|([1-2][0-9])|(30)))|(0?2[\-\/\s]?((0?[1-9])|([1-
2][0-9])))))|(\d{2}(([02468][1235679])|([13579]
[01345789]))[\-\/\s]?((((0?[13578])|(1[02]))[\-\/\s]?
((0?[1-9])|([1-2][0-9])|(3[01])))|(((0?[469])|(11))[\-\/\
s]?((0?[1-9])|([1-2][0-9])|(30)))|(0?2[\-\/\s]?((0?[1-9])
|(1[0-9])|(2[0-8]))))))(\s(((0?[1-9])|(1[0-2]))\:([0-5]
[0-9])((\s)|(\:([0-5][0-9])\s))([AM|PM|am|pm]{2,2})))?$">
            </asp:RegularExpressionValidator>
          </td>
        </tr>
      </table>
      <asp:LinkButton ID="UpdateButton" runat="server" CausesValidation="True"
          CommandName="Update" Text="更新"></asp:LinkButton><asp:LinkButton
          ID="UpdateCancelButton" runat="server" CausesValidation="False"
          CommandName="Cancel" Text="取消"></asp:LinkButton>
   </EditItemTemplate>
```

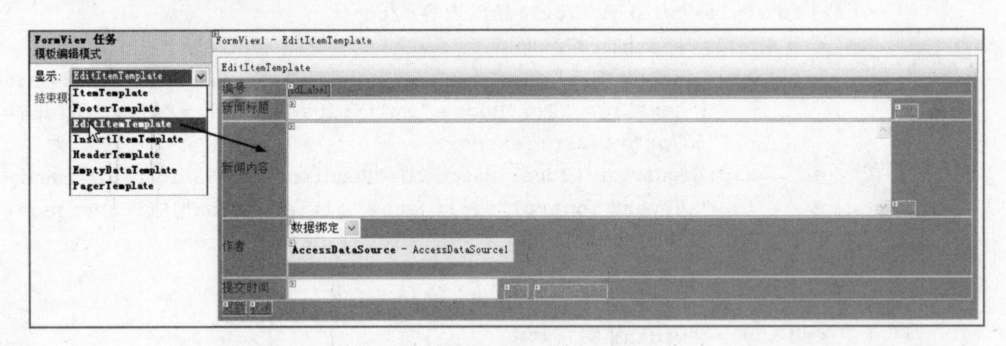

图 9-54　EditItemTemplate 模板布局

(5) 设置 GridView 控件的 InsertItemTemplate 模板，修改模板，添加文本框、下拉列表、数据源控件和验证控件，使用表格布局，代码如下所示，布局如图 9-55 所示。

```
   <InsertItemTemplate>
      <table border="0" cellpadding="0" cellspacing="0" width="800">
         <tr><td style="width: 70px">新闻标题:</td>
            <td style="width: 100px"><asp:TextBox ID="titleTextBox" runat=
               "server" Text='<%# Bind("title")%>' Width="621px"></asp:
               TextBox></td>
            <td style="width: 100px">
             <asp:RequiredFieldValidator ID="RequiredFieldValidator1" runat=
                 "server" ControlToValidate="titleTextBox" ErrorMessage="必
                 填"></asp:RequiredFieldValidator></td>
         </tr>
         <tr><td style="width: 70px; height: 15px">新闻内容:</td>
            <td style="width: 100px; height: 15px">
            <asp:TextBox ID="newsTextBox" runat="server" Text='<%# Bind
                ("news")%>' TextMode="MultiLine" Width="621px" Height=
               "86px"></asp:TextBox></td>
```

```
            <td style="width: 100px; height: 15px">
            <asp:RequiredFieldValidator ID="RequiredFieldValidator5" runat=
                "server" ControlToValidate="titleTextBox" ErrorMessage="必
                填"></asp:RequiredFieldValidator></td>
        </tr>
        <tr><td style="width: 70px">作者:</td>
            <td style="width: 100px">
            <asp:DropDownList ID="DropDownList2" runat="server"
                DataSourceID="AccessDataSource1" DataTextField="author"
                DataValueField="author" SelectedValue='<%#Bind("author")%>'
                AppendData-BoundItems="True"><asp:ListItem Selected="True">请
                选择</asp:ListItem></asp:DropDownList>
            <asp:CompareValidator ID="CompareValidator1" runat="server"
                ControlToValidate="DropDownList2" ErrorMessage="Compare-
               Validator" Operator="NotEqual" ValueToCompare="请选择">必选</
                asp:CompareValidator>
            <asp:AccessDataSource ID="AccessDataSource1" runat="server"
                DataFile="~/App_Data/db1.mdb" SelectCommand="select distinct
                author from news"></asp:AccessDataSource>
            </td>
            <td style="width: 100px"></td>
        </tr>
    </table>
    <asp:LinkButton ID="InsertButton" runat="server" CausesValidation="True"
         CommandName="Insert" Text="插入"></asp:LinkButton>
    <asp:LinkButton ID="InsertCancelButton" runat="server" CausesValidation=
        "False" CommandName="Cancel" Text="取消"></asp:LinkButton>
</InsertItemTemplate>
```

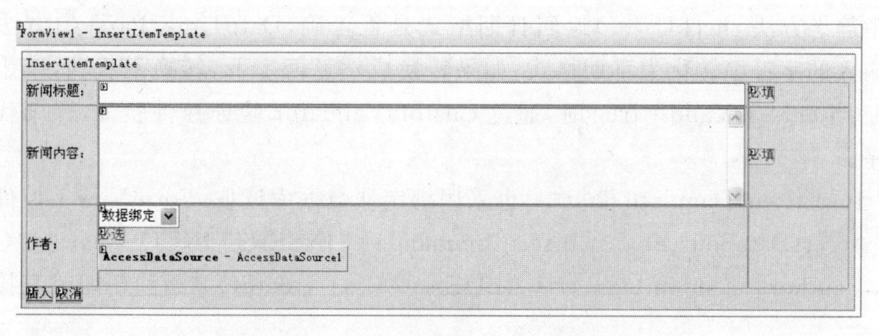

图 9-55　InsertItemTemplate 模板布局

完成后，运行效果如图 9-51 所示。

程序注释：

(1) ItemTemplate 模板中，采用了 Eval()和 Bind()方法绑定数据字段，需要修改、删除、插入的字段都采用 Bind()方法双向绑定，提交时间字段的绑定表达式是＜％＃ Bind("submitdate","{0:d}")％＞，其中"{0:d}"表示短日期格式，如 2009-5-22。给"删除"按钮添加了客户端事件代码 OnClientClick＝"return confirm('确认删除？');"，单击弹出确认对话框。

(2) EditItemTemplate 模板中，新闻内容处的文本框采用了多行文本框，作者处改成了 DropDownList 控件读取数据库 author 字段，供修改时选择作者。提交时间处的文本框绑定的是取得系统时间的字段 nowdate，因为在 FormView1 控件的数据源控件 AccessDataSource1 中 SelectCommand＝"SELECT *，date() as nowdate FROM [news]"，date()是取得系统日期的函数。日期输入采用了 RegularExpressionValidator 验证控件验证输入格式是否正确，正则表达式比较复杂，也可以采用以下代码来验证。

```
protected void CustomValidator1_ServerValidate(object source,
    ServerValidateEventArgs args)
{
    TextBox tb=(TextBox)FormView1.FindControl("submitdateTextBox");
                                                //获得提交时间文本框
    args.IsValid=checkDate(tb.Text);
}
public static bool checkDate(string str)
{
    DateTime dt=new DateTime();
    try
    {
        dt=DateTime.Parse(str);                 //如果能够转换,返回 true
        return true;
    }
    catch
    {
        return false;                           //如果不能转换,产生异常,返回 false
    }
}
```

其中静态方法 checkDate()返回日期格式是否正确，DateTime.Parse()方法可以把文本框输入的字符串转化为日期格式，如果转换成功返回 true，转换不成功，产生异常返回 false。当 args.IsValid＝true 时，通过 CustomValidator 验证控件验证，详细代码可参考源程序。

(3) InsertItemTemplate 模板中，也采用绑定从数据库读取，FormView1 控件的数据源控件 AccessDataSource1 中，InsertCommand＝"INSERT INTO [news]([title]，[news]，[author]，[submitdate]) VALUES (?，?，?，date())"添加新闻时直接插入系统日期。

例 9-12 充分利用了绑定字段效果来减少代码输入，可仔细体会。

9.8　DataList 控件

DataList 控件用可自定义的格式显示各行数据库信息。在所创建的模板中定义数据显示布局。可以自定义页眉和页脚模板、项模板、分隔符模板和样式来达到改变 DataList 控件布局的目的。DataList 控件可用于任何重复结构中的数据。可以以不同的布局显示行，如按列或行对数据进行排序。DataList 控件支持的模板如表 9-17 所示。

表 9-17　DataList 控件支持的模板

模板属性	说　明
ItemTemplate	包含一些 HTML 元素和控件，在 DataList 控件中每行显示数据内容和样式
AlternatingItemTemplate	包含一些 HTML 元素和控件，在 DataList 控件中隔行显示数据内容和样式，可以使用此模板来为交替行创建不同的外观，例如指定一个与在 ItemTemplate 属性中指定的颜色不同的背景色
SelectedItemTemplate	包含一些元素，当用户选择 DataList 控件中的某一行数据时显示的数据内容和样式。通常，可以使用此模板来通过不同的背景色或字体颜色直观地区分选定的行，还可以通过显示数据源中的其他字段来展开该项
EditItemTemplate	指定当某项处于编辑模式中时的布局。此模板通常包含一些编辑控件，如 TextBox 控件
HeaderTemplate	DataList 控件中页眉部分的内容和样式
FooterTemplate	DataList 控件中页脚部分的内容和样式
SeparatorTemplate	包含在每项之间的分隔符的内容和样式

DataList 控件几个属性如表 9-18 所示，更多信息可查阅 MSDN 等其他资料。

表 9-18　DataList 控件属性

属　性	说　明
DataKeyField	获取或设置由 DataSource 属性指定的数据源中的键字段
DataKeys	存储数据列表控件中每个记录的键值(显示为一行)
DataMember	获取或设置多成员数据源中要绑定到数据列表控件的特定数据成员
DataSource	获取或设置数据源，该源包含用于填充控件中的项的值列表
RepeatColumns	获取或设置要在 DataList 控件中显示的列数
RepeatDirection	获取或设置 DataList 控件是垂直显示还是水平显示
RepeatLayout	获取或设置控件是在表中显示还是在流布局中显示

【例 9-13】 使用 DataList 控件的绑定技术，通过对 HeaderTemplate、ItemTemplate 等模板的编辑，实现“西湖十景”的展示效果(源程序：ASPNET_JC(C＃)\WebSites\WebSite1\ch09\9_14.aspx,9_15.aspx)。运行效果如图 9-56 所示。

(1) 添加页面 9_14.aspx，添加一个 DataList 控件到页面，新建数据源，连接数据库 db1.mdb，选择 xihu 表(表结构和内容详情见实例)，设置 DataList 控件的 HeaderTemplate 模板，代码如下，效果如图 9-57 所示。

```
<HeaderTemplate>
    < div align="center">西湖十景</div>
</HeaderTemplate>
```

(2) 编辑 DataList 控件的 ItemTemplate 模板，在模板中添加表格、图片、超链接控件等，通过绑定，显示数据库内容，通过超链接传递参数 id，代码如下，效果如图 9-58 所示。

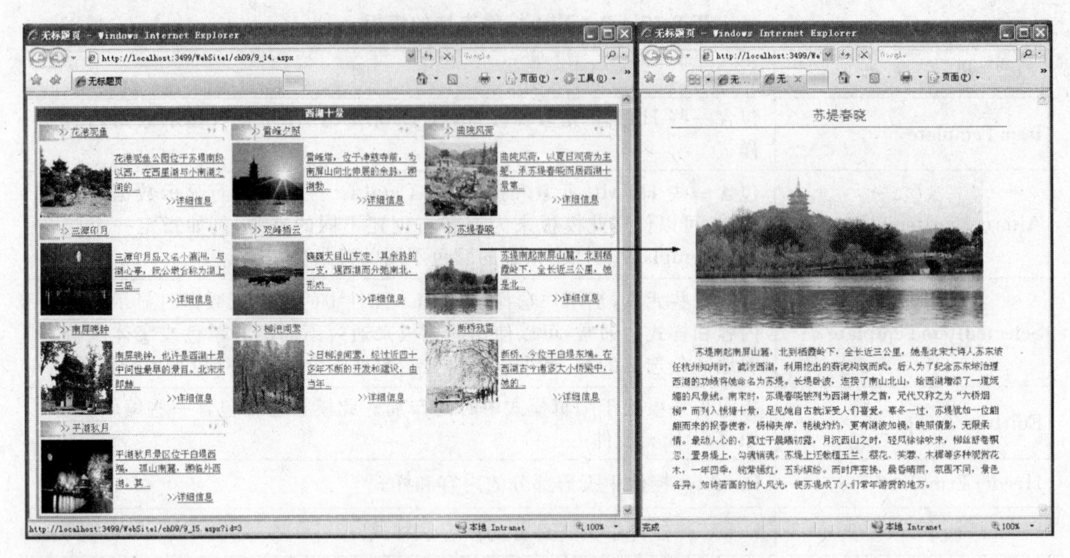

图 9-56　例 9-13 的运行结果

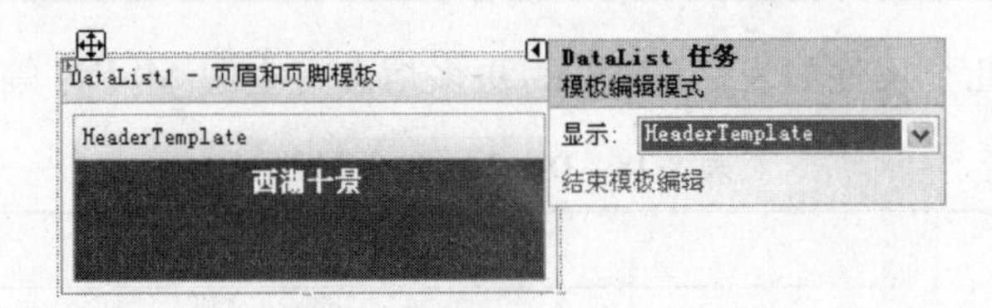

图 9-57　设置 HeaderTemplate

```
<ItemTemplate>
    <table width="269">
        <tr><td align="left" background="../images/zsyz01.gif" colspan="3"
            style="height: 21px">         <span
            style="font-size: 10pt; font-family: 宋体">&gt;&gt;</span>
          <asp:HyperLink ID="HyperLink2" runat="server" Font-Size="10pt"
            NavigateUrl='<%#"9_15.aspx?id="+Eval("id") %>' Target="_blank"
            Text='<%#Eval("title") %>'></asp:HyperLink></td>
        </tr>
        <tr><td colspan="2" rowspan="2" style="width: 22px">
            <a href='9_15.aspx?id=<%#Eval("id")%>' target="_blank"><asp:
              Image ID="Image1" runat="server" Height="100px" ImageUrl='<%#
              Eval("picture") %>' Width="100px"/></a></td>
            <td rowspan="2" style="font-size: 10pt; vertical-align: middle;
              width: 2140px; line-height: 14pt; text-align: left">
          <asp:HyperLink ID="HyperLink4" runat="server" NavigateUrl='<%#"9_
            15.aspx?id="+Eval("id") %>' Target="_blank" Text='<%#Eval
            ("introduction").ToString().Length>26 ?Eval("introduction").
            ToString().Substring(0,26)+"..." : Eval("introduction").ToString
            ()%>'></asp:HyperLink><br/><strong>       
                          </strong>
            <span style="font-family: 宋体">&gt;&gt;</span>
          <asp:HyperLink ID="HyperLink3" runat="server" Font-Size="10pt"
```

```
            NavigateUrl='<%#"9_15.aspx?id="+Eval("id") %>' Target="_blank">详
            细信息</asp:HyperLink></td>
        </tr>
        <tr></tr>
    </table>
</ItemTemplate>
```

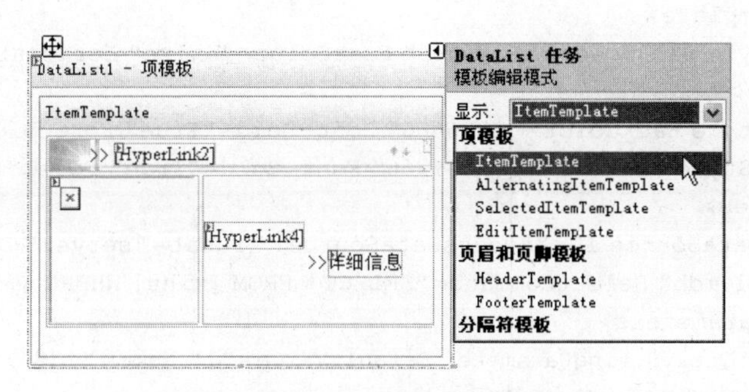

图 9-58　编辑 ItemTemplate

(3) 设置 DataList 控件的属性 RepeatColumns＝"3"、RepeatDirection＝"Horizontal"等属性，添加 9_15. aspx 页面，在页面中添加 FormView 和 AccessDataSource 控件，FormView 控件连接数据源 AccessDataSource 控件，通过获取 9_14. aspx 页面 DataList 控件传递的参数 id，读取 db1. mdb 数据库的 xihu 表的相应记录。编辑 FormView 控件的 ItemTemplate 模板，页面主要代码如下所示，效果如图 9-59 所示。

```
<asp:FormView ID="FormView1" runat="server" BackColor="White"
  BorderColor="#336666" BorderStyle="Double" BorderWidth="0px"
  CellPadding="0" DataKeyNames="id" DataSourceID="AccessDataSource1"
  GridLines="Horizontal" Width="100%">
    <FooterStyle BackColor="White" ForeColor="#333333"/>
    <RowStyle BackColor="White" ForeColor="#333333"/>
    <ItemTemplate>
        <table style="text-align: center" width="100%">
            <tr><td><table width="90%">
                <tr><td align="center">
                    <asp:Label ID="titleLabel" runat="server" Font-Size="14pt"
                      Text='<%#Bind("title") %>'></asp:Label></td>
                </tr>
                <tr><td bgcolor="#006666" height="1"><div align="center">
                </div></td>
                </tr>
                <tr><td align="center"><br/>
                        <asp:Image ID="Image1" runat="server" Height="250px"
                          ImageUrl='<%#Eval("picture") %>' Width="400px"/>
                          <br/><br/></td>
                </tr>
                <tr><td align="left" style="font-size: 10pt; line-height: 15pt;
                      text-indent: 2em; text-align: left;">
                    <asp:Label ID="introductionLabel" runat="server"
```

```
                    Text='<%#Bind("introduction") %>'></asp:Label></td>
                </tr>
              </table>
            </td>
          </tr>
        </table>
    </ItemTemplate>
    <PagerStyle BackColor="#336666" ForeColor="White" HorizontalAlign=
    "Center"/>
    <HeaderStyle BackColor="#336666" Font-Bold="True" ForeColor="White"/>
    <EditRowStyle BackColor="#339966" Font-Bold="True" ForeColor="White"/>
</asp:FormView>
<asp:AccessDataSource ID="AccessDataSource1" runat="server" DataFile="~/App_
    Data/db1.mdb" SelectCommand="SELECT * FROM [xihu] WHERE ([id]=?)">
    <SelectParameters>
        <asp:QueryStringParameter DefaultValue="1" Name="id" QueryStringField=
        "id" Type="Int32"/>
    </SelectParameters>
</asp:AccessDataSource>
```

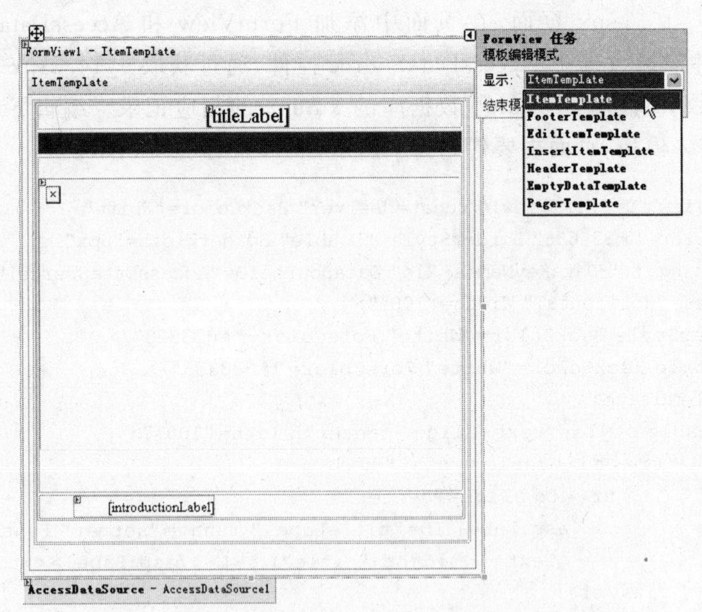

图 9-59　编辑 FormView 控件的 ItemTemplate 模板

完成后,运行效果如图 9-56 所示。

程序注释:

(1) 本例中也用到了数据绑定,其中包括 HyperLink 超链接控件的绑定。

```
<asp:HyperLink ID="HyperLink4" runat="server" NavigateUrl='<%#"9_15.aspx?id=
    "+Eval("id")%>' Target="_blank" Text='<%#Eval("introduction").ToString().
    Length>26?Eval("introduction").ToString().Substring(0,26)+"...":Eval
    ("introduction").ToString()%>'>
```

```
</asp:HyperLink>
```

NavigateUrl='＜％＃"9_15.aspx? id="＋Eval("id")％＞'，传递给9_15.aspx页面的参数id值绑定了xihu表的字段id，而Text属性的绑定用到了三目运算符“＜表达式1＞?＜表达式2＞:＜表达式3＞;”，当introduction字段的字符串长度大于26时，显示前26个字符，否则显示全部字符。

（2）页面9_15.aspx接收9_14.aspx页面发送的参数id，显示相应的数据库记录。

相比GridView、FormView等数据绑定控件，DataList控件是一个完全自定义模板内容的控件，在使用的时候有很大的自由度。

9.9 综合实训——新闻管理模块实现

1. 实训目的

利用本章学习到的数据绑定技术，使用GridView、AccessDataSource、Button、TextBox等控件，实现新闻管理模块中新闻的添加、更新、删除等功能。运行效果如图9-60所示。

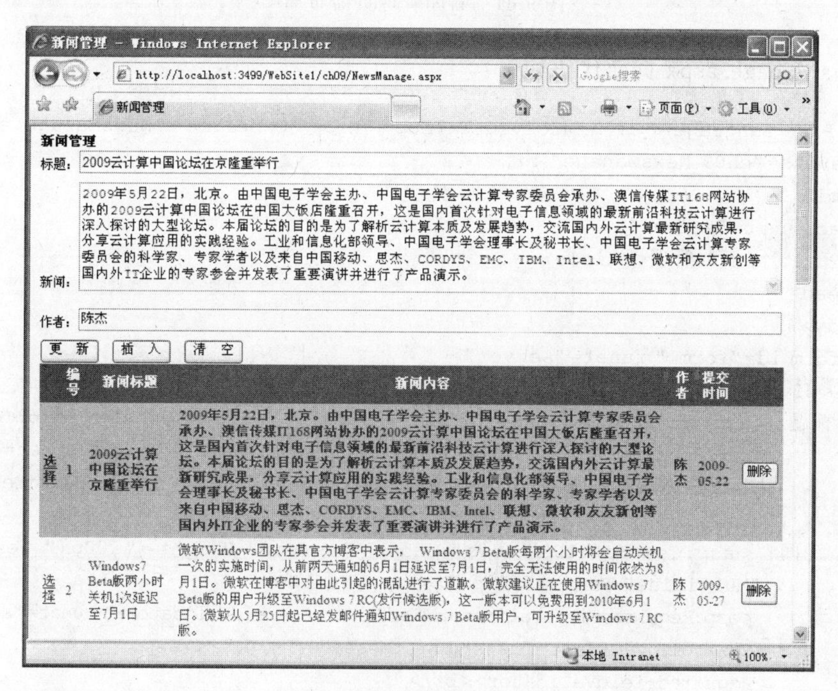

图9-60 新闻管理运行效果

2. 实训内容

（1）完成新闻的发布功能。

（2）完成新闻的更新功能。

（3）完成新闻的删除功能。

3. 实训步骤

(1) 网页布局效果如图9-61所示,详细代码可参照源程序(ASPNET_JC(C#)\WebSites\WebSite1\ch09\NewsManage.aspx)。

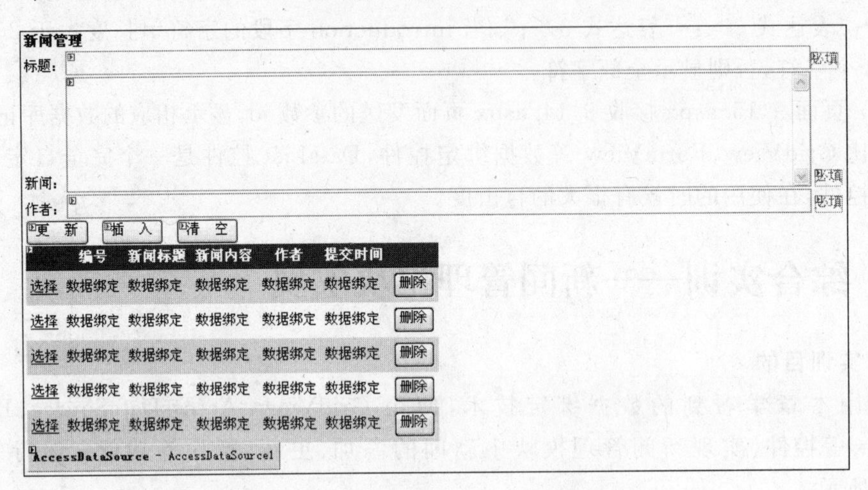

图9-61 新闻管理页面布局

NewsManage.aspx页面代码如下:

```
<%@ Page Language="C#" AutoEventWireup="true" CodeFile="NewsManage.aspx.cs"
Inherits="ch09_NewsManage" %>
<html>
<head runat="server">
   <title>新闻管理</title>
</head>
<body>
  <form id="form1" runat="server">
   <div style="font-size: 10pt"><strong>新闻管理</strong><br/>
   标题:<asp:TextBox ID="title" runat="server" Width="700px"></asp:TextBox>
        <asp:RequiredFieldValidator ID="RequiredFieldValidator1" runat="server"
        ControlToValidate="title" ErrorMessage="必填"></asp:RequiredField-
        Validator><br/>
   新闻:<asp:TextBox ID="news" runat="server" Height="100px" TextMode=
        "MultiLine" Width="700px"></asp:TextBox>
        <asp:RequiredFieldValidator ID="RequiredFieldValidator2" runat="server"
        ControlToValidate="news" ErrorMessage="必填"></asp:
        RequiredFieldValidator><br/>
   作者:<asp:TextBox ID="author" runat="server" Width="700px"></asp:TextBox>
        <asp:RequiredFieldValidator ID="RequiredFieldValidator3" runat="server"
        ControlToValidate="author" ErrorMessage="必填"></asp:RequiredField-
        Validator>
        <br/>
        <asp:Button ID="Button1" runat="server" OnClick="Button1_Click"
        OnClientClick='return confirm("确认更新数据?")' Text="更  新"/>
          
```

```
<asp:Button ID="Button3" runat="server" OnClick="Button3_Click"
Text="插　入" EnableViewState="False"/>  
<asp:Button ID="Button2" runat="server" OnClick="Button2_Click"
Text="清　空" OnClientClick='return confirm("确认清空数据？")'/><br/>
<asp:GridView ID="GridView1" runat="server" AutoGenerateColumns=
"False" CellPadding="4" DataKeyNames="id" DataSourceID="AccessData-
Source1" ForeColor="#333333" GridLines="None" OnSelectedIndexChanging=
"GridView1_SelectedIndexChanging">
<FooterStyle BackColor="#1C5E55" Font-Bold="True" ForeColor="White"/>
<RowStyle BackColor="#E3EAEB"/>
<Columns>
  <asp:CommandField ShowSelectButton="True"/>
  <asp:BoundField DataField="id" HeaderText="编号" InsertVisible=
    "False" ReadOnly="True" SortExpression="id"/>
  <asp:BoundField DataField="title" HeaderText="新闻标题"
     SortExpression="title"/>
  <asp:BoundField DataField="news" HeaderText="新闻内容"
     SortExpression="news"/>
  <asp:BoundField DataField="author" HeaderText="作者"
     SortExpression="author"/>
  <asp:BoundField DataField="submitdate" DataFormatString="{0:yyyy-mm-
     dd}" HeaderText="提交时间" SortExpression="submitdate"
     ApplyFormatInEditMode="True" HtmlEncode="False"/>
  <asp:TemplateField>
     <ItemTemplate>
     <asp:Button ID="Button4" runat="server" CommandName="delete"
         OnClientClick='return confirm("新闻确认删除？")' Text="删
         除"/>
     </ItemTemplate>
  </asp:TemplateField>
</Columns>
<PagerStyle BackColor="#666666" ForeColor="White" HorizontalAlign=
"Center"/>
<SelectedRowStyle BackColor="#C5BBAF" Font-Bold="True"
ForeColor="#333333"/>
<HeaderStyle BackColor="#1C5E55" Font-Bold="True" ForeColor="White"/>
<EditRowStyle BackColor="#7C6F57"/>
<AlternatingRowStyle BackColor="White"/>
</asp:GridView>
<asp:AccessDataSource ID="AccessDataSource1" runat="server"
   DataFile="~/App_Data/db1.mdb" DeleteCommand="DELETE FROM [news]
   WHERE [id]=?" InsertCommand="INSERT INTO [news] ([title], [news],
   [author], [submitdate])VALUES(?, ?, ?,?)" SelectCommand="SELECT *
   FROM [news]" UpdateCommand="UPDATE [news] SET [title]=?, [news]=?,
   [author]=?, [submitdate]=?WHERE [id]=?">
   <DeleteParameters>
      <asp:Parameter Name="id" Type="Int32"/>
   </DeleteParameters>
   <UpdateParameters>
```

```
                <asp:ControlParameter ControlID="title" Name="title"
                    PropertyName="Text" Type="String"/>
                <asp:ControlParameter ControlID="news" Name="news"
                    PropertyName="Text" Type="String"/>
                <asp:ControlParameter ControlID="author" Name="author"
                    PropertyName="Text" Type="String"/>
                <asp:CookieParameter CookieName="date" Name="submitdate"
                    Type="DateTime"/>
                <asp:Parameter Name="id" Type="Int32"/>
            </UpdateParameters>
            <InsertParameters>
                <asp:ControlParameter ControlID="title" Name="title"
                    PropertyName="Text" Type="String"/>
                <asp:ControlParameter ControlID="news" Name="news"
                    PropertyName="Text" Type="String"/>
                <asp:ControlParameter ControlID="author" Name="author"
                    PropertyName="Text" Type="String"/>
                <asp:QueryStringParameter Name="submitdate"
                    QueryStringField="date" Type="DateTime"/>
                <asp:Parameter Name="id" Type="Int32"/>
            </InsertParameters>
        </asp:AccessDataSource>
    </div>
    </form>
</body>
</html>
```

(2) 添加页面的事件代码，NewsManage.aspx.cs 中按钮事件代码如下：

```
protected void Button1_Click(object sender, EventArgs e)    //"更新"按钮事件
{
    if (GridView1.SelectedIndex==-1)                         //判断是否有行被选中
    {
        Response.Write("<script language=javascript>alert('请选择要更新的
        行!');</script>");
    }
    else
    {
        String date=DateTime.Now.ToString();                 //取得系统时间
        Response.Cookies.Add(new HttpCookie("date", date));
                                                             //添加 Cookies 值
        GridView1.UpdateRow(GridView1.SelectedIndex, true);  //更新
    }
}
protected void Button2_Click(object sender, EventArgs e)
{
    title.Text="";
    news.Text="";
    author.Text="";
}
```

```
protected void GridView1_SelectedIndexChanging(object sender,
GridViewSelectEventArgs e)
//"选择"按钮事件
{
    //取得单击 GridView1 控件所在行的新闻标题、新闻内容、作者内容放置到相应的文本框里
    title.Text=GridView1.Rows[e.NewSelectedIndex].Cells[2].Text;
    news.Text=GridView1.Rows[e.NewSelectedIndex].Cells[3].Text;
    author.Text=GridView1.Rows[e.NewSelectedIndex].Cells[4].Text;
}
protected void Button3_Click(object sender, EventArgs e)       //"插入"按钮事件
{
    String date=DateTime.Now.ToString();                        //取得系统时间
    Response.Cookies.Add(new HttpCookie("date", date));         //添加 Cookies 值
    AccessDataSource1.Insert();                                 //执行插入命令
    Response.Write("<script language=javascript>alert('成功插入新闻!');
    </script>");
}
```

完成后,运行效果如图 9-60 所示。

9.10　练习

1. 简答题

(1) 简述数据绑定。

(2) ASP. NET 中的数据源控件起什么作用?

(3) 简述 ASP. NET 2.0 数据源控件的类型。

(4) 列举 GridView 控件中的 7 种字段。

2. 选择题

(1) DataList 控件的(　　)属性可以设置要在 DataList 控件中显示的列数。

A. RepeatColumns　　B. RepeatLayout

C. SelectedItem　　D. Controls

(2) 将一个 Button 控件加入 DataList 控件的模板中,其 CommandName 属性设置为"buy",当它被单击时将引发 DataList 控件的(　　)事件。

A. DeleteCommand　　B. ItemCommand

C. CancelCommand　　D. EditCommand

(3) 在数据绑定中,(　　)是双向绑定的。

A. Eval 方法　　B. Bind 方法

C. Band 方法　　D. DataBind 方法

(4) 下列不是 GridView 控件中设置分页属性的是(　　)。

A. AllowPaging　　B. PagerSettings

C. PageSize　　D. Page

(5) 下列(　　)属性是 GridView 控件用来连接数据源控件的。

A. DataSource　　　　　　B. DataSourceID

C. DataMember　　　　　　D. DataBind

(6) DataSource控件设置插入命令和参数的是(　　)。

A. InsertQuery　　　　　　B. DeleteQuery

C. SelectQuery　　　　　　D. UpdateQuery

第10章

ASP.NET 应用程序的环境配置

10.1 ASP.NET 应用程序的环境配置

环境配置是应用程序的一个重要组成部分,它用来描述程序中的一些特殊属性和需要预先运行和共享的资源的设置。可以通过配置这些资源和属性来改变程序的运行结果。

Web 应用程序的环境配置,包含两个层面的含义。一是根据 ASP.NET 系统的运行条件要求,综合其他实际因素,建立起一个功能齐全、性能较高、可靠实用的 Web 应用程序的运行环境,并将已经开发好的 Web 应用程序传输到该运行环境中。一般来说,所建立的运行环境和开发环境是严格分离的。二是指对已经建立的运行环境,设置相关环境参数或配置文件,以实现安全、高效、易于维护的基本要求。

另外,所有的 ASP.NET 配置都是可以随时更改的。也就是说,在一个应用程序运行期间,可以随时增加和删除 ASP.NET 配置文件中的项目,修改成功后,可以立即激活使用,并不会影响服务器的效率。

使用 ASP.NET 配置系统的功能,可以配置整个服务器上的所有 ASP.NET 应用程序、单个 ASP.NET 应用程序、各个页面或应用程序子目录。可以配置各种功能,如身份验证模式、页缓存、编译器选项、自定义错误、调试和跟踪选项等。

10.1.1 ASP.NET 应用程序配置文件

ASP.NET 应用程序的配置数据存储在 web.config 的 XML 文本文件中,web.config 文件可以出现在 ASP.NET 应用程序的多个目录中。使用这些文件,可以在将应用程序部署到服务器上之前、期间或之后方便地编辑配置数据。可以通过使用标准的文本编辑器、ASP.NET MMC 管理单元、网站管理工具或 ASP.NET 配置 API 来创建和编辑 ASP.NET 配置文件。

每个 web.config 文件都包含 XML 标记和子标记的嵌套层次结构,这些标记带有指定配置设置的属性。因为这些标记必须是格式正确的 XML,所以标记、子标记和属性是区分大小写的。标记名和属性名是 Camel 大小写形式的,这意味着标记名的第一个字符是小写的,任何后面连接单词的第一个字母是大写的。属性值第一个字符是大写的,任何后面连接单词的第一个字母也是大写的。true 和 false 例外,它们总是小写的。

所有配置信息都包含在<configuration>和</configuration>根 XML 标记之间。标记间的配置信息分为配置节处理程序声明区域和配置节设置区域两个主区域。

10.1.2　ASP. NET 应用程序的环境

一个完整的 ASP. NET 应用程序除了可浏览的若干 Web 页面(. aspx)文件外，还包括与这些页面相关的配置文件(global. asax、web. config)及其他文件(. cs、. vb、. resx、. xsd、. css 等)。这些文件需要进行很好的配置和部署，才能保证整个 Web 应用程序在 Internet 上的安全发布和有效运行。

global. asax 文件用于容纳 Application 的事件代码、Session 的事件代码和声明对象等功能，并不是 ASP. NET 的 config 配置文件的一部分，但是由于使用这个文件可以做到对一个应用程序的配置，也就是说一个应用程序只能有一个 global. asax 文件。

web. config 和 global. asax 等文件都是系统设置的文件名，不能随意改动。在修改其内容的时候，为了避免因失误而导致无法修复的问题，应该保留原文件的备份。

web. config 文件是用于配置 Web 的服务器 IIS。当需要对 IIS 的配置进行修改的时候，可以采用两种方法：一种是使用 IIS 的用户界面，另一种是使用 web. config 文件。由于 web. config 文件是一个文本文件，使用这种方法来修改 Web 服务器配置更方便、更简明。所以通常对系统不熟悉的人会选择使用用户界面来修改服务器配置，而对系统熟悉的人会选择使用修改 web. config 文件的方式来配置 Web 服务器。

在页面启动的时候，它就一层一层地读取所有应用程序根目录下的 web. config 文件的内容，根据它的内容对系统的配置进行修改或补充。在一个 IIS 中，允许存在多个 Application。而每个 Application 都允许有一个 web. config 文件作为它的配置。当然，如果没有这个文件，那么这个 Application 就继承上层 Application 的配置，如果所有的应用程序中都没有 web. config，那么就使用 machine. config 中的配置信息。由于 web. config 存在的目的就是修改或补充 machine. config 中的配置，所以 machine. config 往往很大，会包含上千行的代码；而 web. config 则通常较小，只有几行或几十行。并且 machine. config 文件和 web. config 文件在语法上没有任何的区别。

在运行期间，所有的配置信息都保存在高速缓存中，这些配置信息就可以在需要使用它们的时候被快速地获取到。如果修改了配置文件的内容，ASP. NET 可以在运行 IIS 的时候检测到这些修改，并立即启用修改的新版本，而不需要重新启动机器或执行特殊的操作来通知 IIS 这些配置已经发生了变化。

10.2　web. config 文件的配置

10.2.1　web. config 文件

一个大型的应用，需要对整个应用做一些整体配置，例如整个应用的页面使用何种语言编写、应用的安全认证模式、Session 信息存储方式等，这时就需要使用 web. config 文件了。

实际上，web. config 文件常用来定义一些应用系统关键的常量和用户的访问权限设置等，如关于数据库连接的字符串等。

web. config 有两种，分别是服务器配置文件和 Web 应用程序配置文件，它们都名为 web. config。其中服务器配置文件会对 IIS 服务器下所有站点中的所有应用程序起作用。而 Web 应用程序配置文件 web. config 则保存在各个 Web 应用程序中。例如，当前应用的根目录\ASPNET，而当前的 Web 应用程序为 My_BOOK，则 Web 应用程序根目录就应为\ASPNET\My_BOOK。

Web 应用程序的配置文件 web. config 是可选的，如果没有，每个 Web 应用程序会使用服务器的 web. config 配置文件。如果有，则会覆盖服务器 web. config 配置文件中相应的值。另外可以根据需要，如果应用系统有多个子系统，每个子系统又放在不同的文件夹下，这样每个文件夹下又可以有一个 web. config 文件，当然它的作用域也只是这个文件夹。但是它可以继承父文件夹下的 web. config 文件的设置，覆盖相同的项，也就是说，取最新的设置，但不能改变父文件夹下的设置。

10. 2. 2　web. config 文件的常用标记

由于所有的配置文件都是采用 XML 格式编写的文件，并且配置文件是 IIS 使用的特殊文件，所以与普通的 XML 文件不同，它定义了一系列的标记用于表示特定的内容。也就是说，不允许使用用户自定义的标记。

所有配置文件的根节点都是<configuration>标记，与 XML 中的规定一样，所有元素都应该写在开标记和闭标记之间，所有的属性都应该写在双引号中。

下面介绍配置文件中常用的标记和这些标记的含义。

1. <configuration >

<configuration>标记是 web. config 文件中的根标记。文件中的所有数据都是写在<configuration>和</configuration>标记之间的。

它的写法如下：

```
<configuration>
⋮
</configuration>
```

2. <configSections >

配置文件在结构上分为声明部分和设置部分。声明部分负责定义类，而设置部分为声明部分定义的类赋值。所有的声明部分都写在<configSections>和</configSections>标记之间。其中最重要的是 system. web 组，在这个组中，声明了与 ASP. NET 相关的所有信息。它包含 compilation、pages、customErrors、httpRuntime、globalization、httpHandlers、authorization、authentication、machineKey、sessionState、trace、trust、securityPolicy、webControls、webServices 等项目的定义信息。

3. <system. web >

在<system. web>和</system. web>标记之间定义了在<configSections>元素中 system. web 组中定义的所有项目，这是与 ASP. NET 相关的所有信息。其中常用的是<httpRuntime>、<pages>、<appSettings>、<customErrors>、<sessionState>和

<globalization>。

4. <httpRuntime>

在这个标记中,设置了HTTP的请求超时的长度、请求的最大长度、是否使用完整的URL等信息。具体的写法如下:

```
<httpRuntime options/>
```

其中,options所在的位置用于写这个标记的所有属性。在<httpRuntime>标记中可以使用的属性如表10-1所示。

表10-1 <httpRuntime>标记的属性

属性	取值	说明
ExecutionTimeout	整数	表明ASP.NET在取消某个操作之前可以执行的时间。单位为秒,默认值是90秒
MaxRequestLength	整数	表示用户可以得到数据的最大长度。默认值是4MB
UseFullyQualifiedRedirectUrl	true/false	表示在使用移动控件的时候是使用绝对重定向还是相对重定向

对于ExecutionTimeout属性来说,如果某个数据库操作的时间经常会超过90秒(这在数据库中信息比较多并且查询方式比较复杂的时候经常出现),可以通过修改ExecutionTimeout属性的值来保证数据信息可以正确地显示出来。如果不重新设置ExecutionTimeout属性的值,而是使用默认值,那么会导致这样的查询经常由于超时而无法显示结果。

对于MaxRequestLength属性来说,如果由于代码中断,导致大量的数据不断地发送给用户,那么使用这个属性就可以方便地阻止这类事件发生,因为当发送给用户的数据达到这个属性指定的值的时候,数据发送就中断了,控制传送文件最大为8MB,最长时间为120秒,使用这个标记的例子如下:

```
<configuration>
   <system.web>
      <httpRuntime ExecutionTimeout="120"
                   MaxRequestLength="8192"
                   UseFullyQualifiedRedirectUrl="false"/>
      </system.web>
</configuration>
```

控制用户上传文件最大为4MB,最长时间为60秒,最多请求数为100。

```
<httpRuntime maxRequestLength="4096" executionTimeout="60"
      appRequestQueueLimit="100"/>
```

5. <pages>

<pages>标记用于设置ASP.NET的页面。使用这个标记可以指明发送输出结果之前是否使用缓冲区,是否使用Session状态等。具体的写法如下:

```
<pages options/>
```

其中，options 所在的位置用于写这个标记的所有属性。在<pages>标记中可以使用的属性如表 10-2 所示。

表 10-2　<pages>标记使用的属性

属　性	取　值	说　明
buffer	true/false	表示在发送输出结果之前是否使用缓冲区。默认值是 true
enableViewState	true/false	表示在页面请求结束的时候是否保存页面状态。默认值是 true
enableSessionState	true/false	表示在页面中是否可以使用 Session 变量。默认值是 true
autoEventWireup	true/false	表示在 ASP.NET 中是否自动激活 Page 事件。默认值是 true

如果不使用缓冲，那么在大量数据显示的时候可以出现数据一点一点显示的现象，可以采用输出缓冲来解决这个问题。

enableViewState 保存了一个页面的状态，因为 HTTP 协议是没有状态的。

PageLoad 事件是最常用的一个 Page 事件。如果不允许自动激活这个事件，那么程序设计过程中会遇到很多不方便的地方。

一般情况下，应该把这几个属性都设置为“True”。

使用这个标记的例子如下：

```
<configuration>
<system.web>
   <pages buffer="true"
      enableViewstate="true"
      enableSessionState="true"
      autoEventWireup="true">
<system.web>
</configuration>
```

6. <appSettings>

<appSettings>标记用于设置页面中的配置信息。使用这个标记可以定义一些关键值，用于简化程序的编制和保护重要的数据。具体的写法如下：

```
<appSettings>
   <add key="keyoption" value="valueoption">
</appSettings>
```

其中，keyoption 所在的位置用于写一个关键值的键名，valueoption 所在的位置用于写一个关键值的键值。

例如采用下面的方法定义数据库连接字符串。

```
<configuration>
<appSettings>
  <add key="dbconn" value="server=locahost;uid=sa;pwd=;database=www_news">
```

```
</appSettings>
</configuration>
```

这样，就可以在应用程序中使用 ConfigurationSettings. Appsettings("dbConn")得到这个数据库连接字符串。由于在 ASP. NET 中，不允许用户用浏览器访问 web. config 文件，这样就可以保护数据库连接字符串不被人盗用。

7. <customErrors>

程序设计过程中，所有的程序设计人员都花费很大的精力避免错误的发生，但是错误总是会出现。在出现错误的时候，ASP. NET 会提供一个错误信息，例如，如果程序中使用了一个没有定义的变量，就会显示如图 10-1 所示的页面。如果把这些系统提示信息原样显示给用户，往往会让用户感到十分迷惑，所以能够显示自定义的错误提示页面成为使用户友好性提高的前提。

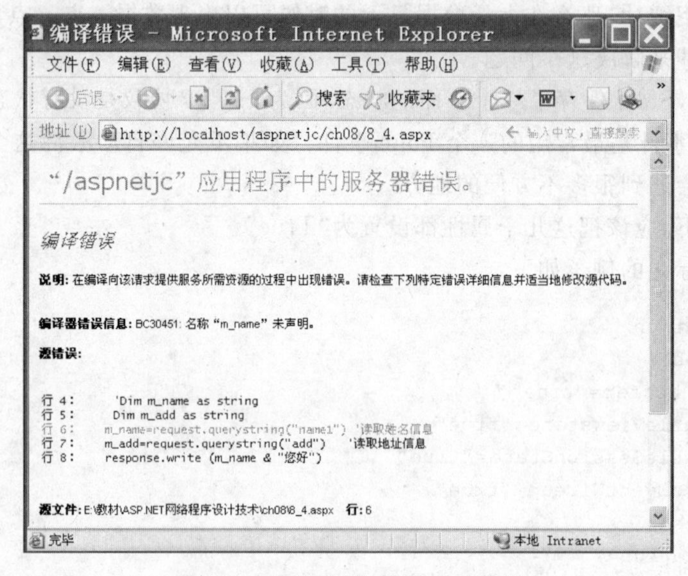

图 10-1　ASP. NET 错误显示页面

在 ASP. NET 中，允许采用两种方法实现定制的错误页面。一种方法是使用 IIS 提供的属性修改对话框进行定义，也可以使用 web. config 文件进行定义。

如果要使用 IIS 提供的属性修改对话框进行错误提示页面的定义，就可以打开 IIS 管理器，然后在“默认 Web 站点属性”对话框中，选择“自定义错误信息”选项卡，就可以看到图 10-2 所示的默认状况。在这里可以看到，当发生不同错误的时候，会显示不同的信息。这些信息有的以页面文件的形式存在，有的使用默认的形式，还可以使用 URL 作为出错时候的显示信息，用这种方法对任何一种错误的出错信息进行重新配置。当然，也可以按照不同的错误，自己设计一个页面来替代这些默认的错误信息页面，这样当出现错误的时候，就会显示这些自己设计的错误信息。

在这个对话框中选定一个错误之后，使用编辑属性的按钮可以重新定义发生这个错误的时候所显示的页面。

图 10-2　默认 Web 站点 HTTP 错误信息

除此之外，还可以用 web.config 文件来定义错误页面，只要在 web.config 文件中增加<customerrors>标记就可以了。方法如下：

```
<customerrors defaultredirect="url" mode="on/off/remoteonly">
```

或者

```
<customerrors defaultredirect="url" mode="on/off/remoteonly">
    <error statuscode="errorcode" redirect="url"/>
</customerrors>
```

前一种方法定义错误发生时候显示的页面，后一种方法针对不同的错误代码(例如 400 错误、404 错误等)定义不同的显示页面。其中，defaultredirect="url"的位置用于写默认的错误显示页面的 URL，而 redirect="url"用于写各个不同错误的显示页面的 URL，errorcode 位置用于写 400、404 等这样的错误代码。

mode 属性的 3 个取值的意义分别为：on 表示在错误发生的时候要显示这个错误页面，off 表示在错误发生的时候不显示这个错误页面，而 remoteonly 则表示只对非本地用户显示这个错误提示页面，而对本地用户，仍然显示 ASP.NET 的默认错误提示页面，这样保证程序编制人员可以获得关于程序设计错误的最详尽的信息。

使用这个标记的例子如下：

```
<configuration>
  <system.web>
    <customerrors defaultredirect="errors.aspx" mode="remoteonly"/>
  </system.web>
</configuration>
```

8. <sessionState>

web.config 文件中使用<sessionState>标记来设置应用程序中 Session 的行为。

它的写法如下所示：

```
<sessionState options>
```

其中，options所在的位置用于写这个标记的所有属性。在<sessionState>标记中可以使用的属性如表10-3所示。

表10-3 sessionState标记使用的属性

属性	取值	说明
Inproc	true/false	设置为true的时候，表示Session会保存在服务器上。如果为false，则表示保存在一个状态服务器上
Cookieless	true/false	表示Session是否依赖于客户端的Cookie设置。为true时表示将在链接的URL中保存SessionID；否则在Cookie中保存SessionID
Timeout	整数	表示以分钟为单位的超时时间，当超时之后，将不再保存Session状态，默认为20分钟
Server	字符串	指定用于存储Session的状态服务器的名字（只在Inproc的值为false的时候才使用这个设置）
Port	数字	保存Session状态的状态服务器的端口号（只在Inproc的值为false的时候才使用这个设置）

下面的设置表示Session保存在服务器上，不在Cookie中保存SessionID，而且过期时间为20分钟。

```
<configuration>
    <system.web>
        <sessionState inproc="true"
            Cookieless="true"
            Timeout="20"/>
    </systsm.web>
</configuration>
```

10.3 global.asax文件的配置

global.asax文件（也称为ASP.NET应用程序文件）是可选文件，一个应用可以有且只有一个，也可以没有这个文件。

global.asax文件保存在ASP.NET应用程序的根目录下。在运行时，ASP.NET通过一个动态的.NET Framework的HttpApplication基类自动解析这个文件。

global.asax文件本身被设置为拒绝客户端对它的任何直接URL请求，所以外部用户无法下载或查看在该文件中的代码。

ASP.NET的global.asax文件能够与ASP的global.asax文件共存。可以用WYSIWYG设计器或"记事本"编辑和修改global.asax文件，或者将它创建为编译的类并将该类作为程序集部署在应用程序的\Bin目录中。

当更改该文件并保存到活动global.asax文件时，ASP.NET会自动检测到该文件已被更改。它完成应用程序的所有当前请求，将 Application_OnEnd 事件(应用结束)发送到任何侦听器，并重新启动应用程序域。实际上，这会重新启动应用程序，关闭所有浏览器会话并刷新所有状态信息。当来自浏览器的下一个传入请求到达时，ASP. NET 将重新分析并重新编译 global. asax 文件，并引发 Application_OnStart 事件(应用启动)。

在 global. asax 文件中提供多个模块，这些模块参与每个请求并公开可以处理的事件。可以随意自定义或扩展这些模块，或开发全新的自定义模块来处理对基于 ASP. NET 的应用程序进行的 HTTP 请求的信息及其相关信息。

10. 3. 1　global. asax 文件的格式

和其他类型的应用程序一样，在 ASP. NET 中有一些任务一定要在 ASP. NET 应用程序开始前执行。这些任务就可以在 global. asax 中定义。例如 Application 对象和 Session 对象的事件代码，都应该写在这里。global. asax 文件位于 ASP. NET 应用程序的根目录下，这个文件的名字是系统规定的，不能对文件名做任何改动，也不能把位置做任何改动。

在 global. asax 文件中使用<script>标记来包含 VB、C＃代码，用<object>标记包含对象的声明，用引用文件的方式引用类型库。

global. asax 文件包括几个程序级别事件，有 Application_Start、Application_End、Application_Error、Session_Start、Session_End。其默认的文件结构如下：

```
global.asax 文件的结构
<%@Application Language="C#"%>
<script runat="server">
void Application_Start(object sender, EventArgs e)
{
    //在应用程序启动时运行的代码
}
void Application_End(object sender, EventArgs e)
{
    //在应用程序关闭时运行的代码
}
void Application_Error(object sender, EventArgs e)
{
    //在出现未处理的错误时运行的代码
}
void Session_Start(object sender, EventArgs e)
{
    //在新会话启动时运行的代码
}
void Session_End(object sender, EventArgs e)
{
    //在会话结束时运行的代码
    //只有在 web.config 文件中的 sessionstate 模式设置为 InProc 时,才会引发
    //Session_End 事件。如果会话模式设置为 StateServer 或 SQLServer,则不会引发
    //该事件
}
```

```
</script>
```

global.asax文件最常用的应用就是全局事件，这些事件是针对整个应用程序的事件，而不是针对某个特定的页面。

如当一个新用户浏览网页时，发生 Session_Start 事件，在线人数加1，访问用户数也加1。当某用户离开或者会话超时后会发生 Session_End 事件，在该事件中将在线人数减1。

global.asax 文件继承自 HttpApplication 类，它维护一个 HttpApplication 对象池，并在需要时将对象池中的对象分配给应用程序。

global.asax 文件包含以下事件。

(1) Application_Init：在应用程序被实例化或第一次被调用时，该事件被触发。对于所有的 HttpApplication 对象实例，它都会被调用。

(2) Application_Disposed：在应用程序被终止之前触发，是清除所用资源。

(3) Application_Error：当应用程序中遇到一个未处理的异常时，该事件被触发。

(4) Application_Start：在 HttpApplication 类的第一个实例被创建时，该事件被触发。它允许创建可以由所有 HttpApplication 实例访问的对象。

(5) Application_End：在 HttpApplication 类的最后一个实例被终止时，该事件被触发。在一个应用程序的生命周期内它只被触发一次。

(6) Application_BeginRequest：在接收到一个应用程序请求时触发。对于一个请求来说，它是第一个被触发的事件，用户输入一个页面请求(URL)。

(7) Application_EndRequest：针对应用程序请求的最后一个事件。

(8) Application_PreRequestHandlerExecute：在 ASP.NET 页面框架开始执行诸如页面或 Web 服务之类的事件处理程序之前，该事件被触发。

(9) Application_PostRequestHandlerExecute：在 ASP.NET 页面框架结束执行一个事件处理程序时，该事件被触发。

(10) Application_PreSendRequestHeaders：在 ASP.NET 页面框架发送 HTTP 头给请求客户(浏览器)时，该事件被触发。

(11) Application_PreSendContent：在 ASP.NET 页面框架发送内容给请求客户(浏览器)时，该事件被触发。

(12) Application_AcquireRequestState：在 ASP.NET 页面框架得到与当前请求相关的当前状态(Session 状态)时，该事件被触发。

(13) Application_ReleaseRequestState：在 ASP.NET 页面框架执行完所有的事件处理程序时，该事件被触发。这将导致所有的状态模块保存它们当前的状态数据。

(14) Application_ResolveRequestCache：在 ASP.NET 页面框架完成一个授权请求时，该事件被触发。它允许缓存模块从缓存中为请求提供服务，从而绕过事件处理程序的执行。

(15) Application_UpdateRequestCache：在 ASP.NET 页面框架完成事件处理程序的执行时，该事件被触发，从而使缓存模块存储响应数据，以供响应后续的请求使用。

(16) Application_AuthenticateRequest：在安全模块建立起当前用户的有效的身份时，该事件被触发。在这个时候，用户的信息将会被验证。

(17) Application_AuthorizeRequest：当安全模块确认一个用户可以访问资源之后，该事件被触发。

(18) Session_Start：在一个新用户访问应用程序 Web 站点时，该事件被触发。

(19) Session_End：在一个用户的会话超时、结束或离开应用程序 Web 站点时，该事件被触发。

使用这些事件的一个关键问题是知道它们被触发的顺序。Application_Init 和 Application_Start 事件在应用程序第一次启动时被触发一次。相似地，Application_Disposed 和 Application_End 事件在应用程序终止时被触发一次。此外，基于会话的事件(Session_Start 和 Session_End)只在用户进入和离开站点时被使用。其余的事件则处理应用程序请求，这些事件被触发的顺序如下：

(1) Application_BeginRequest
(2) Application_AuthenticateRequest
(3) Application_AuthorizeRequest
(4) Application_ResolveRequestCache
(5) Application_AcquireRequestState
(6) Application_PreRequestHandlerExecute
(7) Application_PreSendRequestHeaders
(8) Application_PreSendRequestContent
(9) Application_PostRequestHandlerExecute
(10) Application_ReleaseRequestState
(11) Application_UpdateRequestCache
(12) Application_EndRequest

这些事件常被用于安全性方面。

10.3.2　global. asax 文件的实例

下面通过几个实例来进一步理解和使用 global. asax 文件。

【例 10-1】　一个应用系统的日志的例子。它可以记录登录该系统的启动时间、关闭时间、每一个用户登录的时间、IP 地址和用户退出时间等信息，结果保存在“e:/aspnetjc/my_log. txt”文件。打开 my_log. txt 内容如图 10-3 所示(源程序：ASPNET_JC(C＃)\WebSites\WebSite1\global. asax)。

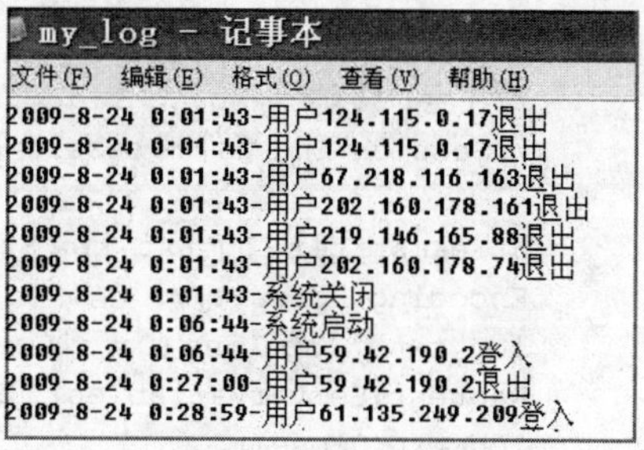

```
my_log - 记事本
文件(F)  编辑(E)  格式(O)  查看(V)  帮助(H)
2009-8-24 0:01:43-用户124.115.0.17退出
2009-8-24 0:01:43-用户124.115.0.17退出
2009-8-24 0:01:43-用户67.218.116.163退出
2009-8-24 0:01:43-用户202.160.178.161退出
2009-8-24 0:01:43-用户219.146.165.88退出
2009-8-24 0:01:43-用户202.160.178.74退出
2009-8-24 0:01:43-系统关闭
2009-8-24 0:06:44-系统启动
2009-8-24 0:06:44-用户59.42.190.2登入
2009-8-24 0:27:00-用户59.42.190.2退出
2009-8-24 0:28:59-用户61.135.249.209登入
```

图 10-3　my_log. txt 记录的内容

```
<%@ import namespace="System.IO"%>
<%@ Application Language="C#"%>
<script runat="server">
void Application_Start(object sender, EventArgs e)
{
    //在应用程序启动时运行的代码
    //在指定逻辑区的文件夹下检测日志文件 my_log.txt,不存在建立,已存在写入系统启动时间
```

```
    StreamWriter log_txt = new StreamWriter ("e:/aspnetjc/my_log.txt",true,
    Encoding.Default);
    //取服务器当前日期时间写入日志文件
    log_txt.WriteLine(DateTime.Now.ToString()+"-系统启动");
    log_txt.Close();
}

void Application_End(object sender, EventArgs e)
{
    //在应用程序关闭时运行的代码
    StreamWriter log_txt=new
    StreamWriter("e:/aspnetjc/my_log.txt",true,Encoding.Default);
    //取服务器当前日期时间写入日志文件
    log_txt.WriteLine(DateTime.Now.ToString()+"-系统关闭");
    log_txt.Close();
}

void Application_Error(object sender, EventArgs e)
{
    //在出现未处理的错误时运行的代码
}

void Session_Start(object sender, EventArgs e)
{
    //在新会话启动时运行的代码
    //每一个客户登录时触发该事件
    StreamWriter log_txt=new StreamWriter("e:/aspnetjc/my_log.txt",true,
    Encoding.Default);
    log_txt.WriteLine(DateTime.Now.ToString()+"-用户"+HttpContext.Current.
    Request.ServerVariables["REMOTE_ADDR"].ToString()+"登入");
    log_txt.Close();
}

void Session_End(object sender, EventArgs e)
{
    //在会话结束时运行的代码
    //注意：只有在 web.config 文件中的 sessionState 模式设置为 InProc 时，才会引发
    //Session_End 事件:<sessionState mode="InProc"/>

    StreamWriter log_txt=new StreamWriter("e:/aspnetjc/my_log.txt",true,
    Encoding.Default);
    log_txt.WriteLine(DateTime.Now.ToString()+"-用户"+HttpContext.Current.
    Request.ServerVariables["REMOTE_ADDR"].ToString()+"退出");
    log_txt.Close();
}
</script>
```

程序注释：

(1) Application_OnStart()过程中的语句：

```
StreamWriter log_txt=new StreamWriter("e:/aspnetjc/my_log.txt",true,Encoding.
```

```
Default);
```

完成日志文件 my_log.txt 的搜索，如果文件不存在，立即生成，并写入启动时间。注意文件 my_log.txt 的路径，这是一个绝对路径，具体指定了盘符、目录（必须存在）和文件名。当然也可以用相对路径，如：

```
StreamWriter log_txt=New StreamWriter(Server.Mappath(./ch10/my_log.txt"),
true,Encoding.Default)
```

这个日志文件写在哪里，请读者分析，使用相对路径要注意程序运行中出现找不到文件的错误。

(2) 在 Session_OnStart 事件中的语句：

```
HttpContext.Current.Request.ServerVariables["REMOTE_ADDR"].ToString()
```

用于把客户 IP 取出来写入日志文件。

【例 10-2】 统计当前在线人数、访问量总数。当应用启动时当前在线人数、访问量总数为零，当一个用户访问时当前在线人数、访问量总数增 1，并显示计数结果。global.asax 文件的代码如下：

```
void Application_Start(object sender, EventArgs e)
{                                                    //应用启动,定义初值
  Application.Lock();                                //锁定 Application 变量
  Application["UsersOnline"]=0;                      //当前在线人数置 0
  Application["total"]=0;                            //访问量总数置 0
  Application.UnLock();                              //解锁 Application 变量
}
void Session_Start(object sender, EventArgs e)
{                                                    //用户访问发生
  Session.Timeout=1;                                 //设置用户访问的有效时间
  Application.Lock();                                //当前在线人数+1
  Application["UsersOnline"]=(int)Application["UsersOnline"]+1;
  //访问量总数+1
  Application["total"]=(int)Application["total"]+1;
  Application.UnLock();
  //显示当前在线人数
  Response.Write("当前在线人数: "+Application["UsersOnline"].ToString()+"<p>
  </p>");
  //显示访问量总数
  Response.Write("网站访问量: "+Application["total"].ToString());
}
void Session_End(object sender, EventArgs e)
{                                                    //用户访问结束,当前在线人数-1
  //只有在 web.config 文件中的 sessionState 模式设置为
  //InProc 时,才会引发 Session_End 事件
  Application.Lock();
  Application["UsersOnline"]=(int)Application["UsersOnline"]-1;
  Application.UnLock();
}
```

程序注释：

(1) Application["UsersOnline"]=0,定义应用级的变量 UsersOnline(当前在线人数)并置0。

(2) Application["total"]=0,定义应用级的变量 total(访问量总数)并置0。

(3) Application.Lock(),在网络环境下,应用是多用户系统,对应用级的变量在执行写操作时要锁定变量。

(4) Application.UnLock(),写操作完成时要对锁定变量的变量解锁。

(5) Application["UsersOnline"]=(int)Application["UsersOnline"]+1,新用户访问应用时,当前在线人数+1。

(6) Application["total"]=(int)Application["total"]+1,新用户访问应用时,访问量总数+1。

10.4 配置应用程序的步骤

1. 设置应用程序的目录结构

一个 Web 服务器可以有多个应用程序运行,而每一个应用程序可以用唯一的 URL 来访问,所以首先应利用 IIS 开放应用程序的目录为"虚拟目录"。各个应用程序的"虚拟目录"可以不存在任何物理上的关系。

应用 URL:	物理路径:
http://www.my_web.com	c:\inetpub\wwwroot
http://www.my_web.com/aspnet	e:\aspnet

从"虚拟目录"上看来,http://www.my_web.com 和 http://www.my_web.com/aspnet 似乎存在某种联系,但实际情况却是两者完全分布于不同的物理目录,也可以分布在不同的机器上。

2. 设置相应的配置文件

根据应用的具体需要,可以复制相应的 global.asax 和 web.config 配置文件,并且设置相应的选项。

global.asax 主要配置 Application_Start、Application_End、Session_Start、Session_End 等事件。

3. 把应用文件放入"虚拟目录"

把.aspx 文件、.ascx 文件以及各种资源文件分门别类地放入应用目录中,把类引用所涉及的集合放入应用目录下的 bin 目录中。

4. 安全性设置

由于 ASP.NET 应用程序在网络环境下运行,其复杂性要求较高,因此对应用系统的安全性需要设置,主要是安全认证方案等。

5. 应用系统测试

ASP.NET 应用程序在交付应用前,要对性能、安全性和正确性进行测试。

10.5　综合实训

10.5.1　配置 web. config 文件

1. 实训目的

掌握 web. config 文件配置和用法，通过 <customErrors> 节可以配置相应的处理步骤。具体来说，开发人员通过该节可以配置要显示的自定义错误页以代替 ASP. NET 错误信息页面。

2. 实训内容

(1) 建立应用级的配置文件 web. config。

(2) 如果在执行请求的过程中出现未处理的错误，通过 <customErrors> 节可以配置相应的处理步骤。发生错误时，将网页跳转到自定义的错误页面“My_ErrorPage. aspx”。

3. 实训步骤

(1) 启动 Visual Studio. NET 2005，打开项目 WebSite1。

(2) 新建文件夹 ch10。

(3) 新建页面程序 ch10/10_1. aspx，选择母版页～/Page. master。

(4) 在 ch10/10_1. aspx. cs 写入如下代码：

```
public partial class ch10_10_1:System.Web.UI.Page
{
    protected void Page_Load(object sender, EventArgs e)
    {
        TextBox1.Text="";
    }
}
```

(5) 新建页面程序 ch10/My_ErrorPage. aspx，选择母版页～/Page. master，在页面第 3 占位符定义 ID="TextBox1"。

(6) 在 ch10/My_ErrorPage. aspx. cs 写入如下代码：

```
public partial class ch10_My_ErrorPage:System.Web.UI.Page
{
    protected void Page_Load(object sender, EventArgs e)
    {
        TextBox1.Text="    你的访问没有被响应，请你联系管理员。";
    }
}
```

(7) 在配置文件 web. config 添加如下代码：

```
<customErrors mode="On" defaultRedirect=" My_ErrorPage.aspx ">
</customErrors>
```

Mode 有下列几种模式。

① On 模式：显示自定义错误提示信息。

② Off 模式：显示详细的 ASP.NET 错误信息。

③ RemoteOnly 模式：对不在本地的用户显示自定义错误提示信息。

(8) 运行 ch10\10_1.aspx 页面程序。

(9) 运行结果如图 10-4 所示。

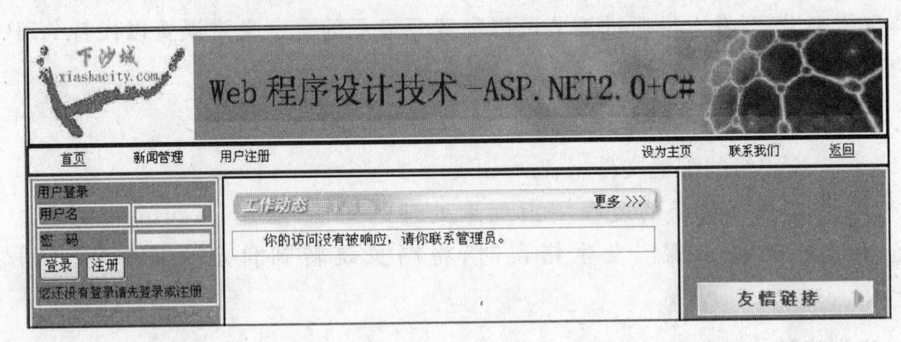

图 10-4　运行 ch10/10_1.aspx 结果页面

10.5.2　配置 global.asax 文件

1. 实训目的

掌握 global.asax 文件配置，在 Session_Start 事件统计当前在线人数、访问量总数。当应用启动时当前在线人数、访问量总数为零，当一个用户访问时当前在线人数、访问量总数增 1，在 Session_End 事件用户访问结束，当前在线人数－1，访问量总数－1。

2. 实训内容

(1) 建立应用级的配置文件 global.asax。

(2) 在 ch10\10_2.aspx 显示计数结果。

3. 实训步骤

(1) 启动 Visual Studio.NET 2005，打开项目 WebSite1。

(2) 编辑配置文件 global.asax。

(3) 在 Session_Start 的事件里添加用户登录 IP 和登录时间。生成统计当前在线人数变量 Application["UsersOnline"]、访问量总数变量 Application["total"]。

(4) 新建页面程序 ch10/10_2.aspx，选择母版页～/Page.master。在页面第 3 占位符定义 ID="Label1"和 ID="Label2"标签，分别显示当前在线人数和访问量总人数。

(5) 在 ch10\10_2.aspx.cs 写入如下代码：

```
public partial class ch10_10_2:System.Web.UI.Page
{
    protected void Page_Load(object sender, EventArgs e)
    {
        Label1.Text="当前在线人数"+Application["UsersOnline"].ToString();
        Label2.Text="访问量总人数"+Application["total"].ToString();
```

```
    }
}
```

在配置文件 global.asax 生成的当前在线人数变量 Application["UsersOnline"]、访问量总数变量 Application["total"]在 10_2.aspx 页面程序里使用，这两个变量都是应用级的。

(6) 运行 ch10\10_2.aspx 页面程序。

运行结果如图 10-5 所示。

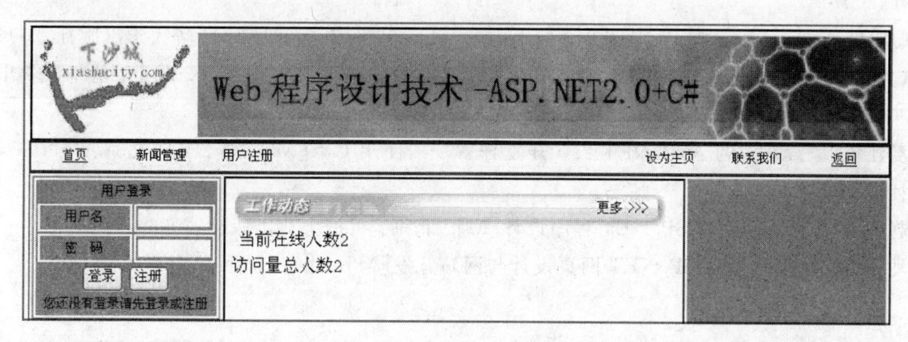

图 10-5　运行 10_2.aspx 页面程序的结果

10.6　练习

(1) 简述 ASP.NET 资源的配置文件。

(2) 简述 ASP.NET 配置的维护和启用。

(3) 简述 ASP.NET 配置文件。

(4) 简述 web.config 文件的启用。

(5) 简述 web.config 文件。

(6) 简述 global.aspx 文件。

参考文献

[1] 李玉林,王岩. ASP.NET 2.0网络编程从入门到精通[M]. 北京：清华大学出版社,2006

[2] 秦学礼. Web应用程序设计技术——ASP.NET[M]. 北京：清华大学出版社,2006

[3] 李万宝. ASP.NET 2.0技术详解与应用实例[M]. 北京：兵器工业出版社,北京希望电子出版社,2007

[4] (意)Dino Esposito. ASP.NET 2.0技术内幕[M]. 施平安译. 北京：清华大学出版社,2006

[5] (美)Chris Hart等. ASP.NET 2.0入门经典[M]. 第4版. 张楚雄等译. 北京：清华大学出版社,2006

[6] 奚江华. 圣殿祭司的ASP.NET 2.0开发详解——使用C#[M]. 第2版. 北京：电子工业出版社,2008

[7] 赵增敏,李强,鲍雷. ASP.NET程序设计[M]. 北京：机械工业出版社,2006

[8] 马骏,党兰学,杜莹. ASP.NET网页设计与网站开发[M]. 北京：人民邮电出版社,2007